令和3年

畜 産 統 計
大臣官房統計部

令 和 4 年 5 月

農林水産省

目　　　次

Ⅲ　累年統計表

[付] 調査票

利 用 者 の た め に

1 調査（統計）の目的

主要家畜（乳用牛及び肉用牛並びに豚、採卵鶏及びブロイラー）に関する規模別・飼養状態（経営タイプ）別飼養戸数、飼養頭羽数等を把握し、我が国の畜産生産の現況を明らかにするとともに、畜産行政の推進に資する資料を整備することを目的とする。

2 調査の根拠

豚、採卵鶏及びブロイラー調査は、統計法（平成 19 年法律第 53 条）第 19 条第 1 項の規定に基づく総務大臣の承認を受けて実施する一般統計調査である。

乳用牛及び肉用牛については、牛個体識別全国データベース（牛の個体識別のための情報の管理及び伝達に関する特別措置法（平成 15 年法律第 72 号）第 3 条第 1 項の規定により作成される牛個体識別台帳に記載された事項その他関連する事項をデータベースとしたもの。以下「個体データ」という。）等の情報により集計する加工統計であり、統計法に基づく統計調査には該当しない。

3 調査機構

豚、採卵鶏及びブロイラー調査は、農林水産省大臣官房統計部（以下「大臣官房統計部」という。）及び地方組織（地方農政局、北海道農政事務所、内閣府沖縄総合事務局及び内閣府沖縄総合事務局の農林水産センター）を通じて実施した。

乳用牛及び肉用牛についての集計は、大臣官房統計部において実施した。

4 調査の体系

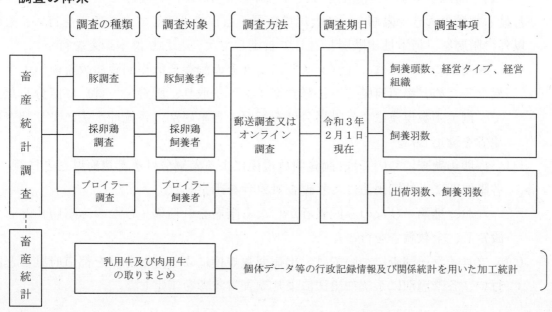

注：ブロイラー調査については、平成 25 年 2 月 1 日現在調査から開始した。

5 調査（集計）の対象

(1) 乳用牛及び肉用牛

全国の個体データに登録された乳用牛及び肉用牛の飼養者を対象とした。

(2) 豚、採卵鶏及びブロイラー

全国の豚飼養者、採卵鶏の飼養者（成鶏めすの飼養羽数が1,000羽以上の者（ひなのみ及び種鶏のみで、それぞれ1,000羽以上飼養する者を含む。）及びブロイラーの飼養者（ブロイラーの年間出荷羽数が3,000羽以上の者。）とした。

なお、飼養者が複数の畜種を飼養している場合は、それぞれの畜種別に調査の対象とした。

また、複数の飼養地（畜舎）を持ち、個々に要員を配置して飼養を行っている場合、それぞれの飼養地（畜舎）を1飼養者とした。

ここでいう飼養者とは、家畜を飼養する全ての者（個人又は法人）のことであり、学校、試験場等の非営利的な飼養者を含む。

6 調査対象者の選定（豚、採卵鶏及びブロイラー）

(1) 飼養者を特殊階層（非営利）と一般階層（営利）に区分し、特殊階層では全数調査、一般階層では標本調査（一部の階層においては全数調査）により調査を行った。

ア 特殊階層（非営利）

学校、試験場等の非営利的な飼養者は、特殊階層として区分した。

また、公共団体、牧場を管理する農協等は、飼養規模がかなり大きく推定値への影響が大きいと考えられることから、便宜的に特殊階層に区分した。

イ 一般階層（営利）

特殊階層以外の全ての飼養者は、一般階層に区分した。

一般階層は標本調査を基本とするが、飼養頭羽数がかけ離れて大きい飼養者を含む最も規模の大きい階層を「超大規模階層」として設定して全数調査を行い、それ以外の階層を「標本抽出階層」として設定して次のとおり標本調査を行った。

(ｱ) 豚調査については、経営タイプによりその飼養形態や飼養頭数規模が大きく異なるため、都道府県ごとに経営タイプ（子取り、肥育・一貫）に区分した上で、飼養頭数規模による階層分けを行い、各階層別に系統抽出法により調査対象者を選定した。

(ｲ) 採卵鶏調査については、飼養羽数規模による階層分けを都道府県ごとに行い、各階層別に系統抽出法により調査対象者を選定した。

なお、種鶏・ひなのみ飼養者からなる階層を「種鶏・ひなのみ階層」として設定し、全数調査を行った。

(ｳ) ブロイラー調査については、出荷羽数規模による階層分けを都道府県ごとに行い、各階層別に系統抽出法により調査対象者を選定した。

(2)　調査対象者数等

　　畜種別の調査対象者数等は、次のとおりである。

	母集団の大きさ①	調査対象者数②	有効回答数③	有効回答率④＝③/②
	戸	戸	戸	％
豚	6,108	2,669	2,109	79.0
採卵鶏	3,334	1,631	1,383	84.8
ブロイラー	2,693	1,174	972	82.8

注：1　「母集団の大きさ」欄の数値は、2015年農林業センサス結果（平成27年2月1日現在）に基づく2015年
　　　時点の飼養者数である。

　　2　有効回答数とは集計に用いた調査対象者の数であり、回答はされたが調査対象としての要件を満たさ
　　　なかった者は含まれていない。

7　調査（集計）期日及び調査実施時期

(1)　調査（集計）期日

　ア　乳用牛及び肉用牛

　　　令和3年2月1日現在で集計を行った。

　　　ただし、乳用牛の月別経産牛頭数については、令和2年3月から令和3年2月まで
　　での各月の1日現在における飼養頭数とした。

　　　また、乳用牛及び肉用牛の月別出生頭数については、乳用牛が令和2年2月から
　　令和3年1月まで、肉用牛が令和元年8月から令和2年7月までの各月の出生頭数
　　とした。

　イ　豚、採卵鶏及びブロイラー

　　　令和3年2月1日現在で調査を行った。

　　　ただし、ブロイラーの出荷羽数は令和2年2月2日から令和3年2月1日までの
　　1年間とした。

(2)　調査実施時期（豚、採卵鶏及びブロイラー）

　　調査票の配布：令和3年1月中旬

　　調査票の回収：令和3年2月1日から2月末日まで

　　　ただし、令和3年調査については、高病原性鳥インフルエンザが発生したことか
　　ら、調査票の配布を見送り、調査が可能になった段階で、順次、調査票の配布・回収
　　を行った。

8　調査（集計）事項

(1)　乳用牛及び肉用牛

　　下記9に掲げる個体データ、（一社）家畜改良事業団が集計分析した乳用牛群能力検
　　定成績（以下「検定データ」という。）、農林業センサス、作物統計調査及び畜産統計
　　調査（過去データ）の情報により次の事項について集計した。

　ア　乳用牛

4

  f 飼養状態別飼養頭数（乳用種飼養頭数規模別）

  g 飼養状態別飼養戸数（肉用種の肥育用牛及び乳用種飼養頭数規模別）

  h 飼養状態別飼養頭数（肉用種の肥育用牛及び乳用種飼養頭数規模別）

  i 飼養状態別飼養戸数（交雑種飼養頭数規模別）

  j 飼養状態別交雑種飼養頭数（交雑種飼養頭数規模別）

  k 飼養状態別飼養戸数（ホルスタイン種他飼養頭数規模別）

  l 飼養状態別ホルスタイン種他飼養頭数（ホルスタイン種他飼養頭数規模別）

(2) 豚、採卵鶏及びブロイラー

  次の事項について調査した。

 ア 豚　　調　　査：飼養頭数、経営タイプ及び経営組織

 イ 採 卵 鶏 調 査：飼養羽数

 ウ ブロイラー調査：出荷羽数及び飼養羽数

9　集計に用いた行政記録情報及び関係統計（乳用牛及び肉用牛）

(1) 個体データ

  （独）家畜改良センターに対して、独立行政法人家畜改良センター牛個体識別全国データベース利用規程に基づき、利用請求し入手した個体データを活用した。

(2) 検定データ

  （一社）家畜改良事業団のホームページから入手した令和元年度の検定データの「推定新生子牛早期死亡率」並びに分娩間隔及び乾乳日数により算出した「搾乳日数割合と乾乳日数割合」を活用した。

(3) 農林業センサス

  2015 年農林業センサスの農林業経営体のうち、乳用牛を飼養している経営体及び肉用牛を飼養している経営体について、飼料用米、ホールクロップサイレージ用稲、飼料用作物及び牧草専用地の作付面積を集計し活用した。

(4) 作物統計調査

  平成 26 年産から平成 30 年産まで及び令和 2 年産の作物統計調査により公表している飼料作物作付面積を活用した。

(5) 畜産統計調査（過去データ）

 ア 畜産統計調査の結果として公表している乳用牛飼養者及び肉用牛飼養者の飼料作物作付実面積の平成 27 年から平成 31 年までの直近 5 か年の平均（全国、北海道、都府県）を活用した。

 イ 肉用牛の肉用種の飼養目的別飼養頭数（子取り用めす牛、肥育用牛及び育成牛）の平成 27 年から平成 31 年までの直近 5 か年の平均（都道府県別）を活用した。

10　調査方法（豚、採卵鶏及びブロイラー）

  報告者に対して調査票を郵送により配布・回収する自計調査の方法により行った。ただし、報告者の協力が得られる場合は、オンライン調査システムにより回収する自計調査の方法も可能とした。

11 集計方法

集計は、次のとおり大臣官房統計部生産流通消費統計課において行った。

(1) 乳用牛及び肉用牛

次の方法により都道府県別の値を集計し、当該都道府県別の値の積み上げにより全国計を集計した。

ア 飼養戸数

飼養戸数は、個体データに登録されている飼養者ごとの飼養形態（乳牛・肉牛・複合）を集計した。

具体的には、個体データに登録されている飼養者の飼養形態別コードが乳牛又は複合の者を乳用牛飼養者、個体データに登録されている飼養者の飼養形態別コードが肉牛又は複合の者を肉用牛飼養者として集計した。

ただし、飼養形態が乳用牛飼養者であっても個体データに乳用牛の頭数登録がない飼養者及び飼養形態が肉用牛飼養者であっても個体データに肉用牛の頭数登録がない飼養者は、飼養戸数に含めない。

イ 飼養頭数

＜飼養頭数の集計項目＞

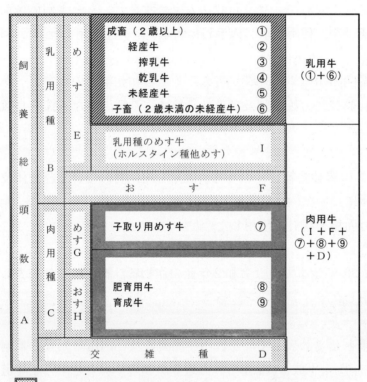

(ア) 乳用牛

a 乳用牛全体

個体データの乳用種めすの飼養頭数（E）から肉用目的に育成・肥育中の乳用

種めすの飼養頭数（Ｉ）を差し引いて集計した。

　なお、肉用目的に育成・肥育中の乳用種めすの飼養頭数（Ｉ）については、個体データの飼養者ごとの牛の種類・年齢別情報による、乳用種めすのうち３歳未満の牛のみを飼養し、かつ、牛の飼養頭数に占める肉用種、乳用種おす及び交雑種の飼養頭数割合が８割以上の飼養者の乳用種めすの飼養頭数とした（以下同じ。）。

　b　成畜（２歳以上）

　　この項目には、２歳以上の乳用種めすの他、経産牛については２歳未満であっても計上することとする。このため、個体データの２歳以上の乳用種めすの飼養頭数に、個体データに母牛個体識別情報が登録されている２歳未満の乳用種めすの飼養頭数を加えて集計した。

　　さらに、個体データに登録されていない生後１週間内に死亡した子牛を生んだ母牛の飼養頭数を、検定データの「推定新生子牛早期死亡率」を用いて推計し、その飼養頭数も加えて集計した。

　（a）　経産牛

　　　個体データの乳用種めすの母牛個体識別情報を用いて出産経験のある乳用種めすの飼養頭数を集計した。

　　　さらに、個体データに登録されていない生後１週間内に死亡した子牛を生んだ母牛の飼養頭数を、検定データの「推定新生子牛早期死亡率」を用いて推計し、その飼養頭数を加えて集計した。

　　①　乾乳牛

　　　検定データの分べん間隔（日数）から搾乳日数を引いた日数を分べん間隔（日数）で除して乾乳日数割合を算出し、この乾乳日数割合を経産牛頭数に乗じて飼養頭数を推計した。

　　②　搾乳牛

　　　経産牛頭数から乾乳牛の飼養頭数を差し引いて推計した。

　（b）　未経産牛

　　　成畜（２歳以上）飼養頭数から経産牛頭数を差し引いて集計した。

　c　子畜（２歳未満の未経産牛）

　　乳用牛の飼養頭数から成畜（２歳以上）飼養頭数を差し引いて集計した。

（イ）　肉用牛

　a　肉用牛全体

　　個体データの肉用種（Ｃ）、乳用種おす（Ｆ）及び交雑種（Ｄ）の飼養頭数に、肉用目的に育成・肥育中の乳用種めす（Ｉ）の飼養頭数を加えて集計した。

　b　肉用種

　　個体データの肉用種の飼養頭数を集計した。

　（a）　種別

　　①　黒毛和種

　　　個体データの黒毛和種の飼養頭数を集計した。

　　②　褐毛和種

個体データの褐毛和種の飼養頭数を集計した。

③　その他

個体データの無角和種、日本短角種等の和牛のほか、外国牛の肉専用種及び肉用種の雑種の飼養頭数を集計した。

(b)　飼養目的別

①　子取り用めす牛

個体データの出産経験のある肉用種めすの飼養頭数に、個体データでは把握できない子取り用めす牛（候補牛）の飼養頭数の推定値を加えて集計した。

個体データでは把握できない子取り用めす牛（候補牛）飼養頭数の推計方法については、iからvまでの手順による。

i　畜産統計調査（過去データ）を用いて次の(i)から(iii)までの飼養頭数を集計した。

（i）　畜産統計調査の子取り用めす牛飼養頭数から個体データの出産経験のある肉用種めすの飼養頭数を差し引いた飼養頭数

（ii）　畜産統計調査の肥育用牛飼養頭数から個体データの1歳以上の肉用種おすの飼養頭数を差し引いた飼養頭数

（iii）　畜産統計調査の育成牛の飼養頭数

ii　i(i)から(iii)までの飼養頭数を合算して、個体データでは把握できない飼養頭数を算出した。

iii　i(i)の飼養頭数をiiの飼養頭数で除して「子取り用めす牛（候補牛）の飼養頭数割合」を算出した。

iv　個体データを用いて、肉用種の飼養頭数から出産経験のある肉用種めすの飼養頭数及び1歳以上の肉用種おすの飼養頭数を差し引いて、個体データでは把握できない飼養頭数を算出した。

v　ivの飼養頭数にiiiの割合を乗じて「個体データでは把握できない子取り用めす牛（候補牛）の飼養頭数」を推計した。

②　子取り用めす牛のうち、出産経験のある牛

個体データに登録されている母牛個体識別情報と肉用種めすの個体識別番号を照合させ、照合した飼養頭数を集計した。

③　肥育用牛

個体データの1歳以上の肉用種おすの飼養頭数に、個体データでは把握できない1歳以上の肉用種おす以外の肥育用牛の飼養頭数を加えて集計した。

個体データでは把握できない1歳以上の肉用種おす以外の肥育用牛飼養頭数の集計方法は、iからvまでの手順による。

i　畜産統計調査（過去データ）を用いて次の(i)から(iii)までの飼養頭数を集計した。

（i）　畜産統計調査の子取り用めす牛飼養頭数から個体データの出産経験のある肉用種めすの飼養頭数を差し引いた飼養頭数

（ⅱ）　畜産統計調査の肥育用牛飼養頭数から個体データの1歳以上の肉用種おす頭数の飼養頭数を差し引いた飼養頭数

（ⅲ）　畜産統計調査の育成牛の飼養頭数

ⅱ　ⅰ（ⅰ）から（ⅲ）までの飼養頭数を合算して、個体データでは把握できない飼養頭数を算出した。

ⅲ　ⅰ（ⅱ）の飼養頭数をⅱの飼養頭数で除して「1歳以上の肉用種おす以外の肥育用牛飼養頭数割合」を算出した。

ⅳ　個体データを用いて、肉用種の飼養頭数から出産経験のある肉用種めすの飼養頭数及び1歳以上の肉用種おすの飼養頭数を差し引いて、個体データでは把握できない飼養頭数を算出した。

ⅴ　ⅳの飼養頭数にⅲの割合を乗じて「個体データでは把握できない1歳以上の肉用種おす以外の肥育用牛飼養頭数」を推計した。

④　育成牛

個体データの肉用種の飼養頭数から①で算出した子取り用めす牛及び③で算出した肥育用牛の飼養頭数を差し引いて飼養頭数を推計した。

c　乳用種

個体データの乳用種おす及び交雑種の飼養頭数に、肉用目的に育成・肥育中の乳用種めすの飼養頭数を加えて集計した。

(a)　ホルスタイン種他

個体データの乳用種おすの飼養頭数に、肉用目的に育成・肥育中の乳用種めすの飼養頭数を加えて集計した。

(b)　交雑種

個体データの交雑種の飼養頭数を集計した。

ウ　出生頭数

乳用牛（乳用種めす、乳用種おす及び交雑種）、肉用牛（肉用種めす及び肉用種おす）ともに、個体データの出生頭数を用いて集計した。

エ　肉用牛の飼養状態別

肉用牛飼養者の飼養状況は、個体データの情報を活用し、次の(ア)aからdまで及び(イ)aからcまでの飼養状態別に区分した。

(ア)　肉用種飼養

肉用牛飼養者において、牛の飼養頭数に占める肉用種の割合が5割以上の飼養状態をいい、次に掲げるとおり細分化した。

a　子牛生産

出産経験のある肉用種めすを飼っていて、1歳以上の肉用種おす又は1歳以上の出産経験のない肉用種めすを飼っていない飼養状態をいう。

b　肥育用牛飼養

1歳以上の肉用種おす又は1歳以上の出産経験のない肉用種めすを飼っていて、出産経験のある肉用種めすを飼っていない飼養状態をいう。

c　育成牛飼養

1歳未満の肉用種おす又は1歳未満の肉用種めすを飼っていて、出産経験の

ある肉用種めす、1歳以上の肉用種おす又は1歳以上の肉用種めすを飼っていない飼養状態をいう。

　　　d　その他の飼養

　　　　肉用種の子牛生産、肥育用牛飼養及び育成牛飼養以外の飼養状態をいう。

　(ｲ)　乳用種飼養

　　　肉用牛飼養者において、牛の飼養頭数に占める肉用種の割合が5割未満の飼養状態をいい、次に掲げるとおり細分化した。

　　　a　育成牛飼養

　　　　8か月未満の乳用種おす又は8か月未満の乳用種めすを飼っていて、8か月以上の乳用種おす又は8か月以上の乳用種めすを飼っていない飼養状態をいう。

　　　b　肥育牛飼養

　　　　8か月以上の乳用種おす又は8か月以上の乳用種めすを飼っていて、8か月未満の乳用種おす又は8か月未満の乳用種めすを飼っていない飼養状態をいう。

　　　c　その他の飼養

　　　　乳用種の育成牛飼養及び肥育牛飼養以外の飼養状態をいう。

　オ　飼料作物作付実面積

　(ｱ)　乳用牛飼養者の飼料作物作付実面積

　　　作物統計調査の飼料作物作付面積のデータ、農林業センサスの農林業経営体調査の調査票情報及び畜産統計調査（過去データ）を用いて北海道及び都府県別に推計した。

　　　具体的な算出方法は、次のaからcまでの手順による。

　　　a　平成26年産から平成30年産までの作物統計調査の飼料作物作付面積に2015年農林業センサスの飼料作物作付面積に占める乳用牛経営体の作付面積割合をそれぞれ乗じ、これらの平均値を算出した。

　　　b　畜産統計調査の乳用牛飼養者の飼料作物作付実面積の平成27年から平成31年までの平均値からaで算出した平均値を除して補正率を算出した。

　　　c　令和2年産の作物統計調査の飼料作物作付面積に2015年農林業センサスの飼料作物作付面積に占める乳用牛経営体の作付面積割合を乗じて算出した飼料作物作付面積に補正率を乗じて乳用牛飼養者の飼料作物作付実面積を推計した。

　(ｲ)　肉用牛飼養者の飼料作物作付実面積

　　　作物統計調査の飼料作物作付面積のデータ、農林業センサスの農林業経営体調査の調査票情報及び畜産統計調査（過去データ）を用いて北海道及び都府県別に推計した。

　　　具体的な算出方法は、次のaからcまでの手順による。

　　　a　平成26年産から平成30年産までの作物統計調査の飼料作物作付面積に2015年農林業センサスの飼料作物作付面積に占める肉用牛経営体の作付面積割合をそれぞれ乗じ、これらの平均値を算出した。

　　　b　畜産統計調査の肉用牛飼養者の飼料作物作付実面積の平成27年から平成31年までの平均値からaで算出した平均値を除して補正率を算出した。

　　　c　令和2年産の作物統計調査の飼料作物作付面積に2015年農林業センサスの飼

料作物作付面積に占める肉用牛経営体の作付面積割合を乗じて算出した飼料作物作付面積に補正率を乗じて肉用牛飼養者の飼料作物作付実面積を推計した。

(2) 豚、採卵鶏及びブロイラー

ア 次の方法により都道府県別の値を推定し、当該都道府県別の値の積み上げにより全国値を推定した。

(ア) 全数調査を行った階層にあっては調査値の合計の方法で、標本調査を行った一般階層にあっては推定の方法で行った。ただし、全数調査を行った階層であっても調査不能が発生した場合は、一般階層と同様の推定方式で行った。

(イ) 一般階層の推定は、戸数は単純推定、頭羽数は比推定で行うことを原則とするが、頭羽数の推定においても母集団リスト値と調査値との相関が著しく低くなった場合は、単純推定で行った。このことは、特殊階層及び超大規模階層において推定方式で行う場合も同様である。

(ウ) 「標本」とは、集計に用いた標本であり、調査不能標本は推定の対象外とした。また、飼養中止標本の場合は、飼養規模を0頭（羽）（飼養頭羽数としてはカウントしない。）とし、推定の対象に含めた。

(エ) 母集団リスト戸数及び母集団リストの頭羽数には調査不能標本も含めた。

(オ) 全ての階層の推定値の合計により都道府県全体の推定値を算出した。

(カ) 統計表章に用いる階層別の推定値は、各抽出階層の集計における、その調査結果が当該統計表章に用いる階層に属する標本の寄与分を合計して算出した。

(キ) 特殊階層及び採卵鶏のうち種鶏は、階層別の値には含めていないが、全体の戸数、総頭羽数には含めて集計した。

イ 統計表章に用いる階層別の推定式は次のとおりである。ただし、推定式の頭羽数については、採卵鶏調査は飼養羽数を、ブロイラー調査は出荷羽数を適用した。

また、採卵鶏調査の種鶏・ひなのみの階層は超大規模階層と同様に取り扱った。

(ア) 戸数

$$\widehat{M}k = \sum_{i=1}^{L} \frac{Ni}{ni} nik + Mok$$

(イ) 頭羽数

$$\hat{X}k = \sum_{i=1}^{L} \hat{X}ik + \sum_{j=1}^{Mok} Xokj$$

$\hat{X}ik$は次のいずれかの方法により推定した。

比推定の場合 $\quad \hat{X}ik = \dfrac{\sum_{j=1}^{nik} xikj}{\sum_{j=1}^{ni} yij} Yi$

単純推定の場合 $\quad \hat{X}ik = \dfrac{Ni}{ni} \sum_{j=1}^{nik} xikj$

上記の計算式に用いた記号は次のとおり。

$\hat{M}k$	…	k階層の戸数の推定値
L	…	抽出階層の階層数
Ni	…	i抽出階層の母集団リスト戸数
ni	…	i抽出階層の標本の大きさ（戸数）
nik	…	i抽出階層のうちk階層に属する標本（母集団リストではi抽出階層に分類され、調査結果ではk階層に分類される標本）の戸数
Mok	…	超大規模階層の標本のうちk階層に属する標本の大きさ（戸数）
$\hat{X}k$	…	階層の頭羽数合計の推定値
$\hat{X}ik$	…	i抽出階層でk階層に属する飼養者の頭羽数合計の推定値
Yi	…	i抽出階層の母集団リスト上の頭羽数合計
yij	…	i抽出階層のj標本の飼養者の母集団リスト上の頭羽数
xikj	…	i抽出階層の標本のうち、k階層に属するj標本の頭羽数
xokj	…	超大規模階層の標本のうち、k階層に属するj標本の頭羽数

12　実績精度（全国）

　豚調査、採卵鶏調査及びブロイラー調査における総飼養頭数、総飼養羽数及び総出荷羽数についての実績精度を標準誤差率（標準誤差の推定値÷総飼養頭数、総飼養羽数又は総出荷羽数の推定値×100）により示すと、次のとおりである。

調　査　名	項　　目	標準誤差率
豚　　調　　査	総飼養頭数	0.9%
採　卵　鶏　調　査	総飼養羽数	1.2%
ブロイラー調査	総出荷羽数	1.3%

13　用語の定義・約束

(1)　乳用牛及び肉用牛

ア　乳用牛

乳　用　牛	搾乳を目的として飼養している牛及び将来搾乳牛に仕立てる目的で飼養している子牛をいう。したがって、本統計の対象はめすのみとし、交配するための同種のおすは除いた。 　乳用牛、肉用牛の区分は、品種区分ではなく、利用目的によることとし、めすの未経産牛を肉用目的に肥育しているものは肉用牛とした。 　ただし、搾乳の経験のある牛を肉用に肥育（例えば老廃牛の肥育）中のものは肉用牛とせず乳用牛とした。 　これは、と畜前の短期間の肥育が一般的であり、本来の肉用牛

の生産と性格を異にしていること、及び1頭の牛が乳用牛と肉用牛に2度カウントされることを防ぐためである。

成　畜	満2歳以上の牛をいう。 ただし、2歳未満であっても既に分べんの経験のある牛は、成畜に含めた。
経　産　牛	分べん経験のある牛をいい、搾乳牛と乾乳牛とに分けられる。
搾　乳　牛	経産牛のうち、搾乳中の牛をいう。
乾　乳　牛	経産牛のうち、搾乳していない牛をいう。
未　経　産　牛	出生してから、初めて分べんするまでの牛をいう。
月別経産牛頭数	各月1日現在毎の、経産牛（搾乳牛・乾乳牛）の頭数をいう。
出　生　頭　数	生きて生まれた子牛の頭数をいう。

イ　肉用牛

肉　用　牛	肉用を目的として飼養している牛をいう（種おす、子取り用めす牛を含む）。 肉用牛、乳用牛の区分は、品種区分ではなく、利用目的によって区分することとし、乳用種のおすばかりでなく、めすの未経産牛も肥育を目的として飼養している場合は肉用牛とした。
肉用種の肥育用牛	黒毛和種、褐毛（あか毛）和種、無角和種、日本短角種等の和牛のほか、外国系統牛の肉専用種を肉牛として販売することを目的に飼養している牛（種おすを含む。）をいう。 なお、子取り用めす牛を除き、ほ乳・育成期間の牛においては、もと牛として出荷する予定のものは含めないが、引き続き自家で肥育する予定のものは含めた。
肉用種の子取り用めす牛	子牛を生産することを目的として飼養している肉専用種のめす牛をいう。
肉用種の育成牛	もと牛として出荷する予定の肉専用種の牛をいう。
乳　用　種	ホルスタイン種、ジャージー種等の乳用種のうち、肉用を目的として飼養している牛をいう。
ホルスタイン種他	交雑種を除く乳用種のおす牛及び未経産のめす牛をいう。
交　雑　種	乳用種のめす牛に和牛等の肉専用種のおす牛を交配し生産されたF1牛・F1クロス牛をいう。

ウ　乳用牛及び肉用牛共通

飼料作物作付実面積	乳用牛又は肉用牛飼養者が、家畜の飼料にする目的で、飼料作物（牧草を含む。）を作付けした田と畑の作付実面積をいう。

(2) 豚、採卵鶏及びブロイラー

　ア　豚

豚	肉用を目的として飼養している豚をいう。
肥育豚	自家で肥育して肉豚として販売することを目的として飼養している豚をいい、肥育用のもと豚として販売するものは含めない。
子取り用めす豚	生後6か月以上で子豚を生産することを目的として飼養しているめす豚をいい、過去に種付けしたことのある豚及び近い将来種付けすることが確定している豚をいう。
種おす豚	生後6か月以上で種付けに供することを目的として飼養しているおす豚をいい、過去に種付けに供したことのある豚及び近い将来種付けすることが確定している豚をいう。
その他	肥育豚、子取り用めす豚及び種おす豚以外の豚をいう。また、肥育用のもと豚として販売する場合はここに含めた。
経営タイプ	調査時点における豚飼養者（学校、試験場等の非営利的な飼養者を除く。以下同じ。）の主な経営形態によって、次の経営タイプのいずれかに分類した。
子取り経営	過去1年間に養豚による販売額の7割以上が子豚の販売による経営をいう。
肥育経営	子取り経営以外のもので、肥育用もと豚に占める自家生産子豚の割合が7割未満の経営をいう。
一貫経営	子取り経営以外のもので、肥育用もと豚に占める自家生産子豚の割合が7割以上の経営をいう。
経営組織	調査時点における豚飼養者の主な経営形態によって、次のいずれかに分類した。
農家	調査期日現在で、経営耕地面積が10a以上の農業を営む世帯又は経営耕地面積が10a未満であっても、調査期日前1年間における農産物の販売金額が15万円以上あった世帯をいう。
会社	会社法（平成17年法律第86号）に定める株式会社（会社法施行に伴う関係法律の整備等に関する法律（平成17年法律第87号）に定める特例有限会社を含む。）、合資会社、合名会社又は合同会社をいう。 ただし、1戸1法人（農家とみなす。）及び協業経営は除いた。
その他	協業経営の場合又は農協が経営している場合をいう（学校、試験場等の非営利的な飼養者は除いた）。

　イ　採卵鶏

採卵鶏	鶏卵を生産することを目的として飼養している鶏をいう。
飼養羽数	2月1日現在で鶏卵を生産する目的で飼養している鶏の飼養羽数をいう。

成　　鶏	ふ化後6か月齢以上のめすの鶏をいう。ただし、種鶏の成鶏め すは除いた。
ひ　　な	ふ化後6か月齢未満のめすの鶏をいい、産卵しても6か月齢 未満の鶏はここに含めた。ただし、種鶏のひなは除いた。
種　　鶏	採卵用のひなの生産を目的として、種卵採取を行うための鶏 をいい、おすは含めた。

ウ　ブロイラー

ブロイラー	当初から「食用」に供する目的で飼養し、ふ化後3か月未満で 肉用として出荷する鶏をいう。肉用目的で飼養している鶏であ れば、「肉用種」「卵用種」の種類を問わないが、採卵鶏の廃鶏 は含めない。 　なお、ふ化後3か月未満で肉用として出荷する鶏であれば、地 鶏及び銘柄鶏もここに含めた。 　この場合の「地鶏」とは特定JAS規格の認定を受けた鶏（ふ 化後75日以上で出荷）を、「銘柄鶏」とは一般社団法人日本食鳥 協会の定義により出荷時に「銘柄鶏」の表示がされる鶏をいう。
出 荷 羽 数	前年の2月2日から本年の2月1日までの1年間に出荷した 羽数をいう。2月1日現在で飼養を休止し、又は中止している場 合でも、年間3,000羽以上出荷した場合は、その飼養者の出荷羽 数を含めた。
飼 養 羽 数	2月1日現在で飼養している鶏のうち、ふ化後3か月未満で 出荷予定の鶏の飼養羽数をいう。

14　利用上の注意

(1)　統計表に掲載した全国農業地域・地方農政局の区分は、次のとおりである。

　ア　全国農業地域

全国農業地域名	所　属　都　道　府　県　名
北 海 道	北海道
東 北	青森、岩手、宮城、秋田、山形、福島
北 陸	新潟、富山、石川、福井
関 東 ・ 東 山	茨城、栃木、群馬、埼玉、千葉、東京、神奈川、山梨、長野
東 海	岐阜、静岡、愛知、三重
近 畿	滋賀、京都、大阪、兵庫、奈良、和歌山
中 国	鳥取、島根、岡山、広島、山口
四 国	徳島、香川、愛媛、高知
九 州	福岡、佐賀、長崎、熊本、大分、宮崎、鹿児島
沖 縄	沖縄

イ　地方農政局

地方農政局名	所　属　都　道　府　県　名
東　北　農　政　局	アの東北の所属都道府県と同じ。
北　陸　農　政　局	アの北陸の所属都道府県と同じ。
関　東　農　政　局	茨城、栃木、群馬、埼玉、千葉、東京、神奈川、山梨、長野、静岡
東　海　農　政　局	岐阜、愛知、三重
近　畿　農　政　局	アの近畿の所属都道府県と同じ。
中　国　四　国　農　政　局	鳥取、島根、岡山、広島、山口、徳島、香川、愛媛、高知
九　州　農　政　局	アの九州の所属都道府県と同じ。

注：　東北農政局、北陸農政局、近畿農政局及び九州農政局の結果については、当該農業
　　地域の結果と同じであることから、統計表章はしていない。

(2)　統計表に用いた記号は、次のとおりである。

「0」：1～4頭を四捨五入したもの（例：4頭→0頭）

「－」：事実のないもの

「…」：事実不詳又は調査を欠くもの

「‥」：未発表のもの

「x」：個人又は法人その他の団体に関する秘密を保護するため、統計数値を公表し
　　　ないもの

「nc」：計算不能

(3)　秘匿措置について

　　統計結果について、飼養戸数が2以下の場合には当該結果の秘密保護の観点から、該
当結果を「x」表示とする秘匿措置を講じた。

　　なお、全体「計」から差引きにより、秘匿措置を講じた当該結果が推定できる場合に
は、本来秘匿措置を講じる必要がない箇所についても「x」表示としている。

　　また、(4)により四捨五入をしている場合は、差引きによっても推定できないため、秘
匿措置を講じる箇所のみ「x」表示としている場合もある。

(4)　数値の四捨五入について

　　統計数値は、次の方法により四捨五入をしている。したがって、合計値と内訳の計は
必ずしも一致しない場合がある。

ア　飼養戸数

　　3桁以下の数値を原数表示することとし、4桁以上の数値については次の方法によ
り四捨五入を行った。

原数		7桁以上 (100万)	6桁 (10万)	5桁 (万)	4桁 (1,000)	3桁 (100)	2桁 (10)	1桁 (1)
四捨五入する桁 （下から）		3桁	2桁		1桁	四捨五入しない		
例	四捨五入する前 （原数）	1,234,567	123,456	12,345	1,234	123	12	1
	四捨五入した数値 （統計数値）	1,235,000	123,500	12,300	1,230	123	12	1

イ　飼養頭数及び面積

　　次の方法により四捨五入を行った。

原数		7桁以上 （100万）	6桁 （10万）	5桁 （万）	4桁 （1,000）	3桁 （100）	2桁 （10）	1桁 （1）
四捨五入する桁 （下から）		3桁	2桁		1桁			
例	四捨五入する前 （原数）	1,234,567	123,456	12,345	1,234	123	12	1
	四捨五入した数値 （統計数値）	1,235,000	123,500	12,300	1,230	120	10	0

ウ　飼養羽数及び出荷羽数

　　表示単位（千羽）未満の桁を四捨五入した。

(5)　豚、採卵鶏及びブロイラーに関する統計表の規模別、経営タイプ別、経営組織別戸数
　　及び頭羽数については、学校、試験場等の非営利的な飼養者を除いた。

(6)　本統計の累年データは、農林水産省ホームページ「統計情報」の分野別分類「作付面
　　積・生産量、被害、家畜の頭数など」、品目別分類「畜産」の「畜産統計調査」で御覧
　　いただけます。
　　【 https://www.maff.go.jp/j/tokei/kouhyou/tikusan/index.html#1 】

(7)　この統計表に掲載された数値を他に転載する場合は、「畜産統計」（農林水産省）に
　　よる旨を記載してください。

15　お問合せ先

農林水産省　大臣官房統計部　生産流通消費統計課　畜産・木材統計班
電話：（代表）03-3502-8111（内線3686）
　　　（直通）03-3502-5665
FAX：03-5511-8771

※　本調査に関するご意見・ご要望は、上記問合せ先のほか、農林水産省ホームページで
　　受け付けております。
　　【 https://www.contactus.maff.go.jp/j/form/tokei/kikaku/160815.html 】

I　調査（統計）結果の概要

1 乳用牛

(1) 飼養戸数・頭数

令和3年2月1日現在(以下「令和3年」という。)の乳用牛の全国の飼養戸数は1万3,800戸で、前年に比べ600戸(4.2%)減少した。

飼養頭数は135万6,000頭で、前年に比べ4,000頭(0.3%)増加した。飼養頭数の内訳をみると、経産牛は84万9,300頭で、前年に比べ10,400頭(1.2%)増加した。また、未経産牛は50万6,500頭で、前年に比べ6,900頭(1.3%)減少した。

なお、1戸当たり飼養頭数は98.3頭となった。

図1 乳用牛の飼養戸数・頭数の推移

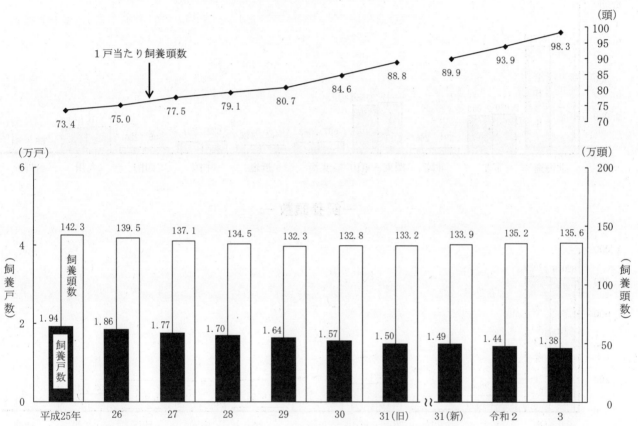

注:1 令和2年以降は、牛個体識別全国データベース等の行政記録情報及び関係統計を用いて集計した加工統計である
(以下の図において同じ。)。また、平成31年(新)は、牛個体識別全国データベース等の行政記録情報及び関係
統計を用いた令和2年と同様の集計方法により作成した参考値である(以下図4において同じ。)。
2 平成25年から平成31年(旧)までは、畜産統計調査である(以下図4において同じ。)。

表1 乳用牛の飼養戸数・頭数

区 分	飼養戸数	飼 養 頭 数					1戸当たり飼養頭数
		計	経 産 牛			未経産牛	
			小 計	搾乳牛	乾乳牛		
	戸	千頭	千頭	千頭	千頭	千頭	頭
実 数							
令和2年	14,400	1,352.0	838.9	715.4	123.5	513.4	93.9
3	13,800	1,356.0	849.3	726.0	123.3	506.5	98.3
対前年比(%)							
3 ／ 2	95.8	100.3	101.2	101.5	99.8	98.7	1) 4.4
構 成 比(%)							
令和2年	−	100.0	62.0	52.9	9.1	38.0	−
3	−	100.0	62.6	53.5	9.1	37.4	−

注: 数値については、表示単位未満を四捨五入したため、合計値と内訳の計が一致しない場合がある(四捨五入の方法については、
「利用者のために」参照。以下同じ。)。
1)は対前年差である。

(2) 全国農業地域別飼養戸数・頭数

　全国農業地域別にみると、乳用牛の飼養戸数は、前年に比べ全ての地域で減少した。

　飼養頭数は、前年に比べ北海道、近畿、中国及び沖縄で増加したが、これら以外の地域では減少した。

　なお、地域別の飼養頭数割合は、北海道が全国の約6割を占めている。

図2　乳用牛の全国農業地域別飼養戸数・頭数

－飼養戸数－

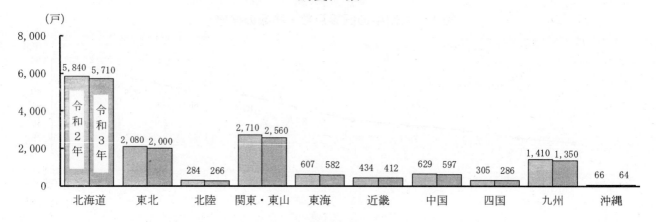

－飼養頭数－

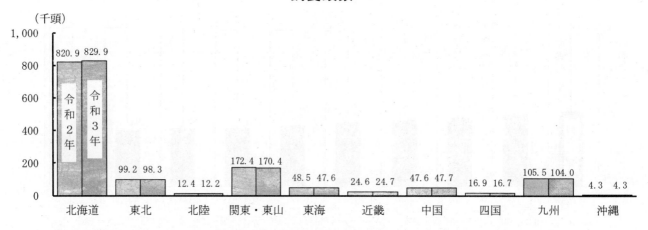

表2　乳用牛の全国農業地域別飼養戸数・頭数

区　分	単位	全　国	北海道	東　北	北　陸	関東・東山	東　海	近　畿	中　国	四　国	九　州	沖　縄
飼　養　戸　数												
実　数　令和2年	戸	14,400	5,840	2,080	284	2,710	607	434	629	305	1,410	66
3	〃	13,800	5,710	2,000	266	2,560	582	412	597	286	1,350	64
対前年比　3／2	％	95.8	97.8	96.2	93.7	94.5	95.9	94.9	94.9	93.8	95.7	97.0
全国割合　令和2年	〃	100.0	40.6	14.4	2.0	18.8	4.2	3.0	4.4	2.1	9.8	0.5
3	〃	100.0	41.4	14.5	1.9	18.6	4.2	3.0	4.3	2.1	9.8	0.5
飼　養　頭　数												
実　数　令和2年	千頭	1,352.0	820.9	99.2	12.4	172.4	48.5	24.6	47.6	16.9	105.5	4.3
3	〃	1,356.0	829.9	98.3	12.2	170.4	47.6	24.7	47.7	16.7	104.0	4.3
対前年比　3／2	％	100.3	101.1	99.1	98.4	98.8	98.1	100.4	100.2	98.8	98.6	101.4
全国割合　令和2年	〃	100.0	60.7	7.3	0.9	12.8	3.6	1.8	3.5	1.3	7.8	0.3
3	〃	100.0	61.2	7.2	0.9	12.6	3.5	1.8	3.5	1.2	7.7	0.3

注：沖縄の飼養頭数の対前年比は、小数第2位までの実数をもとに算出している。

(3) 成畜飼養頭数規模別飼養戸数・頭数

　　成畜飼養頭数規模別にみると、飼養戸数及び飼養頭数は、ともに前年に比べ「100～199頭」及び「200頭以上」の階層で増加したが、これら以外の階層では減少した。

　　なお、成畜飼養頭数規模別の飼養頭数割合は、「100～199頭」及び「200頭以上」の階層で全体の約5割を占めている。

図3　乳用牛の成畜飼養頭数規模別飼養戸数・頭数

－飼養戸数－

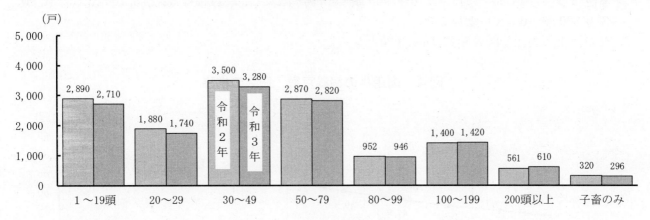

－飼養頭数－

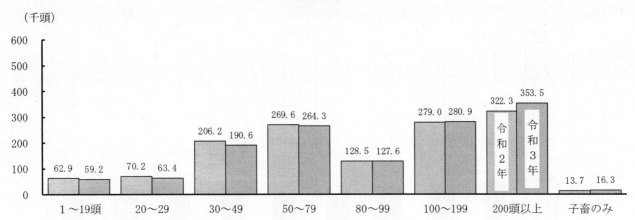

表3　乳用牛の成畜飼養頭数規模別飼養戸数・頭数

| 区　分 | 単位 | 計 | 成畜飼養頭数規模 | | | | | | | | | 子畜のみ |
			小計	1～19頭	20～29	30～49	50～79	80～99	100～199	200頭以上	300頭以上	
飼養戸数												
実数 令和2年	戸	14,400	14,000	2,890	1,880	3,500	2,870	952	1,400	561	288	320
3	〃	13,800	13,500	2,710	1,740	3,280	2,820	946	1,420	610	316	296
対前年比 3／2	%	95.8	96.4	93.8	92.6	93.7	98.3	99.4	101.4	108.7	109.7	92.5
構成比 令和2年	〃	100.0	97.2	20.1	13.1	24.3	19.9	6.6	9.7	3.9	2.0	2.2
3	〃	100.0	97.8	19.6	12.6	23.8	20.4	6.9	10.3	4.4	2.3	2.1
飼養頭数												
実数 令和2年	千頭	1,352.0	1,339.0	62.9	70.2	206.2	269.6	128.5	279.0	322.3	228.4	13.7
3	〃	1,356.0	1,339.0	59.2	63.4	190.6	264.3	127.6	280.9	353.5	254.0	16.3
対前年比 3／2	%	100.3	100.0	94.1	90.3	92.4	98.0	99.3	100.7	109.7	111.2	119.0
構成比 令和2年	〃	100.0	99.0	4.7	5.2	15.3	19.9	9.5	20.6	23.8	16.9	1.0
3	〃	100.0	98.7	4.4	4.7	14.1	19.5	9.4	20.7	26.1	18.7	1.2

注：飼養頭数は、飼養者が飼養している全ての乳用牛（成畜及び子畜）の頭数である。

2 肉用牛

(1) 飼養戸数・頭数

　令和3年の肉用牛の全国の飼養戸数は4万2,100戸で、前年に比べ1,800戸（4.1%）減少した。

　飼養頭数は260万5,000頭で、前年に比べ5万頭（2.0%）増加した。飼養頭数の内訳をみると、肉用種は182万9,000頭で前年に比べ3万7,000頭（2.1%）増加した。

　このうち、子取り用めす牛は63万2,800頭、肥育用牛は79万9,400頭で、前年に比べそれぞれ1万800頭（1.7%）、1万4,800頭（1.9%）増加した。

　乳用種は77万5,800頭で前年に比べ1万2,400頭（1.6%）増加した。このうち、ホルスタイン種他は25万頭で前年に比べ1万7,900頭（6.7%）減少し、交雑種は52万5,700頭で前年に比べ3万300頭（6.1%）増加した。

　なお、1戸当たり飼養頭数は61.9頭となった。

図4　肉用牛の飼養戸数・頭数の推移

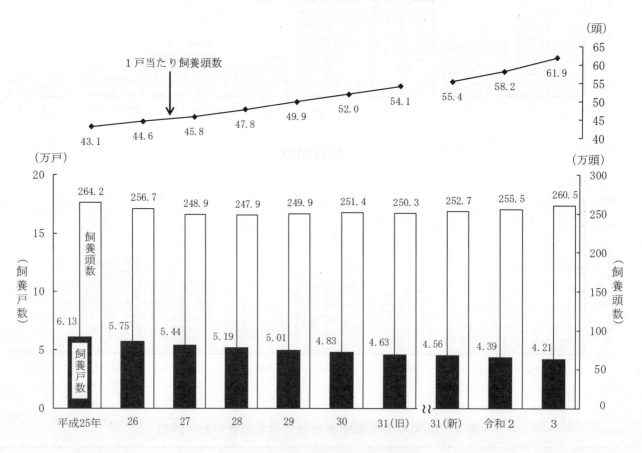

表4　肉用牛の飼養戸数・頭数

区　　分	飼養戸数	飼養頭数								1戸当たり飼養頭数
		計	肉用種			乳　用　種				
				子取り用めす牛	肥育用牛	小　計	ホルスタイン種他	交雑種		
	戸	千頭	千頭	千頭	千頭	千頭	千頭	千頭		頭
実　　数										
令和2年	43,900	2,555.0	1,792.0	622.0	784.6	763.4	267.9	495.4		58.2
3	42,100	2,605.0	1,829.0	632.8	799.4	775.8	250.0	525.7		61.9
対前年比（%）										
3／2	95.9	102.0	102.1	101.7	101.9	101.6	93.3	106.1	1)	3.7
構成比（%）										
令和2年	－	100.0	70.1	24.3	30.7	29.9	10.5	19.4		－
3	－	100.0	70.2	24.3	30.7	29.8	9.6	20.2		－

注：1）は対前年差である。

(2) 全国農業地域別飼養戸数・頭数

　全国農業地域別にみると、肉用牛の飼養戸数は、前年に比べ全ての地域で減少した。

　飼養頭数は、前年に比べ北陸及び四国で減少したが、これら以外の地域では増加した。

　なお、地域別の飼養頭数割合は、九州が全国の約4割を占めている。

図5　肉用牛全国農業地域別飼養戸数・頭数

－飼養戸数－

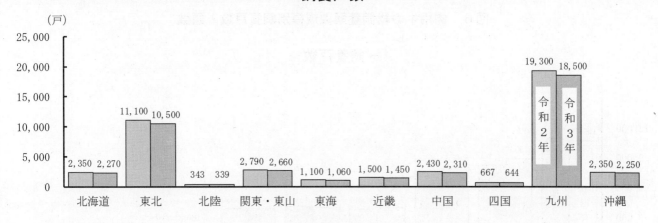

－飼養頭数－

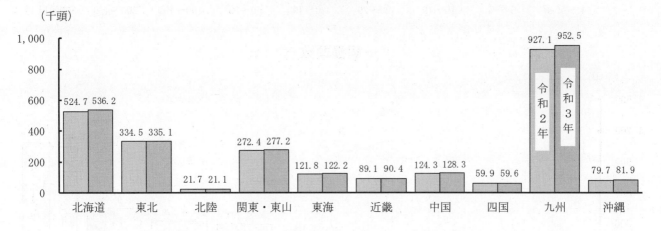

表5　肉用牛の全国農業地域別飼養戸数・頭数

区　　分	単位	全　国	北海道	東　北	北　陸	関　東・東　山	東　海	近　畿	中　国	四　国	九　州	沖　縄
飼　養　戸　数												
実　　数　令和 2 年	戸	43,900	2,350	11,100	343	2,790	1,100	1,500	2,430	667	19,300	2,350
3	〃	42,100	2,270	10,500	339	2,660	1,060	1,450	2,310	644	18,500	2,250
対前年比　3／2	%	95.9	96.6	94.6	98.8	95.3	96.4	96.7	95.1	96.6	95.9	95.7
全国割合　令和 2 年	〃	100.0	5.4	25.3	0.8	6.4	2.5	3.4	5.5	1.5	44.0	5.4
3	〃	100.0	5.4	24.9	0.8	6.3	2.5	3.4	5.5	1.5	43.9	5.3
飼　養　頭　数												
実　　数　令和 2 年	千頭	2,555.0	524.7	334.5	21.7	272.4	121.8	89.1	124.3	59.9	927.1	79.7
3	〃	2,605.0	536.2	335.1	21.1	277.2	122.2	90.4	128.3	59.6	952.5	81.9
対前年比　3／2	%	102.0	102.2	100.2	97.2	101.8	100.3	101.5	103.2	99.5	102.7	102.8
全国割合　令和 2 年	〃	100.0	20.5	13.1	0.8	10.7	4.8	3.5	4.9	2.3	36.3	3.1
3	〃	100.0	20.6	12.9	0.8	10.6	4.7	3.5	4.9	2.3	36.6	3.1

(3) 総飼養頭数規模別飼養戸数・頭数

　ア　総飼養頭数規模別飼養戸数・頭数

　　　総飼養頭数規模別にみると、飼養戸数及び飼養頭数は、ともに前年に比べ「1～4頭」、「5～9頭」、「10～19頭」及び「20～29頭」の階層で減少したが、これら以外の階層では増加した。

　　　なお、総飼養頭数規模別の飼養頭数割合は、「500頭以上」の階層が全体の約4割を占めている。

図6　肉用牛の総飼養頭数規模別飼養戸数・頭数

－飼養戸数－

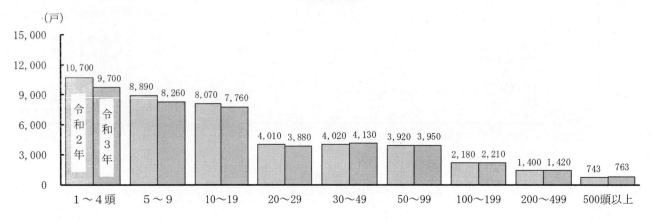

－飼養頭数－

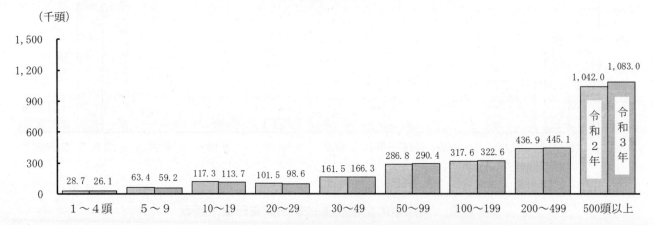

表6　肉用牛の総飼養頭数規模別飼養戸数・頭数

区　分		単位	総　飼　養　頭　数　規　模								
			計	1～4頭	5～9	10～19	20～29	30～49	50～99	100～199	200～499	500頭以上
飼養戸数												
実　数　令和2年		戸	43,900	10,700	8,890	8,070	4,010	4,020	3,920	2,180	1,400	743
	3	〃	42,100	9,700	8,260	7,760	3,880	4,130	3,950	2,210	1,420	763
対前年比　3／2		％	95.9	90.7	92.9	96.2	96.8	102.7	100.8	101.4	101.4	102.7
構成比　令和2年		〃	100.0	24.4	20.3	18.4	9.1	9.2	8.9	5.0	3.2	1.7
	3	〃	100.0	23.0	19.6	18.4	9.2	9.8	9.4	5.2	3.4	1.8
飼養頭数												
実　数　令和2年		千頭	2,555.0	28.7	63.4	117.3	101.5	161.5	286.8	317.6	436.9	1,042.0
	3	〃	2,605.0	26.1	59.2	113.7	98.6	166.3	290.4	322.6	445.1	1,083.0
対前年比　3／2		％	102.0	90.9	93.4	96.9	97.1	103.0	101.3	101.6	101.9	103.9
構成比　令和2年		〃	100.0	1.1	2.5	4.6	4.0	6.3	11.2	12.4	17.1	40.8
	3	〃	100.0	1.0	2.3	4.4	3.8	6.4	11.1	12.4	17.1	41.6

イ　肉用種の目的別飼養頭数別飼養戸数

（ア）　子取り用めす牛

　肉用種の子取り用めす牛を飼養している戸数は 3 万 6,900 戸で、肉用牛飼養戸数の 87.6 ％となっている。

　飼養頭数規模別にみると、前年に比べ「20～49 頭」、「50～99 頭」及び「100 頭以上」の階層で増加したが、これら以外の階層では減少した。

　なお、肉用種の子取り用めす牛を飼養している戸数は、「1 ～ 4 頭」の階層の割合が最も大きい。

表 7　子取り用めす牛飼養頭数規模別の飼養戸数

単位：戸

区　分		肉用牛の飼養戸数	子　取　り　用　め　す　牛　飼　養　頭　数　規　模							子取り用めす牛なし
			計	1～4頭	5～9	10～19	20～49	50～99	100頭以上	
実　数	令和 2 年	43,900	38,600	15,800	8,810	6,700	5,390	1,380	522	5,360
	3	42,100	36,900	14,500	8,330	6,670	5,460	1,470	549	5,130
対 前 年 比 （％）　3／2		95.9	95.6	91.8	94.6	99.6	101.3	106.5	105.2	95.7
構 成 比 （％）令和 2 年		100.0	87.9	36.0	20.1	15.3	12.3	3.1	1.2	12.2
	3	100.0	87.6	34.4	19.8	15.8	13.0	3.5	1.3	12.2

注：　この統計表の子取り用めす牛飼養頭数規模は、牛個体識別全国データベースにおいて出産経験のある肉用種めすの頭数を階層として区分したものである。

（イ）　肥育用牛

　肉用種の肥育用牛を飼養している戸数は 6,790 戸で、肉用牛飼養戸数の 16.1％となっている。

　飼養頭数規模別にみると、前年に比べ「10～19 頭」、「30～49 頭」及び「500 頭以上」の階層で減少し、「200～499 頭」の階層で前年並みとなり、これら以外の階層では増加した。

　なお、肉用種の肥育用牛を飼養している戸数は、「1 ～ 9 頭」の階層の割合が最も大きい。

表 8　肉用種の肥育用牛飼養頭数規模別の飼養戸数

単位：戸

区　分		肉用牛の飼養戸数	肥　育　用　牛　飼　養　頭　数　規　模								肥育用牛なし
			計	1～9頭	10～19	20～29	30～49	50～99	100～199	200～499	500頭以上	
実　数	令和 2 年	43,900	6,790	3,520	691	429	575	675	497	285	122	37,100
	3	42,100	6,790	3,550	660	435	537	692	515	285	114	35,300
対 前 年 比 （％）　3／2		95.9	100.0	100.9	95.5	101.4	93.4	102.5	103.6	100.0	93.4	95.1
構 成 比 （％）令和 2 年		100.0	15.5	8.0	1.6	1.0	1.3	1.5	1.1	0.6	0.3	84.5
	3	100.0	16.1	8.4	1.6	1.0	1.3	1.6	1.2	0.7	0.3	83.8

注：この統計表の肉用種の肥育用牛飼養頭数規模は、牛個体識別全国データベースにおいて 1 歳以上の肉用種おすの頭数を階層として区分したものである。

ウ　乳用種の飼養頭数規模別飼養戸数

　　肉用の乳用種を飼養している戸数は4,390戸で、肉用牛飼養戸数の10.4％となっている。

　　飼養頭数規模別にみると、前年に比べ「20～29頭」及び「500頭以上」の階層で増加したが、これら以外の階層では減少した。

　　なお、肉用の乳用種を使用している戸数は、「1～4頭」の階層の割合が最も大きい。

表9　乳用種飼養頭数規模別の飼養戸数

単位：戸

区　分		肉用牛の飼養戸数	乳　用　種　飼　養　頭　数　規　模									乳用種なし
			計	1～4頭	5～19	20～29	30～49	50～99	100～199	200～499	500頭以上	
実　数	令和2年	43,900	4,560	1,800	853	175	201	320	404	457	349	39,400
	3	42,100	4,390	1,730	767	187	200	308	386	442	364	37,700
対前年比（％）	3／2	95.9	96.3	96.1	89.9	106.9	99.5	96.3	95.5	96.7	104.3	95.7
構成比（％）	令和2年	100.0	10.4	4.1	1.9	0.4	0.5	0.7	0.9	1.0	0.8	89.7
	3	100.0	10.4	4.1	1.8	0.4	0.5	0.7	0.9	1.0	0.9	89.5

3 豚

(1) 飼養戸数・頭数

　令和3年の全国の豚の飼養戸数は3,850戸で、前回（平成31年。以下同じ。）に比べ470戸（10.9%）減少した。

　飼養頭数は929万頭で、前回に比べ13万4,000頭（1.5%）増加した。飼養頭数の内訳をみると、子取り用めす豚は82万3,200頭で、前回に比べ2万9,900頭（3.5%）減少し、肥育豚は767万6,000頭で、前回に比べ8万2,000頭（1.1%）増加した。

　なお、1戸当たり飼養頭数は2,413頭となった。

図7　豚の飼養戸数・頭数の推移

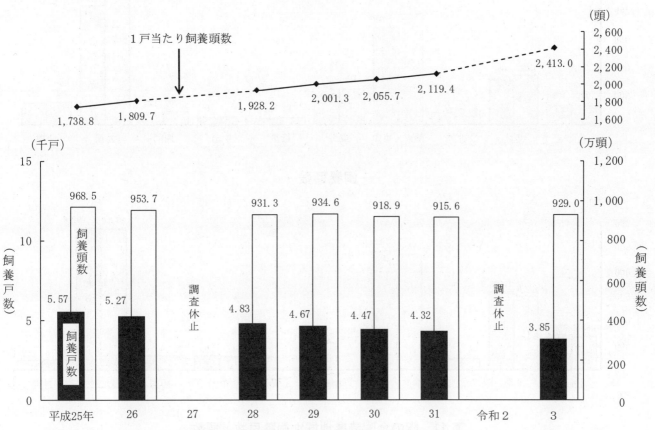

注：平成27年及び令和2年は農林業センサス実施年のため調査を休止した（以下同じ。）。

表10　豚の飼養戸数・頭数

区　　分	飼養戸数	子取り用めす豚のいる戸数	飼養頭数 計	子取り用めす豚	種おす豚	肥育豚	その他	1戸当たり飼養頭数	子取り用めす豚
	戸	戸	千頭	千頭	千頭	千頭	千頭	頭	頭
実　数									
平成30年	4,470	3,640	9,189.0	823.7	39.4	7,677.0	649.6	2,055.7	226.3
31	4,320	3,460	9,156.0	853.1	36.3	7,594.0	673.2	2,119.4	246.6
令和3	3,850	3,040	9,290.0	823.2	32.0	7,676.0	758.8	2,413.0	270.8
対前回比（%）									
31／30	96.6	95.1	99.6	103.6	92.1	98.9	103.6	1) 63.7	1) 20.3
3／31	89.1	87.9	101.5	96.5	88.2	101.1	112.7	1) 293.6	1) 24.2
構成比（%）									
平成30年	100.0	81.4	100.0	9.0	0.4	83.5	7.1	－	－
31	100.0	80.1	100.0	9.3	0.4	82.9	7.4	－	－
令和3	100.0	79.0	100.0	8.9	0.3	82.6	8.2	－	－

注：1) は対前回差である。

(2) 全国農業地域別飼養戸数・頭数

全国農業地域別にみると、豚の飼養戸数は前回に比べ全ての地域で減少した。

飼養頭数は、前回に比べ北陸、東海、近畿及び沖縄で減少したが、これら以外の地域では増加した。

なお、地域別の飼養頭数割合は、関東・東山及び九州で全国の約6割を占めている。

図8　豚の全国農業地域別飼養戸数・頭数

－飼養戸数－

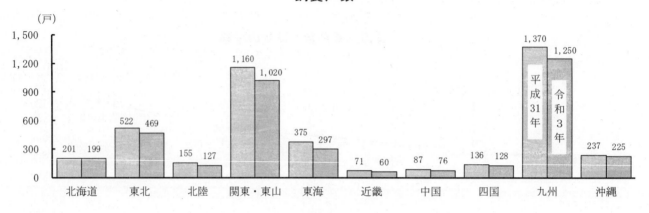

－飼養頭数－

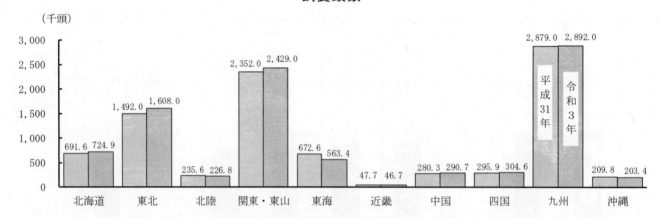

表11　豚の全国農業地域別飼養戸数・頭数

		単位	全　国	北海道	東　北	北　陸	関　東 ・ 東　山	東　海	近　畿	中　国	四　国	九　州	沖　縄
飼養戸数													
実　　　数	平成 30年	戸	4,470	210	546	163	1,180	386	68	94	144	1,420	257
	31	〃	4,320	201	522	155	1,160	375	71	87	136	1,370	237
	令和 3	〃	3,850	199	469	127	1,020	297	60	76	128	1,250	225
対前回比	31／30	％	96.6	95.7	95.6	95.1	98.3	97.2	104.4	92.6	94.4	96.5	92.2
	3／31	〃	89.1	99.0	89.8	81.9	87.9	79.2	84.5	87.4	94.1	91.2	94.9
全国割合	平成 30年	〃	100.0	4.7	12.2	3.6	26.4	8.6	1.5	2.1	3.2	31.8	5.7
	31	〃	100.0	4.7	12.1	3.6	26.9	8.7	1.6	2.0	3.1	31.7	5.5
	令和 3	〃	100.0	5.2	12.2	3.3	26.5	7.7	1.6	2.0	3.3	32.5	5.8
飼養頭数													
実　　　数	平成 30年	千頭	9,189.0	625.7	1,519.0	252.7	2,425.0	649.3	50.2	280.6	293.6	2,867.0	225.8
	31	〃	9,156.0	691.6	1,492.0	235.6	2,352.0	672.6	47.7	280.3	295.9	2,879.0	209.8
	令和 3	〃	9,290.0	724.9	1,608.0	226.8	2,429.0	563.4	46.7	290.7	304.6	2,892.0	203.4
対前回比	31／30	％	99.6	110.5	98.2	93.2	97.0	103.6	95.0	99.9	100.8	100.4	92.9
	3／31	〃	101.5	104.8	107.8	96.3	103.3	83.8	97.9	103.7	102.9	100.5	96.9
全国割合	平成 30年	〃	100.0	6.8	16.5	2.8	26.4	7.1	0.5	3.1	3.2	31.2	2.5
	31	〃	100.0	7.6	16.3	2.6	25.7	7.3	0.5	3.1	3.2	31.4	2.3
	令和 3	〃	100.0	7.8	17.3	2.4	26.1	6.1	0.5	3.1	3.3	31.1	2.2

（3）　肥育豚の飼養頭数規模別飼養戸数・頭数

　　肥育豚の飼養頭数規模別（学校、試験場等の非営利的な飼養者は含まない。）にみると、飼養戸数は前回に比べ全ての階層で減少した。

　　飼養頭数は、前回に比べ「1〜99頭」及び「2,000頭以上」の階層で増加したが、これら以外の階層では減少した。

　　なお、「肥育豚なし」の階層を含めた肥育豚の飼養頭数規模別の飼養頭数割合は、「2,000頭以上」の階層が全体の約7割を占めている。

図9　肥育豚の飼養頭数規模別飼養戸数・頭数

－飼養戸数－

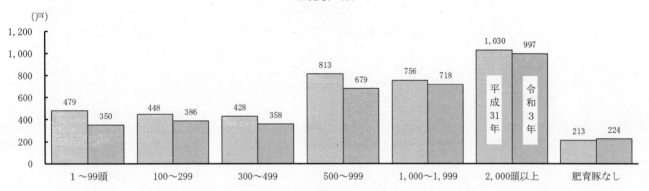

－飼養頭数－

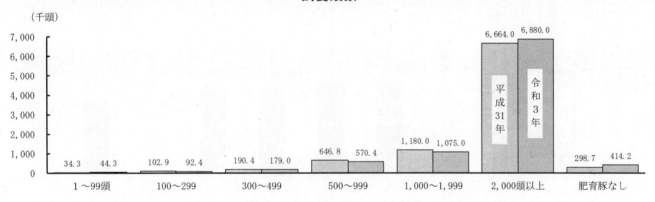

表12　肥育豚の飼養頭数規模別飼養戸数・頭数

区　分		単位	計	肥　育　豚　飼　養　頭　数　規　模								肥育豚なし
				小　計	1〜99頭	100〜299	300〜499	500〜999	1,000〜1,999	2,000頭以上	3,000頭以上	
飼養戸数												
実　数	平成30年	戸	4,310	4,080	533	530	405	798	789	1,030	667	232
	31	〃	4,170	3,950	479	448	428	813	756	1,030	701	213
	令和3	〃	3,710	3,490	350	386	358	679	718	997	695	224
対前回比	31／30	％	96.8	96.8	89.9	84.5	105.7	101.9	95.8	100.0	105.1	91.8
	3／31		89.0	88.4	73.1	86.2	83.6	83.5	95.0	96.8	99.1	105.2
構成比	平成30年	〃	100.0	94.7	12.4	12.3	9.4	18.5	18.3	23.9	15.5	5.4
	31	〃	100.0	94.7	11.5	10.7	10.3	19.5	18.1	24.7	16.8	5.1
	令和3	〃	100.0	94.1	9.4	10.4	9.6	18.3	19.4	26.9	18.7	6.0
飼養頭数												
実　数	平成30年	千頭	9,151.0	8,872.0	43.7	126.9	179.2	626.4	1,290.0	6,606.0	5,684.0	278.7
	31	〃	9,118.0	8,819.0	34.3	102.9	190.4	646.8	1,180.0	6,664.0	5,821.0	298.7
	令和3	〃	9,255.0	8,841.0	44.3	92.4	179.0	570.4	1,075.0	6,880.0	6,095.0	414.2
対前回比	31／30	％	99.6	99.4	78.5	81.1	106.3	103.3	91.5	100.9	102.4	107.2
	3／31	〃	101.5	100.2	129.2	89.8	94.0	88.2	91.1	103.2	104.7	138.7
構成比	平成30年	〃	100.0	97.0	0.5	1.4	2.0	6.8	14.1	72.2	62.1	3.0
	31	〃	100.0	96.7	0.4	1.1	2.1	7.1	12.9	73.1	63.8	3.3
	令和3	〃	100.0	95.5	0.5	1.0	1.9	6.2	11.6	74.3	65.9	4.5

注：1　飼養頭数規模別飼養戸数・頭数には、学校、試験場等の非営利的な飼養者は含まない。
　　2　飼養頭数規模別飼養頭数は、各階層の飼養者が飼養している全ての豚（子取り用めす豚、種おす豚、肥育豚、その他（肥育用のもと豚等）を含む。）である。

4 採卵鶏

(1) 飼養戸数・羽数

　　令和３年の全国の採卵鶏の飼養戸数は1,880戸で、前回に比べ240戸（11.3%）減少した。

　　採卵鶏の飼養羽数は１億8,337万3,000羽、種鶏を除く飼養羽数は１億8,091万8,000羽で、前回に比べそれぞれ154万4,000羽（0.8%）、145万羽（0.8%）減少した。

　　このうち、成鶏めす（６か月以上）の飼養羽数は１億4,069万7,000羽で、前回に比べ109万5,000羽（0.8%）減少した。

　　なお、１戸当たり成鶏めす飼養羽数は７万4,800羽となった。

図10　採卵鶏の飼養戸数及び成鶏めすの飼養羽数の推移

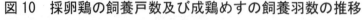
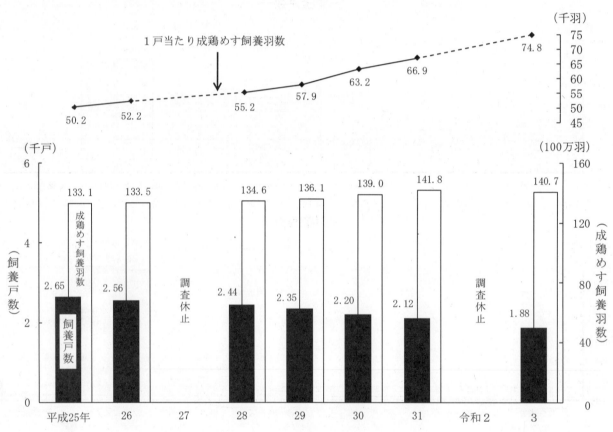

表13　採卵鶏の飼養戸数・羽数

区　　分	採卵鶏の飼養戸数	飼養羽数				1戸当たり成鶏めす飼養羽数
		計	採卵鶏（種鶏を除く。）	成鶏めす（6か月以上）	種鶏	
	戸	千羽	千羽	千羽	千羽	千羽
実　　数						
平成30年	2,200	184,350	181,950	139,036	2,400	63.2
31	2,120	184,917	182,368	141,792	2,549	66.9
令和３	**1,880**	**183,373**	**180,918**	**140,697**	**2,455**	**74.8**
対 前 回 比（%）						
31／30	96.4	100.3	100.2	102.0	106.2	1) 3.7
3／31	88.7	99.2	99.2	99.2	96.3	1) 7.9
構 成 比（%）						
平成30年	－	100.0	98.7	75.4	1.3	－
31	－	100.0	98.6	76.7	1.4	－
令和３	－	100.0	98.7	76.7	1.3	－

注：採卵鶏の飼養戸数・羽数には、種鶏のみの飼養者及び成鶏めす羽数1,000羽未満の飼養者は含まない。
　　1)は対前回差である。

(2) 全国農業地域別飼養戸数・羽数

　全国農業地域別にみると、採卵鶏の飼養戸数は、前回に比べ全ての地域で減少した。

　飼養羽数は、前回に比べ北陸及び関東・東山で増加したほか、近畿は前年並みとなったが、これら以外の地域では減少した。

　なお、地域別の飼養羽数割合は、関東・東山が全国の約3割を占めている。

図11　採卵鶏の全国農業地域別飼養戸数・羽数

－飼養戸数－

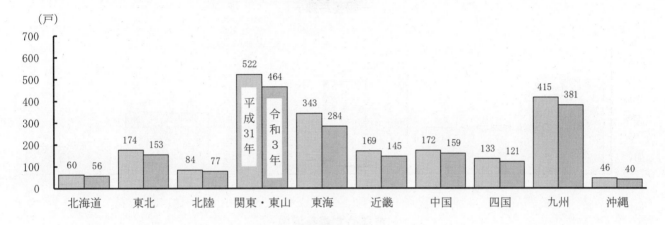

－飼養羽数－

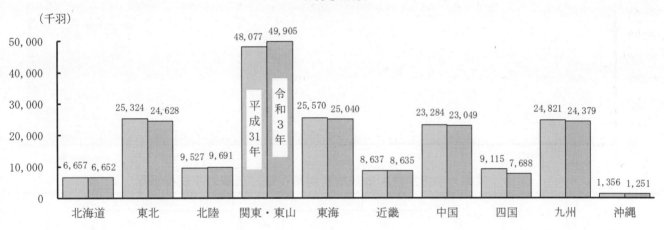

表14　採卵鶏の全国農業地域別飼養戸数・羽数

区　分		単位	全　国	北海道	東　北	北　陸	関　東・東　山	東　海	近　畿	中　国	四　国	九　州	沖　縄
飼養戸数													
実　数	平成30年	戸	2,200	62	185	91	539	348	171	181	138	443	44
	31	〃	2,120	60	174	84	522	343	169	172	133	415	46
	令和3	〃	1,880	56	153	77	464	284	145	159	121	381	40
対前回比	31／30	%	96.4	96.8	94.1	92.3	96.8	98.6	98.8	95.0	96.4	93.7	104.5
	3／31	〃	88.7	93.3	87.9	91.7	88.9	82.8	85.8	92.4	91.0	91.8	87.0
全国割合	平成30年	〃	100.0	2.8	8.4	4.1	24.5	15.8	7.8	8.2	6.3	20.1	2.0
	31	〃	100.0	2.8	8.2	4.0	24.6	16.2	8.0	8.1	6.3	19.6	2.2
	令和3	〃	100.0	3.0	8.1	4.1	24.7	15.1	7.7	8.5	6.4	20.3	2.1
飼養羽数													
実　数	平成30年	千羽	181,950	6,892	25,883	9,805	48,171	25,069	8,362	23,554	9,117	23,696	1,401
	31	〃	182,368	6,657	25,324	9,527	48,077	25,570	8,637	23,284	9,115	24,821	1,356
	令和3	〃	180,918	6,652	24,628	9,691	49,905	25,040	8,635	23,049	7,688	24,379	1,251
対前回比	31／30	%	100.2	96.6	97.8	97.2	99.8	102.0	103.3	98.9	100.0	104.7	96.8
	3／31	〃	99.2	99.9	97.3	101.7	103.8	97.9	100.0	99.0	84.3	98.2	92.3
全国割合	平成30年	〃	100.0	3.8	14.2	5.4	26.5	13.8	4.6	12.9	5.0	13.0	0.8
	31	〃	100.0	3.7	13.9	5.2	26.4	14.0	4.7	12.8	5.0	13.6	0.7
	令和3	〃	100.0	3.7	13.6	5.4	27.6	13.8	4.8	12.7	4.2	13.5	0.7

(3) 成鶏めすの飼養羽数規模別飼養戸数・成鶏めす飼養羽数

　　　成鶏めすの飼養羽数規模別（学校、試験場等の非営利な飼養者を含まない。）にみると、飼養戸数
　　及び飼養羽数は、ともに前回に比べ「100,000羽以上」の階層で増加したが、これ以外の階層では減
　　少した。
　　　なお、成鶏めすの飼養羽数規模別の飼養羽数割合は、「100,000羽以上」の階層が全体の8割を占
　　めている。

図12　成鶏めすの飼養羽数規模別飼養戸数・成鶏めす飼養羽数

－飼養戸数－

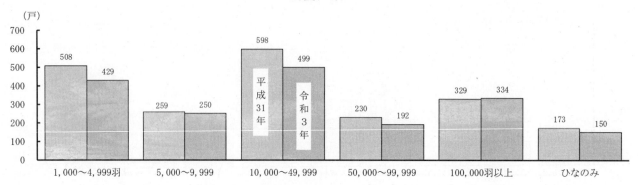

－成鶏めす飼養羽数－

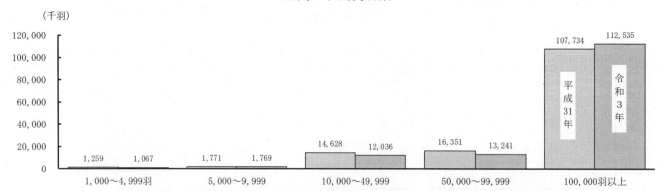

表15　成鶏めすの飼養羽数規模別飼養戸数・成鶏めす飼養羽数

区　分	単位	計	成　鶏　め　す　飼　養　羽　数　規　模					ひなのみ
			1,000～4,999羽	5,000～9,999	10,000～49,999	50,000～99,999	100,000羽以上	
飼　養　戸　数								
実　　数 平成30年	戸	2,180	536	287	613	226	332	184
31	〃	2,100	508	259	598	230	329	173
令和3	〃	1,850	429	250	499	192	334	150
対前回比　31／30	％	96.3	94.8	90.2	97.6	101.8	99.1	94.0
3／31	〃	88.1	84.4	96.5	83.4	83.5	101.5	86.7
構　成　比 平成30年	〃	100.0	24.6	13.2	28.1	10.4	15.2	8.4
31	〃	100.0	24.2	12.3	28.5	11.0	15.7	8.2
令和3	〃	100.0	23.2	13.5	27.0	10.4	18.1	8.1
成鶏めす飼養羽数								
実　　数 平成30年	千羽	138,981	1,322	2,048	15,264	15,832	104,515	－
31	〃	141,743	1,259	1,771	14,628	16,351	107,734	－
令和3	〃	140,648	1,067	1,769	12,036	13,241	112,535	－
対前回比　31／30	％	102.0	95.2	86.5	95.8	103.3	103.1	－
3／31	〃	99.2	84.7	99.9	82.3	81.0	104.5	－
構　成　比 平成30年	〃	100.0	1.0	1.5	11.0	11.4	75.2	－
31	〃	100.0	0.9	1.2	10.3	11.5	76.0	－
令和3	〃	100.0	0.8	1.3	8.6	9.4	80.0	－

注：飼養羽数規模別飼養戸数・成鶏めす飼養羽数には、学校、試験場等の非営利的な飼養者及び種鶏のみの飼養者は含まない。

5　ブロイラー
（1）　飼養戸数・羽数及び出荷戸数及び羽数
　　　令和3年の全国のブロイラーの飼養戸数は2,160戸で、前回に比べ90戸（4.0％）減少した。
　　　飼養羽数は1億3,965万8,000羽で、前回に比べ143万羽（1.0％）増加した。
　　　なお、1戸当たり飼養羽数は6万4,700羽となった。
　　　また、出荷戸数は2,190戸で、前回に比べ70戸（3.1％）減少した。
　　　出荷羽数は7億1,383万4,000羽で、前回に比べ1,849万9,000羽（2.7％）増加した。
　　　なお、1戸当たり出荷羽数は32万6,000羽となった。

図13　ブロイラーの飼養戸数・羽数の推移

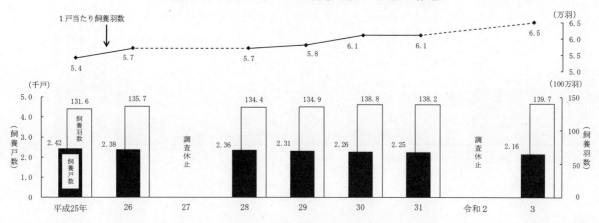

図14　ブロイラーの出荷戸数・羽数の推移

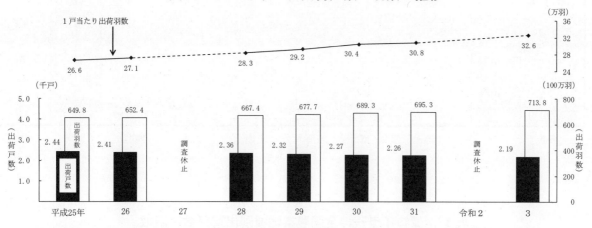

表16　ブロイラーの飼養戸数・羽数及び出荷戸数・羽数

区　分	飼養戸数	飼養羽数	1戸当たり飼養羽数	出荷戸数	出荷羽数	1戸当たり出荷羽数
	戸	千羽	千羽	戸	千羽	千羽
実　数						
平成30年	2,260	138,776	61.4	2,270	689,280	303.6
31	2,250	138,228	61.4	2,260	695,335	307.7
令和3	2,160	139,658	64.7	2,190	713,834	326.0
対前回比（％）						
31／30	99.6	99.6	1) 0.0	99.6	100.9	1) 4.1
3／31	96.0	101.0	1) 3.3	96.9	102.7	1) 18.3

注：1　ブロイラーの飼養戸数・羽数及び出荷戸数・羽数には、ブロイラーの年間出荷羽数が3,000羽未満の飼養者は含まない。
　　2　2月1日現在で飼養のない場合であっても、前1年間（前年の2月2日から当年の2月1日まで）に3,000羽以上の出荷
　　　があれば出荷戸数に含めている。
　　1)　は対前回差である。

(2)　全国農業地域別出荷戸数・羽数

　　全国農業地域別にみると、ブロイラーの出荷戸数は前回に比べ北陸を除く地域で減少した。

　　出荷羽数は、前回に比べ東海、近畿及び四国で減少したが、これら以外の地域では増加した。

　　なお、地域別の出荷羽数割合は、東北及び九州で全国の約7割を占めている。

図15　ブロイラーの全国農業地域別出荷戸数・羽数

－出荷戸数－

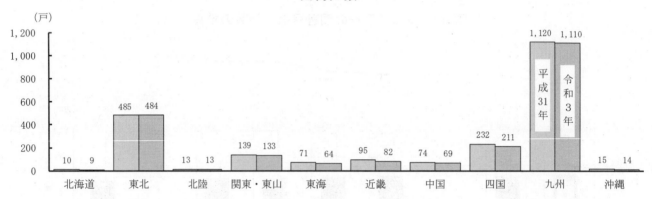

－出荷羽数－

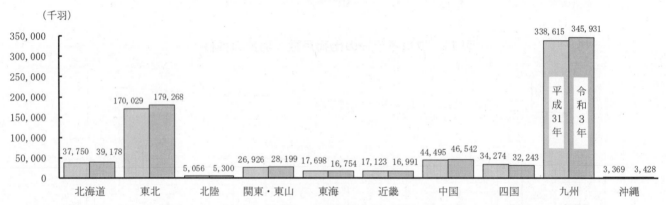

表17　ブロイラーの全国農業地域別出荷戸数・羽数

区　分			単位	全　国	北海道	東　北	北　陸	関　東・東　山	東　海	近　畿	中　国	四　国	九　州	沖　縄
出　荷　戸　数														
実　　数	平成	30年	戸	2,270	10	487	14	142	75	98	78	235	1,110	16
		31	〃	2,260	10	485	13	139	71	95	74	232	1,120	15
	令和	3	〃	2,190	9	484	13	133	64	82	69	211	1,110	14
対 前 回 比		31／30	％	99.6	100.0	99.6	92.9	97.9	94.7	96.9	94.9	98.7	100.9	93.8
		3／31	〃	96.9	90.0	99.8	100.0	95.7	90.1	86.3	93.2	90.9	99.1	93.3
全 国 割 合	平成	30年	〃	100.0	0.4	21.5	0.6	6.3	3.3	4.3	3.4	10.4	48.9	0.7
		31	〃	100.0	0.4	21.5	0.6	6.2	3.1	4.2	3.3	10.3	49.6	0.7
	令和	3	〃	100.0	0.4	22.1	0.6	6.1	2.9	3.7	3.2	9.6	50.7	0.6
出　荷　羽　数														
実　　数	平成	30年	千羽	689,280	38,280	170,875	5,387	29,104	17,513	16,753	43,654	33,631	330,734	3,349
		31	〃	695,335	37,750	170,029	5,056	26,926	17,698	17,123	44,495	34,274	338,615	3,369
	令和	3	〃	713,834	39,178	179,268	5,300	28,199	16,754	16,991	46,542	32,243	345,931	3,428
対 前 回 比		31／30	％	100.9	98.6	99.5	93.9	92.5	101.1	102.2	101.9	101.9	102.4	100.6
		3／31	〃	102.7	103.8	105.4	104.8	104.7	94.7	99.2	104.6	94.1	102.2	101.8
全 国 割 合	平成	30年	〃	100.0	5.6	24.8	0.8	4.2	2.5	2.4	6.3	4.9	48.0	0.5
		31	〃	100.0	5.4	24.5	0.7	3.9	2.5	2.5	6.4	4.9	48.7	0.5
	令和	3	〃	100.0	5.5	25.1	0.7	4.0	2.3	2.4	6.5	4.5	48.5	0.5

(3) 出荷羽数規模別飼養戸数・羽数

　出荷羽数規模別（学校、試験場等の非営利的な飼養者は含まない。）にみると、出荷戸数は前回に比べ「300,000～499,999羽」及び「500,000羽以上」の階層で増加したが、これら以外の階層では減少した。

　出荷羽数は、前回に比べ「3,000～49,999羽」、「300,000～499,999羽」及び「500,000羽以上」の階層で増加したが、これら以外の階層では減少した。

　なお、出荷羽数規模別の出荷羽数割合は、「500,000羽以上」の階層が全体の約5割を占めている。

図16　ブロイラーの出荷羽数規模別飼養戸数・羽数

－出荷戸数－

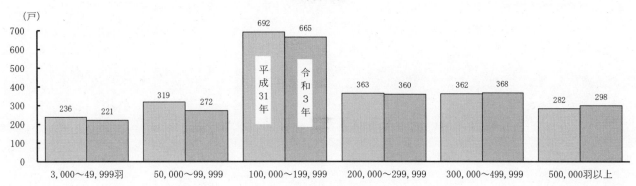

－出荷羽数－

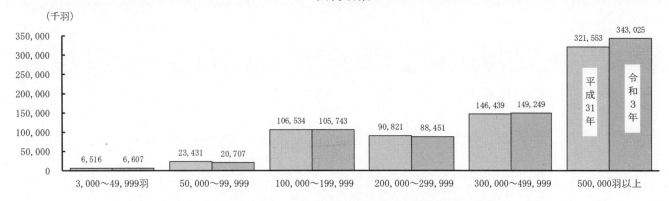

表18　ブロイラーの出荷羽数規模別出荷戸数・羽数

区　　分		単位	計	3,000～ 49,999羽	50,000～ 99,999	100,000～ 199,999	200,000～ 299,999	300,000～ 499,999	500,000羽 以　　上
出荷戸数									
実　　数	平成30年	戸	2,270	240	313	673	431	338	272
	31	〃	2,250	236	319	692	363	362	282
	令和3	〃	2,180	221	272	665	360	368	298
対前回比	31／30	％	99.1	98.3	101.9	102.8	84.2	107.1	103.7
	3／31	〃	96.9	93.6	85.3	96.1	99.2	101.7	105.7
構成比	平成30年	〃	100.0	10.6	13.8	29.6	19.0	14.9	12.0
	31	〃	100.0	10.5	14.2	30.8	16.1	16.1	12.5
	令和3	〃	100.0	10.1	12.5	30.5	16.5	16.9	13.7
出荷羽数									
実　　数	平成30年	千羽	689,263	6,506	23,188	104,604	103,702	139,034	312,229
	31	〃	695,294	6,516	23,431	106,534	90,821	146,439	321,553
	令和3	〃	713,782	6,607	20,707	105,743	88,451	149,249	343,025
対前回比	31／30	％	100.9	100.2	101.0	101.8	87.6	105.3	103.0
	3／31	〃	102.7	101.4	88.4	99.3	97.4	101.9	106.7
構成比	平成30年	〃	100.0	0.9	3.4	15.2	15.0	20.2	45.3
	31	〃	100.0	0.9	3.4	15.3	13.1	21.1	46.2
	令和3	〃	100.0	0.9	2.9	14.8	12.4	20.9	48.1

注：出荷羽数規模別出荷戸数・羽数には、学校、試験場等の非営利的な飼養者は含まない。

Ⅱ　統　計　表

1　乳　用　牛

（令和3年2月1日現在）

40 乳用牛

(1) 全国農業地域・都道府県別

ア 飼養戸数・頭数

全国農業地域・都道府県	飼養戸数	飼養頭数 合計 (3)+(8)	成畜（2歳以上）計		未経産牛
				経産牛	
				小計	搾乳牛	乾乳牛
	(1)	(2)	(3)	(4)	(5)	(6)	(7)
	戸	頭	頭	頭	頭	頭	頭
全　国 (1)	13,800	1,356,000	909,900	849,300	726,000	123,300	60,600
（全国農業地域）							
北 海 道 (2)	5,710	829,900	504,600	470,200	400,600	69,600	34,400
都 府 県 (3)	8,120	525,900	405,300	379,000	325,400	53,700	26,200
東 北 (4)	2,000	98,300	72,000	67,200	57,600	9,570	4,820
北 陸 (5)	266	12,200	9,440	8,930	7,630	1,300	500
関東・東山 (6)	2,560	170,400	132,800	124,400	106,300	18,100	8,450
東 海 (7)	582	47,600	38,300	36,400	31,500	4,970	1,900
近 畿 (8)	412	24,700	19,700	18,500	16,100	2,470	1,200
中 国 (9)	597	47,700	37,000	34,700	29,900	4,790	2,370
四 国 (10)	286	16,700	13,400	12,700	10,900	1,780	730
九 州 (11)	1,350	104,000	79,000	73,100	62,800	10,300	5,940
沖 縄 (12)	64	4,310	3,450	3,130	2,670	460	320
（都道府県）							
北 海 道 (13)	5,710	829,900	504,600	470,200	400,600	69,600	34,400
青 森 (14)	164	12,000	9,300	8,680	7,460	1,220	620
岩 手 (15)	806	41,000	27,900	25,800	22,100	3,690	2,100
宮 城 (16)	457	18,200	13,900	12,900	11,100	1,830	930
秋 田 (17)	83	3,960	3,070	2,880	2,500	380	200
山 形 (18)	203	11,300	9,080	8,620	7,380	1,240	460
福 島 (19)	283	11,800	8,840	8,320	7,100	1,220	510
茨 城 (20)	300	23,800	19,300	18,200	15,600	2,650	1,110
栃 木 (21)	636	53,100	42,000	39,100	33,700	5,480	2,870
群 馬 (22)	434	33,500	24,700	23,200	19,800	3,430	1,540
埼 玉 (23)	171	8,000	6,060	5,650	4,850	800	410
千 葉 (24)	488	27,700	22,000	20,700	17,600	3,150	1,280
東 京 (25)	47	1,500	1,130	1,050	890	160	80
神 奈 川 (26)	156	4,990	4,020	3,770	3,170	610	240
新 潟 (27)	165	6,040	4,860	4,590	3,950	640	270
富 山 (28)	35	2,060	1,570	1,470	1,210	260	100
石 川 (29)	45	3,090	2,260	2,160	1,850	310	90
福 井 (30)	21	1,050	750	710	610	90	40
山 梨 (31)	54	3,460	2,510	2,330	1,990	340	180
長 野 (32)	275	14,400	11,000	10,300	8,780	1,500	740
岐 阜 (33)	102	5,510	3,900	3,690	3,190	500	210
静 岡 (34)	185	13,700	11,000	10,400	8,980	1,450	610
愛 知 (35)	258	21,700	17,800	16,900	14,600	2,330	880
三 重 (36)	37	6,710	5,610	5,400	4,720	690	210
滋 賀 (37)	44	2,740	2,130	2,000	1,750	260	130
京 都 (38)	47	4,040	3,240	3,090	2,680	410	160
大 阪 (39)	24	1,190	1,070	1,020	890	130	50
兵 庫 (40)	246	13,000	9,900	9,220	7,960	1,260	680
奈 良 (41)	40	3,190	2,840	2,680	2,340	340	160
和 歌 山 (42)	11	560	530	510	440	70	20
鳥 取 (43)	112	8,800	6,650	6,330	5,470	860	310
島 根 (44)	88	10,900	8,560	8,160	7,010	1,150	410
岡 山 (45)	216	16,800	13,200	12,400	10,700	1,760	800
広 島 (46)	127	8,670	6,580	5,850	5,070	780	730
山 口 (47)	54	2,590	2,000	1,880	1,640	240	120
徳 島 (48)	83	3,990	3,250	3,060	2,640	420	190
香 川 (49)	64	4,770	3,980	3,820	3,230	590	160
愛 媛 (50)	91	4,830	3,600	3,340	2,900	440	260
高 知 (51)	48	3,090	2,590	2,460	2,140	320	130
福 岡 (52)	190	11,800	8,870	8,330	7,150	1,170	550
佐 賀 (53)	40	2,110	1,750	1,640	1,430	210	110
長 崎 (54)	141	6,940	5,770	5,440	4,700	740	330
熊 本 (55)	508	43,800	32,800	30,300	26,100	4,110	2,510
大 分 (56)	103	12,100	8,930	8,040	6,790	1,250	890
宮 崎 (57)	215	13,600	10,400	9,800	8,450	1,350	620
鹿 児 島 (58)	155	13,500	10,500	9,590	8,180	1,410	950
沖 縄 (59)	64	4,310	3,450	3,130	2,670	460	320
関東農政局 (60)	2,750	184,200	143,900	134,800	115,200	19,600	9,070
東海農政局 (61)	397	33,900	27,300	26,000	22,500	3,520	1,290
中国四国農政局 (62)	883	64,400	50,400	47,300	40,800	6,560	3,100

注：1　統計数値は、四捨五入の関係で内訳と計は必ずしも一致しない（以下同じ。）。
　　2　成畜（2歳以上）には、2歳未満の経産牛（分べん経験のある牛）を含む。

子 畜（ 2歳未満の未経産牛 ）	未経産牛計 (7) + (8)	経産牛頭数割合 (4) / (2)	搾乳牛頭数割合 (5) / (4)	子 畜頭数割合 (8) / (2)	1戸当たり飼養頭数 (2) / (1)	対 前 年 比		
						飼 養 戸 数	飼 養 頭 数	
(8)	(9)	(10)	(11)	(12)	(13)	(14)	(15)	
頭	頭	%	%	%	頭	%	%	
445,800	506,500	62.6	85.5	32.9	98.3	95.8	100.3	(1)
325,300	359,700	56.7	85.2	39.2	145.3	97.8	101.1	(2)
120,600	146,800	72.1	85.9	22.9	64.8	95.3	99.0	(3)
26,200	31,000	68.4	85.7	26.7	49.2	96.2	99.1	(4)
2,810	3,320	73.2	85.4	23.0	45.9	93.7	98.4	(5)
37,600	46,100	73.0	85.5	22.1	66.6	94.5	98.8	(6)
9,300	11,200	76.5	86.5	19.5	81.8	95.9	98.1	(7)
4,950	6,150	74.9	87.0	20.0	60.0	94.9	100.4	(8)
10,700	13,000	72.7	86.2	22.4	79.9	94.9	100.2	(9)
3,260	3,990	76.0	85.8	19.5	58.4	93.8	98.8	(10)
24,900	30,900	70.3	85.9	23.9	77.0	95.7	98.6	(11)
860	1,180	72.6	85.3	20.0	67.3	97.0	101.4	(12)
325,300	359,700	56.7	85.2	39.2	145.3	97.8	101.1	(13)
2,670	3,290	72.3	85.9	22.3	73.2	95.3	101.7	(14)
13,200	15,300	62.9	85.7	32.2	50.9	96.5	98.6	(15)
4,290	5,220	70.9	86.0	23.6	39.8	96.8	98.4	(16)
890	1,080	72.7	86.8	22.5	47.7	95.4	100.0	(17)
2,260	2,720	76.3	85.6	20.0	55.7	94.9	99.1	(18)
2,960	3,470	70.5	85.3	25.1	41.7	94.6	98.3	(19)
4,430	5,540	76.5	85.7	18.6	79.3	94.9	97.9	(20)
11,100	14,000	73.6	86.2	20.9	83.5	96.4	101.9	(21)
8,750	10,300	69.3	85.3	26.1	77.2	92.5	98.8	(22)
1,940	2,350	70.6	85.8	24.3	46.8	94.5	96.7	(23)
5,680	6,960	74.7	85.0	20.5	56.8	93.5	96.9	(24)
370	450	70.0	84.8	24.7	31.9	100.0	98.7	(25)
970	1,220	75.6	84.1	19.4	32.0	91.2	92.8	(26)
1,180	1,450	76.0	86.1	19.5	36.6	93.2	97.1	(27)
490	590	71.4	82.3	23.8	58.9	92.1	106.2	(28)
840	930	69.9	85.6	27.2	68.7	95.7	97.2	(29)
310	350	67.6	85.9	29.5	50.0	95.5	102.9	(30)
960	1,130	67.3	85.4	27.7	64.1	96.4	99.4	(31)
3,420	4,160	71.5	85.2	23.8	52.4	95.5	97.3	(32)
1,610	1,820	67.0	86.4	29.2	54.0	98.1	100.0	(33)
2,680	3,300	75.9	86.3	19.6	74.1	95.9	100.7	(34)
3,910	4,780	77.9	86.4	18.0	84.1	95.2	96.0	(35)
1,110	1,310	80.5	87.4	16.5	181.4	94.9	99.4	(36)
610	730	73.0	87.5	22.3	62.3	95.7	101.5	(37)
800	950	76.5	86.7	19.8	86.0	100.0	102.3	(38)
120	170	85.7	87.3	10.1	49.6	100.0	96.7	(39)
3,050	3,730	70.9	86.3	23.5	52.8	92.8	98.5	(40)
350	510	84.0	87.3	11.0	79.8	97.6	104.9	(41)
30	50	91.1	86.3	5.4	50.9	100.0	98.2	(42)
2,160	2,470	71.9	86.4	24.5	78.6	97.4	98.3	(43)
2,290	2,700	74.9	85.9	21.0	123.9	92.6	102.8	(44)
3,530	4,330	73.8	86.3	21.0	77.8	95.2	100.0	(45)
2,090	2,820	67.5	86.7	24.1	68.3	94.1	99.9	(46)
590	710	72.6	87.2	22.8	48.0	94.7	98.9	(47)
740	930	76.7	86.3	18.5	48.1	95.4	99.3	(48)
790	950	80.1	84.6	16.6	74.5	95.5	100.2	(49)
1,230	1,490	69.2	86.8	25.5	53.1	91.0	97.2	(50)
500	620	79.6	87.0	16.2	64.4	94.1	96.3	(51)
2,970	3,520	70.6	85.8	25.2	62.1	96.0	97.5	(52)
360	460	77.7	87.2	17.1	52.8	97.6	94.2	(53)
1,170	1,500	78.4	86.4	16.9	49.2	96.6	98.2	(54)
11,000	13,500	69.2	86.1	25.1	86.2	97.9	98.6	(55)
3,190	4,080	66.4	84.5	26.4	117.5	94.5	98.4	(56)
3,210	3,820	72.1	86.2	23.6	63.3	93.9	100.0	(57)
3,000	3,950	71.0	85.3	22.2	87.1	93.4	97.8	(58)
860	1,180	72.6	85.3	20.0	67.3	97.0	101.4	(59)
40,300	49,300	73.2	85.5	21.9	67.0	94.8	99.0	(60)
6,620	7,910	76.7	86.5	19.5	85.4	95.9	97.1	(61)
13,900	17,000	73.4	86.3	21.6	72.9	94.5	99.8	(62)

42 乳 用 牛

(1) 全国農業地域・都道府県別 (続き)

イ 成畜飼養頭数規模別の飼養戸数

単位：戸

全国農業地域・都道府県	計	成 畜 飼 養 頭 数 規 模									子畜のみ
		小 計	1〜19頭	20〜29	30〜49	50〜79	80〜99	100〜199	200頭以上	300頭以上	
全　　　　国	13,800	13,500	2,710	1,740	3,280	2,820	946	1,420	610	316	296
(全国農業地域)											
北　海　道	5,710	5,550	445	293	1,170	1,660	636	956	391	194	160
都　府　県	8,120	7,980	2,270	1,450	2,110	1,160	310	462	219	122	136
東　　　北	2,000	1,940	772	380	439	207	59	51	29	15	59
北　　　陸	266	262	70	62	73	43	6	6	2	−	4
関 東・東 山	2,560	2,530	689	497	677	364	91	137	73	46	33
東　　　海	582	577	105	83	176	97	31	59	26	16	5
近　　　畿	412	405	113	82	107	50	16	26	11	7	7
中　　　国	597	588	165	95	163	74	27	39	25	15	9
四　　　国	286	284	87	52	82	34	9	10	10	5	2
九　　　州	1,350	1,340	257	192	373	278	64	129	42	18	17
沖　　　縄	64	64	8	7	22	14	7	5	1	−	−
(都道府県)											
北　海　道	5,710	5,550	445	293	1,170	1,660	636	956	391	194	160
青　　　森	164	162	37	19	53	35	5	10	3	1	2
岩　　　手	806	770	318	148	168	84	23	17	12	8	36
宮　　　城	457	447	185	91	110	41	7	9	4	1	10
秋　　　田	83	83	28	16	25	7	4	2	1	−	−
山　　　形	203	198	77	43	36	18	11	7	6	3	5
福　　　島	283	277	127	63	47	22	9	6	3	2	6
茨　　　城	300	295	78	55	84	38	14	14	12	9	5
栃　　　木	636	633	147	116	158	115	24	50	23	15	3
群　　　馬	434	433	105	77	120	68	17	29	17	8	1
埼　　　玉	171	168	56	35	49	15	3	8	2	1	3
千　　　葉	488	474	138	93	119	68	22	21	13	10	14
東　　　京	47	46	21	11	10	4	−	−	−	−	1
神　奈　川	156	153	52	39	49	13	−	−	−	−	3
新　　　潟	165	161	55	42	41	18	1	3	1	−	4
富　　　山	35	35	3	6	13	11	1	1	−	−	−
石　　　川	45	45	9	8	12	9	4	2	1	−	−
福　　　井	21	21	3	6	7	5	−	−	−	−	−
山　　　梨	54	54	10	12	16	9	2	4	1	−	−
長　　　野	275	272	82	59	72	34	9	11	5	3	3
岐　　　阜	102	101	31	17	29	15	5	3	1	1	1
静　　　岡	185	184	43	25	56	19	11	22	8	5	1
愛　　　知	258	255	23	31	85	61	13	29	13	7	3
三　　　重	37	37	8	10	6	2	2	5	4	3	−
滋　　　賀	44	44	12	8	13	6	−	3	2	−	−
京　　　都	47	47	5	11	15	8	2	3	3	3	−
大　　　阪	24	23	5	1	7	7	2	1	−	−	1
兵　　　庫	246	240	79	48	60	23	9	17	4	2	6
奈　　　良	40	40	5	11	12	6	3	2	1	1	−
和　歌　山	11	11	7	3	−	−	−	−	1	1	−
鳥　　　取	112	112	26	21	27	17	4	13	4	2	−
島　　　根	88	88	29	14	20	7	2	7	9	7	−
岡　　　山	216	211	58	32	65	24	14	11	7	4	5
広　　　島	127	125	31	21	42	15	6	5	5	2	2
山　　　口	54	52	21	7	9	11	1	3	−	−	2
徳　　　島	83	83	29	17	22	10	2	1	2	1	−
香　　　川	64	64	16	10	25	6	−	2	5	2	−
愛　　　媛	91	89	30	17	24	9	3	5	1	1	2
高　　　知	48	48	12	8	11	9	4	2	2	1	−
福　　　岡	190	189	33	27	69	35	7	17	1	−	1
佐　　　賀	40	39	15	10	5	4	1	2	2	1	1
長　　　崎	141	141	43	28	35	24	1	8	2	1	−
熊　　　本	508	498	86	55	132	106	36	61	22	10	10
大　　　分	103	99	21	9	20	25	6	14	4	2	4
宮　　　崎	215	215	38	42	72	42	7	9	5	1	−
鹿　児　島	155	154	21	21	40	42	6	18	6	3	1
沖　　　縄	64	64	8	7	22	14	7	5	1	−	−
関 東 農 政 局	2,750	2,710	732	522	733	383	102	159	81	51	34
東 海 農 政 局	397	393	62	58	120	78	20	37	18	11	4
中国四国農政局	883	872	252	147	245	108	36	49	35	20	11

ウ　成畜飼養頭数規模別の飼養頭数

単位：頭

全国農業地域・都道府県	計	成畜飼養頭数規模									子畜のみ
		小　計	1～19頭	20～29	30～49	50～79	80～99	100～199	200頭以上	300頭以上	
全　　国	1,356,000	1,339,000	59,200	63,400	190,600	264,300	127,600	280,900	353,500	254,000	16,300
(全国農業地域)											
北　海　道	829,900	815,500	25,700	17,500	82,000	170,300	91,400	201,500	227,000	157,000	14,400
都　府　県	525,900	524,000	33,500	45,900	108,500	94,000	36,200	79,400	126,400	97,000	1,890
東　　北	98,300	97,500	10,600	12,200	23,500	17,700	6,780	8,510	18,300	14,200	720
北　　陸	12,200	12,200	960	1,830	3,590	3,310	790	1,090	x	-	20
関東・東山	170,400	169,800	10,200	15,600	34,200	28,700	10,700	23,900	46,400	37,600	580
東　　海	47,600	47,500	1,970	2,530	9,560	7,250	3,470	9,760	13,000	10,100	110
近　　畿	24,700	24,600	1,640	2,660	5,240	3,860	1,810	4,370	5,020	3,990	80
中　　国	47,700	47,500	2,610	2,940	8,040	6,080	3,260	7,060	17,500	14,500	230
四　　国	16,700	16,600	1,270	1,510	3,720	2,630	1,000	1,670	4,850	3,380	x
九　　州	104,000	103,900	4,130	6,170	19,700	23,300	7,660	22,400	20,500	13,300	110
沖　　縄	4,310	4,310	90	490	1,030	1,040	730	700	x	-	-
(都道府県)											
北　海　道	829,900	815,500	25,700	17,500	82,000	170,300	91,400	201,500	227,000	157,000	14,400
青　　森	12,000	12,000	490	640	3,510	2,680	570	1,630	2,450	x	x
岩　　手	41,000	40,400	4,510	4,980	8,920	7,600	2,800	2,990	8,640	7,440	600
宮　　城	18,200	18,100	2,470	2,820	5,790	3,360	800	1,430	1,420	x	90
秋　　田	3,960	3,960	470	520	1,310	570	450	x	x	-	-
山　　形	11,300	11,300	990	1,250	1,610	1,310	1,150	1,050	3,990	3,210	10
福　　島	11,800	11,800	1,670	2,000	2,320	2,230	1,010	1,100	1,450	x	10
茨　　城	23,800	23,800	1,280	1,680	4,110	2,890	1,810	2,690	9,320	8,340	10
栃　　木	53,100	52,900	1,970	3,620	8,840	9,160	2,760	8,510	18,000	15,500	220
群　　馬	33,500	33,500	1,540	2,390	5,940	5,750	1,880	5,110	10,900	7,640	x
埼　　玉	8,000	7,990	780	1,260	2,300	1,050	360	1,420	x	x	10
千　　葉	27,700	27,400	2,190	2,880	5,760	5,230	2,600	3,470	5,260	4,500	300
東　　京	1,500	1,500	360	350	450	340	-	-	-	-	x
神　奈　川	4,990	4,970	640	1,190	2,260	880	-	-	-	-	20
新　　潟	6,040	6,020	730	1,180	1,830	1,360	x	490	x	-	20
富　　山	2,060	2,060	40	170	640	800	x	x	-	-	-
石　　川	3,090	3,090	170	300	620	800	440	x	x	-	-
福　　井	1,050	1,050	30	180	500	350	-	-	-	-	-
山　　梨	3,460	3,460	270	380	810	680	x	860	x	-	-
長　　野	14,400	14,400	1,200	1,860	3,760	2,770	1,060	1,860	1,930	1,250	10
岐　　阜	5,510	5,510	370	460	2,060	1,140	630	430	x	x	x
静　　岡	13,700	13,700	680	770	3,130	1,510	1,220	3,470	2,960	2,190	x
愛　　知	21,700	21,600	760	1,020	4,110	4,450	1,380	5,040	4,820	2,980	110
三　　重	6,710	6,710	170	280	260	x	x	830	4,780	4,490	-
滋　　賀	2,740	2,740	250	230	650	420	-	660	x	x	-
京　　都	4,040	4,040	100	380	710	590	x	470	1,570	1,570	-
大　　阪	1,190	1,160	60	x	300	430	x	x	-	-	x
兵　　庫	13,000	12,900	1,040	1,580	2,990	2,010	1,110	2,780	1,410	x	50
奈　　良	3,190	3,190	120	340	590	420	280	x	x	x	-
和　歌　山	560	560	80	100	-	-	-	x	x	-	-
鳥　　取	8,800	8,800	400	670	1,360	1,380	480	2,600	1,910	x	-
島　　根	10,900	10,900	360	440	1,020	520	x	1,090	7,180	6,580	-
岡　　山	16,800	16,700	1,120	930	3,140	2,230	1,700	1,910	5,660	4,820	100
広　　島	8,670	8,660	470	700	2,060	1,090	720	890	2,730	x	x
山　　口	2,590	2,470	260	200	460	860	x	560	-	-	x
徳　　島	3,990	3,990	420	450	970	760	x	x	x	x	-
香　　川	4,770	4,770	220	250	1,150	450	-	x	2,340	x	x
愛　　媛	4,830	4,800	520	590	1,140	710	370	850	x	x	x
高　　知	3,090	3,090	120	230	460	710	420	x	x	x	-
福　　岡	11,800	11,800	570	910	3,790	2,870	840	2,550	x	-	x
佐　　賀	2,110	2,100	180	340	260	340	x	x	x	x	x
長　　崎	6,940	6,940	600	860	1,640	1,940	x	1,100	x	x	-
熊　　本	43,800	43,800	1,520	1,760	7,090	8,920	4,380	11,000	9,070	5,550	50
大　　分	12,100	12,100	310	390	1,230	2,170	720	2,390	4,870	x	40
宮　　崎	13,600	13,600	590	1,210	3,520	3,470	760	2,140	1,950	x	x
鹿　児　島	13,500	13,500	370	700	2,160	3,590	770	2,860	3,080	2,180	x
沖　　縄	4,310	4,310	90	490	1,030	1,040	730	700	x	-	-
関東農政局	184,200	183,600	10,900	16,400	37,400	30,200	11,900	27,400	49,400	39,800	580
東海農政局	33,900	33,800	1,300	1,760	6,430	5,750	2,250	6,300	10,000	7,890	110
中国四国農政局	64,400	64,100	3,880	4,460	11,800	8,700	4,260	8,720	22,300	17,800	260

注：この統計表の飼養頭数は、飼養者が飼養している全ての乳用牛（成畜及び子畜）の頭数である。

44 乳 用 牛

(1) 全国農業地域・都道府県別（続き）

エ 成畜飼養頭数規模別の成畜飼養頭数

単位：頭

全国農業地域・都道府県	計	成 畜 飼 養 頭 数 規 模							
		1～19頭	20～29	30～49	50～79	80～99	100～199	200頭以上	300頭以上
全　　　国	909,900	28,000	43,000	128,900	176,200	84,400	191,200	258,100	187,700
（全国農業地域）									
北　海　道	504,600	3,750	7,280	47,300	104,400	56,700	130,100	155,000	108,000
都　府　県	405,300	24,300	35,800	81,600	71,800	27,600	61,100	103,100	79,700
東　　　北	72,000	7,990	9,360	17,000	12,600	5,240	6,570	13,300	9,960
北　　　陸	9,440	770	1,520	2,720	2,570	510	820	x	-
関東・東山	132,800	7,510	12,200	25,900	22,300	8,050	18,400	38,500	32,000
東　　　海	38,300	1,210	2,060	6,740	6,010	2,820	8,140	11,300	8,790
近　　　畿	19,700	1,180	2,040	4,140	3,050	1,430	3,430	4,460	3,520
中　　　国	37,000	1,760	2,380	6,420	4,550	2,420	5,310	14,200	11,800
四　　　国	13,400	890	1,240	3,080	2,080	810	1,310	4,010	2,810
九　　　州	79,000	2,900	4,800	14,700	17,700	5,730	16,600	16,700	10,900
沖　　　縄	3,450	70	170	890	900	640	580	x	-
（都道府県）									
北　海　道	504,600	3,750	7,280	47,300	104,400	56,700	130,100	155,000	108,000
青　　　森	9,300	400	480	2,170	2,110	450	1,400	2,290	x
岩　　　手	27,900	3,160	3,670	6,460	5,200	2,060	2,060	5,260	4,350
宮　　　城	13,900	1,930	2,270	4,260	2,530	610	1,100	1,190	x
秋　　　田	3,070	370	390	980	460	360	x	x	x
山　　　形	9,080	790	1,050	1,370	1,030	960	850	3,030	2,320
福　　　島	8,840	1,340	1,510	1,750	1,310	800	910	1,230	x
茨　　　城	19,300	1,020	1,310	3,160	2,300	1,250	2,030	8,290	7,640
栃　　　木	42,000	1,470	2,890	6,200	7,130	2,130	6,630	15,600	13,600
群　　　馬	24,700	1,200	1,880	4,620	4,170	1,490	3,800	7,570	5,270
埼　　　玉	6,060	610	870	1,790	860	260	1,070	x	x
千　　　葉	22,000	1,460	2,290	4,650	4,140	1,960	2,770	4,750	4,070
東　　　京	1,130	260	270	350	240	-	-	-	-
神　奈　川	4,020	500	960	1,780	770	-	-	-	-
新　　　潟	4,860	610	1,010	1,500	1,050	x	360	x	x
富　　　山	1,570	30	160	510	650	x	x	-	-
石　　　川	2,260	100	210	450	570	340	x	x	-
福　　　井	750	20	150	270	300	-	-	-	-
山　　　梨	2,510	90	300	630	530	x	570	x	-
長　　　野	11,000	900	1,440	2,730	2,150	790	1,520	1,500	1,050
岐　　　阜	3,900	310	410	1,100	920	460	340	x	x
静　　　岡	11,000	540	620	2,090	1,160	1,000	2,890	2,750	2,050
愛　　　知	17,800	260	790	3,330	3,810	1,180	4,200	4,200	2,640
三　　　重	5,610	110	250	220	x	x	700	4,020	3,730
滋　　　賀	2,130	130	190	510	360	-	440	x	x
京　　　都	3,240	70	290	570	460	x	400	1,280	1,280
大　　　阪	1,070	50	x	280	410	x	x	-	-
兵　　　庫	9,900	790	1,190	2,280	1,470	810	2,150	1,220	x
奈　　　良	2,840	60	270	500	360	270	x	x	x
和　歌　山	530	70	80	-	-	-	-	x	x
鳥　　　取	6,650	250	520	1,050	1,080	360	1,890	1,510	x
島　　　根	8,560	280	350	800	410	x	830	5,710	5,200
岡　　　山	13,200	680	790	2,570	1,490	1,250	1,480	4,980	4,310
広　　　島	6,580	350	550	1,630	860	540	670	1,990	x
山　　　口	2,000	210	170	380	720	x	440	-	-
徳　　　島	3,250	290	410	830	600	x	x	x	x
香　　　川	3,980	180	220	980	370	-	x	1,930	x
愛　　　媛	3,600	320	420	890	570	270	630	x	x
高　　　知	2,590	100	190	380	550	380	x	x	x
福　　　岡	8,870	420	670	2,780	2,170	620	1,970	x	-
佐　　　賀	1,750	150	260	190	230	x	x	x	x
長　　　崎	5,770	510	700	1,360	1,600	x	970	x	x
熊　　　本	32,800	940	1,390	5,160	6,720	3,250	8,080	7,220	4,400
大　　　分	8,930	200	220	800	1,590	530	1,760	3,840	x
宮　　　崎	10,400	460	1,020	2,820	2,690	630	1,310	1,480	x
鹿　児　島	10,500	220	540	1,590	2,690	540	2,200	2,760	2,080
沖　　　縄	3,450	70	170	890	900	640	580	x	-
関 東 農 政 局	143,900	8,050	12,800	28,000	23,500	9,040	21,300	41,200	34,000
東 海 農 政 局	27,300	680	1,440	4,650	4,850	1,820	5,250	8,590	6,740
中国四国農政局	50,400	2,660	3,620	9,500	6,630	3,230	6,610	18,200	14,600

オ　年齢別飼養頭数

単位：頭

全国農業地域・都道府県	計	1歳未満	1	2	3～8	9歳以上
全　　　国	1,356,000	247,100	242,700	236,800	600,900	28,300
（全国農業地域）						
北　海　道	829,900	175,000	175,500	137,800	327,700	13,800
都　府　県	525,900	72,100	67,200	99,000	273,200	14,400
東　　　北	98,300	14,900	14,500	17,600	48,400	2,800
北　　　陸	12,200	1,680	1,430	2,120	6,540	470
関東・東山	170,400	22,900	21,000	32,300	89,800	4,420
東　　　海	47,600	5,870	5,060	9,640	26,000	1,060
近　　　畿	24,700	3,230	2,520	4,900	13,300	730
中　　　国	47,700	6,310	5,940	9,470	24,900	1,060
四　　　国	16,700	2,020	1,910	3,020	9,000	730
九　　　州	104,000	14,700	14,300	19,200	52,900	2,950
沖　　　縄	4,310	490	540	790	2,290	200
（都道府県）						
北　海　道	829,900	175,000	175,500	137,800	327,700	13,800
青　　　森	12,000	1,580	1,590	2,790	5,850	150
岩　　　手	41,000	7,110	7,390	7,300	18,500	770
宮　　　城	18,200	2,400	2,440	3,160	9,620	550
秋　　　田	3,960	470	550	750	2,070	130
山　　　形	11,300	1,350	1,290	1,620	6,400	680
福　　　島	11,800	1,990	1,280	1,960	6,050	510
茨　　　城	23,800	3,020	2,250	4,640	13,300	550
栃　　　木	53,100	6,650	6,760	10,600	27,700	1,350
群　　　馬	33,500	5,480	4,450	6,170	16,600	830
埼　　　玉	8,000	1,080	1,090	1,260	4,240	330
千　　　葉	27,700	3,330	3,320	5,490	14,900	650
東　　　京	1,500	260	160	270	770	40
神　奈　川	4,990	590	510	840	2,870	190
新　　　潟	6,040	820	550	1,130	3,330	220
富　　　山	2,060	260	290	370	1,060	80
石　　　川	3,090	420	450	430	1,650	140
福　　　井	1,050	190	150	190	500	30
山　　　梨	3,460	510	510	610	1,740	100
長　　　野	14,400	2,000	1,960	2,470	7,640	380
岐　　　阜	5,510	930	860	1,020	2,580	120
静　　　岡	13,700	1,610	1,660	2,580	7,510	370
愛　　　知	21,700	2,640	1,840	4,520	12,200	500
三　　　重	6,710	680	710	1,520	3,730	70
滋　　　賀	2,740	350	330	580	1,410	70
京　　　都	4,040	580	400	780	2,200	80
大　　　阪	1,190	100	50	190	810	50
兵　　　庫	13,000	1,980	1,530	2,480	6,560	400
奈　　　良	3,190	190	180	750	1,960	120
和　歌　山	560	20	20	130	370	30
鳥　　　取	8,800	1,580	850	1,750	4,520	110
島　　　根	10,900	1,170	1,500	2,080	5,870	230
岡　　　山	16,800	1,950	2,080	3,320	9,020	410
広　　　島	8,670	1,260	1,220	1,830	4,160	200
山　　　口	2,590	360	290	480	1,350	100
徳　　　島	3,990	450	460	660	2,140	270
香　　　川	4,770	420	500	1,040	2,620	180
愛　　　媛	4,830	760	580	840	2,480	170
高　　　知	3,090	380	360	480	1,750	110
福　　　岡	11,800	1,710	1,670	1,820	6,250	390
佐　　　賀	2,110	240	190	400	1,200	80
長　　　崎	6,940	640	800	1,070	4,050	370
熊　　　本	43,800	6,630	6,280	8,300	21,600	980
大　　　分	12,100	1,610	2,010	2,170	5,990	340
宮　　　崎	13,600	2,000	1,720	2,420	7,010	470
鹿　児　島	13,500	1,830	1,600	2,970	6,830	310
沖　　　縄	4,310	490	540	790	2,290	200
関東農政局	184,200	24,500	22,600	34,900	97,300	4,790
東海農政局	33,900	4,250	3,400	7,060	18,500	690
中国四国農政局	64,400	8,320	7,850	12,500	33,900	1,790

(1) 全国農業地域・都道府県別（続き）

カ 月別経産牛頭数

全 国 農 業 地 域 ・ 都 道 府 県		令和2年 3月	4	5	6	7	8
全　　　　国	(1)	838,400	841,800	844,600	848,400	850,600	851,800
（全国農業地域）							
北 海 道	(2)	462,300	462,300	464,600	467,200	468,800	469,900
都 府 県	(3)	376,100	379,500	380,000	381,200	381,800	381,900
東 北	(4)	67,500	67,600	67,500	67,600	67,700	67,700
北 陸	(5)	8,960	9,050	9,090	9,140	9,130	9,080
関 東 ・ 東 山	(6)	123,600	124,900	125,100	125,400	125,300	125,300
東 海	(7)	36,500	37,000	37,200	37,300	37,500	37,400
近 畿	(8)	18,100	18,200	18,300	18,400	18,400	18,400
中 国	(9)	33,700	34,300	34,400	34,600	34,700	34,800
四 国	(10)	12,800	12,800	12,800	12,900	12,900	12,800
九 州	(11)	72,000	72,500	72,500	72,700	73,000	73,000
沖 縄	(12)	3,050	3,180	3,210	3,210	3,230	3,240
（都道府県）							
北 海 道	(13)	462,300	462,300	464,600	467,200	468,800	469,900
青 森	(14)	8,370	8,530	8,570	8,610	8,690	8,680
岩 手	(15)	25,800	25,800	25,800	25,800	25,900	25,900
宮 城	(16)	13,200	13,100	13,100	13,100	13,100	13,100
秋 田	(17)	2,920	2,950	2,950	2,990	2,960	2,940
山 形	(18)	8,830	8,730	8,700	8,720	8,710	8,670
福 島	(19)	8,390	8,440	8,420	8,400	8,350	8,370
茨 城	(20)	18,100	18,300	18,300	18,400	18,400	18,400
栃 木	(21)	37,800	38,400	38,600	38,800	38,900	38,900
群 馬	(22)	23,300	23,300	23,300	23,200	23,200	23,200
埼 玉	(23)	5,790	5,840	5,860	5,820	5,770	5,780
千 葉	(24)	21,100	21,400	21,400	21,400	21,400	21,400
東 京	(25)	1,060	1,060	1,060	1,070	1,070	1,070
神 奈 川	(26)	3,890	3,940	3,930	3,920	3,900	3,880
新 潟	(27)	4,640	4,680	4,740	4,760	4,770	4,740
富 山	(28)	1,380	1,390	1,400	1,420	1,400	1,400
石 川	(29)	2,240	2,260	2,250	2,250	2,270	2,250
福 井	(30)	700	710	700	710	700	700
山 梨	(31)	2,280	2,300	2,310	2,330	2,320	2,310
長 野	(32)	10,200	10,400	10,400	10,400	10,400	10,400
岐 阜	(33)	3,580	3,630	3,630	3,640	3,620	3,640
静 岡	(34)	10,200	10,500	10,500	10,500	10,500	10,500
愛 知	(35)	17,300	17,600	17,600	17,700	17,800	17,700
三 重	(36)	5,340	5,400	5,430	5,500	5,570	5,570
滋 賀	(37)	1,930	1,940	1,940	1,950	1,950	1,970
京 都	(38)	2,970	3,040	3,070	3,070	3,090	3,090
大 阪	(39)	1,040	1,060	1,050	1,050	1,040	1,040
兵 庫	(40)	9,160	9,170	9,190	9,240	9,270	9,280
奈 良	(41)	2,480	2,510	2,540	2,550	2,570	2,580
和 歌 山	(42)	500	500	500	510	510	510
鳥 取	(43)	6,170	6,470	6,490	6,470	6,430	6,430
島 根	(44)	7,860	7,950	8,040	8,150	8,150	8,160
岡 山	(45)	12,200	12,300	12,300	12,400	12,500	12,600
広 島	(46)	5,610	5,680	5,690	5,690	5,750	5,790
山 口	(47)	1,880	1,900	1,890	1,890	1,870	1,860
徳 島	(48)	3,070	3,130	3,110	3,110	3,110	3,110
香 川	(49)	3,780	3,740	3,760	3,800	3,820	3,810
愛 媛	(50)	3,420	3,420	3,420	3,410	3,400	3,390
高 知	(51)	2,510	2,540	2,530	2,530	2,520	2,520
福 岡	(52)	8,480	8,400	8,400	8,410	8,420	8,410
佐 賀	(53)	1,700	1,730	1,700	1,690	1,670	1,660
長 崎	(54)	5,500	5,540	5,550	5,560	5,590	5,580
熊 本	(55)	29,400	29,800	29,800	29,800	30,000	30,000
大 分	(56)	8,010	7,990	8,080	8,140	8,180	8,200
宮 崎	(57)	9,630	9,720	9,680	9,720	9,730	9,750
鹿 児 島	(58)	9,320	9,360	9,350	9,370	9,430	9,430
沖 縄	(59)	3,050	3,180	3,210	3,210	3,230	3,240
関 東 農 政 局	(60)	133,800	135,300	135,500	135,900	135,800	135,800
東 海 農 政 局	(61)	26,300	26,600	26,700	26,900	27,000	26,900
中国四国農政局	(62)	46,500	47,100	47,200	47,500	47,600	47,600

注：各月の1日現在における頭数である。

単位：頭

	9	10	11	12	令和3年 1月	2	
	850,700	848,800	847,700	847,000	849,000	849,300	(1)
	470,300	469,800	469,200	468,900	469,300	470,200	(2)
	380,500	379,100	378,500	378,100	379,800	379,000	(3)
	67,600	67,400	67,200	67,200	67,300	67,200	(4)
	8,990	8,950	8,930	8,910	9,000	8,930	(5)
	124,800	124,400	124,000	123,900	124,500	124,400	(6)
	37,000	36,700	36,600	36,500	36,600	36,400	(7)
	18,300	18,300	18,300	18,300	18,500	18,500	(8)
	34,800	34,700	34,700	34,800	34,800	34,700	(9)
	12,800	12,700	12,700	12,700	12,800	12,700	(10)
	72,900	72,800	72,700	72,700	73,100	73,100	(11)
	3,210	3,170	3,160	3,130	3,130	3,130	(12)
	470,300	469,800	469,200	468,900	469,300	470,200	(13)
	8,740	8,730	8,630	8,700	8,750	8,680	(14)
	25,900	25,800	25,800	25,600	25,700	25,800	(15)
	13,100	13,000	13,000	13,000	13,000	12,900	(16)
	2,910	2,890	2,870	2,910	2,900	2,880	(17)
	8,620	8,610	8,620	8,620	8,660	8,620	(18)
	8,330	8,310	8,320	8,290	8,340	8,320	(19)
	18,400	18,300	18,300	18,300	18,300	18,200	(20)
	38,900	38,900	38,800	38,800	39,100	39,100	(21)
	23,100	23,000	22,900	22,900	23,100	23,200	(22)
	5,730	5,730	5,740	5,700	5,710	5,650	(23)
	21,200	21,000	20,800	20,800	20,800	20,700	(24)
	1,060	1,060	1,060	1,060	1,050	1,050	(25)
	3,840	3,830	3,820	3,810	3,820	3,770	(26)
	4,690	4,680	4,650	4,630	4,660	4,590	(27)
	1,370	1,370	1,380	1,410	1,460	1,470	(28)
	2,240	2,200	2,200	2,180	2,180	2,160	(29)
	700	700	690	690	710	710	(30)
	2,310	2,320	2,320	2,320	2,330	2,330	(31)
	10,400	10,400	10,300	10,200	10,300	10,300	(32)
	3,640	3,650	3,660	3,660	3,690	3,690	(33)
	10,400	10,400	10,400	10,400	10,400	10,400	(34)
	17,500	17,200	17,200	17,100	17,000	16,900	(35)
	5,460	5,440	5,420	5,410	5,420	5,400	(36)
	1,970	1,970	1,970	1,980	2,010	2,000	(37)
	3,060	3,030	3,040	3,030	3,080	3,090	(38)
	1,020	1,030	1,020	1,020	1,020	1,020	(39)
	9,200	9,140	9,160	9,140	9,190	9,220	(40)
	2,550	2,580	2,630	2,660	2,670	2,680	(41)
	500	500	520	510	510	510	(42)
	6,420	6,360	6,360	6,350	6,360	6,330	(43)
	8,140	8,110	8,050	8,100	8,160	8,160	(44)
	12,600	12,500	12,600	12,600	12,600	12,400	(45)
	5,830	5,830	5,820	5,810	5,840	5,850	(46)
	1,870	1,860	1,860	1,870	1,890	1,880	(47)
	3,060	3,020	3,040	3,060	3,090	3,060	(48)
	3,810	3,820	3,820	3,820	3,820	3,820	(49)
	3,380	3,370	3,360	3,340	3,360	3,340	(50)
	2,540	2,520	2,510	2,500	2,510	2,460	(51)
	8,350	8,280	8,270	8,240	8,270	8,330	(52)
	1,630	1,610	1,630	1,640	1,650	1,640	(53)
	5,540	5,510	5,460	5,490	5,490	5,440	(54)
	30,000	30,000	30,000	30,000	30,200	30,300	(55)
	8,210	8,180	8,190	8,140	8,140	8,040	(56)
	9,740	9,740	9,680	9,700	9,810	9,800	(57)
	9,440	9,420	9,480	9,470	9,570	9,590	(58)
	3,210	3,170	3,160	3,130	3,130	3,130	(59)
	135,300	134,800	134,400	134,200	134,900	134,800	(60)
	26,600	26,300	26,200	26,100	26,200	26,000	(61)
	47,600	47,400	47,400	47,500	47,600	47,300	(62)

48 乳 用 牛

(1) 全国農業地域・都道府県別 (続き)

キ　月別出生頭数'(乳用種めす)

全国農業地域 ・ 都道府県		計	令和2年 2月	3	4	5	6
全　　　国	(1)	270,500	20,400	22,300	20,600	18,600	21,100
(全国農業地域)							
北　海　道	(2)	185,500	13,600	15,700	15,300	14,500	15,600
都　府　県	(3)	85,000	6,780	6,580	5,290	4,120	5,490
東　　　北	(4)	17,300	1,370	1,330	1,210	1,000	1,310
北　　　陸	(5)	2,040	180	150	120	90	130
関 東・東 山	(6)	27,800	2,260	2,220	1,800	1,290	1,700
東　　　海	(7)	7,310	620	580	500	390	460
近　　　畿	(8)	4,460	350	400	240	200	300
中　　　国	(9)	7,150	580	560	400	320	490
四　　　国	(10)	2,400	180	150	130	100	130
九　　　州	(11)	16,000	1,230	1,160	860	710	940
沖　　　縄	(12)	540	30	30	40	20	40
(都道府県)							
北　海　道	(13)	185,500	13,600	15,700	15,300	14,500	15,600
青　　　森	(14)	2,210	170	190	190	130	160
岩　　　手	(15)	7,680	610	550	540	460	620
宮　　　城	(16)	2,750	220	220	170	170	200
秋　　　田	(17)	560	40	60	40	30	50
山　　　形	(18)	1,570	140	100	90	70	120
福　　　島	(19)	2,520	200	210	180	130	170
茨　　　城	(20)	3,870	320	310	220	170	220
栃　　　木	(21)	8,050	650	630	490	350	540
群　　　馬	(22)	6,300	480	510	440	300	420
埼　　　玉	(23)	1,130	100	100	70	40	60
千　　　葉	(24)	4,560	420	360	320	200	230
東　　　京	(25)	320	30	20	20	10	20
神　奈　川	(26)	790	70	70	50	40	40
新　　　潟	(27)	1,060	100	80	70	50	70
富　　　山	(28)	310	30	30	10	10	20
石　　　川	(29)	450	40	30	30	30	30
福　　　井	(30)	220	10	20	10	0	10
山　　　梨	(31)	600	40	50	50	40	50
長　　　野	(32)	2,220	160	170	150	140	140
岐　　　阜	(33)	990	70	80	60	50	80
静　　　岡	(34)	1,890	150	140	140	100	120
愛　　　知	(35)	3,540	320	270	220	190	190
三　　　重	(36)	890	80	80	70	50	70
滋　　　賀	(37)	460	40	40	30	20	30
京　　　都	(38)	830	80	90	30	30	60
大　　　阪	(39)	150	10	20	0	10	10
兵　　　庫	(40)	2,780	210	240	160	130	190
奈　　　良	(41)	210	10	20	10	10	10
和　歌　山	(42)	30	0	0	0	−	0
鳥　　　取	(43)	2,080	140	160	130	90	150
島　　　根	(44)	1,280	120	110	70	60	80
岡　　　山	(45)	2,000	170	160	110	70	130
広　　　島	(46)	1,340	110	110	70	80	110
山　　　口	(47)	450	40	30	20	20	30
徳　　　島	(48)	480	40	30	30	20	20
香　　　川	(49)	450	30	30	30	30	20
愛　　　媛	(50)	960	70	70	50	30	60
高　　　知	(51)	510	40	30	20	20	20
福　　　岡	(52)	1,880	170	120	110	80	110
佐　　　賀	(53)	320	20	30	10	10	20
長　　　崎	(54)	700	50	60	30	30	50
熊　　　本	(55)	7,260	550	580	420	330	480
大　　　分	(56)	1,640	130	110	90	50	90
宮　　　崎	(57)	2,130	130	140	110	100	90
鹿　児　島	(58)	2,090	170	110	90	110	110
沖　　　縄	(59)	540	30	30	40	20	40
関 東 農 政 局	(60)	29,700	2,400	2,360	1,940	1,400	1,820
東 海 農 政 局	(61)	5,420	470	430	360	290	340
中国四国農政局	(62)	9,550	760	710	530	420	610

単位：頭

7	8	9	10	11	12	令和3年 1月	
24,500	26,100	23,900	23,400	22,900	23,100	23,500	(1)
17,100	17,100	15,600	15,200	14,900	15,200	15,500	(2)
7,410	8,950	8,270	8,230	8,020	7,900	7,990	(3)
1,590	1,760	1,600	1,590	1,520	1,550	1,450	(4)
170	210	190	190	190	220	200	(5)
2,410	2,930	2,770	2,670	2,560	2,540	2,710	(6)
570	720	690	740	670	670	720	(7)
410	410	420	420	460	430	440	(8)
660	880	680	680	680	630	600	(9)
200	270	270	270	280	220	210	(10)
1,350	1,750	1,620	1,650	1,620	1,590	1,550	(11)
50	30	40	40	50	60	120	(12)
17,100	17,100	15,600	15,200	14,900	15,200	15,500	(13)
220	220	180	180	200	190	180	(14)
710	760	780	680	640	680	660	(15)
240	290	250	250	270	230	250	(16)
40	60	30	50	50	50	50	(17)
150	160	140	140	130	180	150	(18)
230	280	220	280	240	230	160	(19)
340	380	380	400	380	370	390	(20)
660	860	870	790	750	710	760	(21)
550	690	590	590	580	540	620	(22)
90	110	120	130	100	120	110	(23)
420	500	420	390	400	450	470	(24)
40	40	30	40	30	30	30	(25)
60	60	100	90	70	70	70	(26)
80	110	80	100	90	120	130	(27)
30	40	20	40	40	30	30	(28)
50	40	70	30	40	40	20	(29)
20	20	20	20	20	30	30	(30)
40	70	60	50	30	60	60	(31)
210	220	210	200	220	200	200	(32)
90	110	90	90	80	90	100	(33)
140	180	180	190	170	170	210	(34)
280	370	350	340	340	330	350	(35)
60	70	60	120	80	80	70	(36)
40	50	60	40	50	50	40	(37)
60	80	70	80	90	70	90	(38)
10	10	20	10	20	20	20	(39)
280	260	260	260	260	280	260	(40)
20	10	20	20	50	20	20	(41)
0	0	–	10	0	0	0	(42)
210	260	220	200	190	180	170	(43)
110	130	130	110	130	110	120	(44)
180	280	180	190	180	170	180	(45)
120	160	120	130	140	110	100	(46)
40	50	40	50	40	50	40	(47)
30	40	60	90	50	50	20	(48)
40	50	50	50	60	30	40	(49)
90	120	110	90	110	80	90	(50)
40	70	50	50	60	60	60	(51)
140	190	200	190	180	210	180	(52)
20	40	30	40	30	40	20	(53)
60	70	70	80	70	60	80	(54)
630	790	730	690	730	650	680	(55)
160	190	160	180	180	160	150	(56)
180	230	220	250	220	250	220	(57)
160	250	210	230	210	230	220	(58)
50	30	40	40	50	60	120	(59)
2,550	3,110	2,950	2,860	2,730	2,710	2,910	(60)
430	540	510	550	500	500	510	(61)
870	1,150	940	950	960	850	810	(62)

50 乳 用 牛

(1) 全国農業地域・都道府県別（続き）

ク 月別出生頭数（乳用種おす）

全国農業地域 都 道 府 県		計	令和2年 2月	3	4	5	6
全 国	(1)	164,300	12,700	13,400	12,200	10,900	12,800
（全国農業地域）							
北 海 道	(2)	119,000	8,880	9,770	9,410	8,980	10,200
都 府 県	(3)	45,300	3,800	3,600	2,800	1,960	2,620
東 北	(4)	9,960	800	720	680	550	680
北 陸	(5)	790	60	70	60	30	50
関 東・東 山	(6)	16,300	1,420	1,290	1,030	650	930
東 海	(7)	2,720	220	220	190	110	160
近 畿	(8)	1,740	160	160	100	70	100
中 国	(9)	4,350	340	370	260	200	260
四 国	(10)	1,390	110	120	70	60	70
九 州	(11)	7,910	670	640	420	280	380
沖 縄	(12)	100	20	10	0	10	10
（都道府県）							
北 海 道	(13)	119,000	8,880	9,770	9,410	8,980	10,200
青 森	(14)	1,610	130	120	100	70	100
岩 手	(15)	4,510	350	300	310	280	310
宮 城	(16)	1,470	110	100	100	80	90
秋 田	(17)	370	30	40	30	10	20
山 形	(18)	900	80	80	60	40	70
福 島	(19)	1,110	100	80	80	70	80
茨 城	(20)	2,300	210	190	140	80	110
栃 木	(21)	5,800	460	460	400	210	310
群 馬	(22)	3,420	310	270	180	150	220
埼 玉	(23)	540	40	40	30	20	30
千 葉	(24)	2,590	240	200	160	110	120
東 京	(25)	140	10	10	10	0	10
神 奈 川	(26)	330	40	30	30	10	20
新 潟	(27)	520	40	40	40	20	40
富 山	(28)	110	10	10	10	10	10
石 川	(29)	100	10	10	10	10	0
福 井	(30)	60	0	10	0	10	0
山 梨	(31)	270	30	20	30	10	30
長 野	(32)	950	80	80	60	50	70
岐 阜	(33)	320	20	20	30	20	20
静 岡	(34)	740	60	70	60	40	60
愛 知	(35)	1,450	130	110	90	40	70
三 重	(36)	200	10	20	20	10	10
滋 賀	(37)	100	10	10	10	0	0
京 都	(38)	160	20	20	10	10	10
大 阪	(39)	80	10	10	10	0	0
兵 庫	(40)	1,310	110	120	60	60	80
奈 良	(41)	80	10	10	0	0	10
和 歌 山	(42)	10	0	0	0	-	-
鳥 取	(43)	1,250	80	90	60	60	80
島 根	(44)	800	70	60	50	40	40
岡 山	(45)	1,190	110	100	70	50	70
広 島	(46)	840	70	90	60	50	60
山 口	(47)	270	20	30	10	10	10
徳 島	(48)	170	10	10	10	10	10
香 川	(49)	300	20	30	10	10	10
愛 媛	(50)	640	60	50	40	30	30
高 知	(51)	290	20	30	10	10	20
福 岡	(52)	810	80	60	40	30	40
佐 賀	(53)	160	20	10	10	10	10
長 崎	(54)	410	30	30	20	10	20
熊 本	(55)	3,830	330	320	220	150	170
大 分	(56)	930	70	80	50	40	50
宮 崎	(57)	840	80	70	40	30	40
鹿 児 島	(58)	940	70	80	40	20	50
沖 縄	(59)	100	20	10	0	10	10
関 東 農 政 局	(60)	17,100	1,490	1,360	1,090	690	990
東 海 農 政 局	(61)	1,970	160	150	130	70	90
中国四国農政局	(62)	5,740	450	490	330	260	330

単位：頭

7	8	9	10	11	12	令和3年 1月	
15,500	16,300	14,800	14,200	13,700	14,000	13,800	(1)
11,300	11,400	10,100	9,810	9,590	9,760	9,690	(2)
4,120	4,890	4,660	4,400	4,110	4,200	4,160	(3)
980	1,010	1,080	1,020	800	790	870	(4)
80	70	80	70	80	80	80	(5)
1,470	1,770	1,700	1,560	1,520	1,530	1,480	(6)
250	300	270	270	250	240	250	(7)
150	190	150	170	170	170	180	(8)
400	510	400	390	370	430	420	(9)
140	150	150	110	140	150	120	(10)
650	900	830	800	790	780	770	(11)
10	10	10	10	10	20	-	(12)
11,300	11,400	10,100	9,810	9,590	9,760	9,690	(13)
140	170	250	190	120	100	140	(14)
480	450	450	440	380	360	400	(15)
140	170	150	130	130	140	130	(16)
30	30	40	50	30	40	30	(17)
100	70	80	90	60	70	90	(18)
90	110	110	120	90	90	90	(19)
200	240	260	220	230	230	210	(20)
550	670	650	580	500	540	480	(21)
300	360	320	360	330	330	290	(22)
30	60	60	60	70	60	50	(23)
230	280	280	190	240	250	280	(24)
10	10	20	10	20	10	10	(25)
30	20	30	30	30	30	30	(26)
50	40	50	50	50	50	60	(27)
10	10	20	10	10	10	10	(28)
10	10	10	10	10	10	10	(29)
0	0	0	10	10	10	10	(30)
30	40	10	20	20	20	10	(31)
90	90	80	90	90	70	110	(32)
40	30	30	40	30	30	30	(33)
60	70	60	70	70	60	60	(34)
120	180	160	150	130	130	140	(35)
30	20	20	10	20	20	20	(36)
10	20	10	10	10	10	10	(37)
20	10	10	20	10	10	20	(38)
10	10	10	0	10	10	10	(39)
120	150	120	130	120	130	120	(40)
10	0	10	10	10	10	10	(41)
-	0	-	-	0	0	-	(42)
110	120	140	120	120	140	120	(43)
70	80	80	70	80	80	80	(44)
110	180	100	90	100	110	110	(45)
70	90	60	80	60	90	70	(46)
20	40	20	30	20	20	30	(47)
20	20	10	10	30	30	10	(48)
30	30	30	30	30	40	30	(49)
70	70	70	60	50	60	50	(50)
20	30	30	20	30	30	20	(51)
60	100	100	80	70	80	60	(52)
20	20	20	10	20	20	20	(53)
40	40	40	40	40	50	50	(54)
310	420	390	380	380	370	390	(55)
70	90	90	100	90	110	100	(56)
80	110	90	90	70	70	70	(57)
70	120	110	110	100	100	80	(58)
10	10	10	10	10	20	-	(59)
1,530	1,850	1,760	1,630	1,590	1,590	1,540	(60)
180	220	210	200	170	190	190	(61)
540	660	550	510	510	580	540	(62)

52 乳用牛

(1) 全国農業地域・都道府県別（続き）

ケ　月別出生頭数（交雑種）

全国農業地域・都道府県		計	令和2年 2月	3	4	5	6
全　　国	(1)	278,900	20,100	21,000	20,400	17,200	19,800
（全国農業地域）							
北　海　道	(2)	118,800	7,550	8,630	9,250	8,770	9,810
都　府　県	(3)	160,100	12,600	12,400	11,100	8,400	9,940
東　　北	(4)	23,300	1,700	1,810	1,740	1,360	1,690
北　　陸	(5)	3,520	290	250	210	140	220
関東・東山	(6)	51,600	4,110	3,900	3,580	2,620	3,040
東　　海	(7)	20,000	1,690	1,580	1,410	1,020	1,220
近　　畿	(8)	7,820	600	620	510	440	470
中　　国	(9)	16,300	1,270	1,340	1,180	950	1,070
四　　国	(10)	7,290	560	520	550	370	440
九　　州	(11)	28,900	2,250	2,280	1,890	1,430	1,710
沖　　縄	(12)	1,270	130	90	80	70	90
（都道府県）							
北　海　道	(13)	118,800	7,550	8,630	9,250	8,770	9,810
青　　森	(14)	3,400	240	230	260	180	280
岩　　手	(15)	6,830	500	540	520	440	530
宮　　城	(16)	4,530	310	360	350	230	300
秋　　田	(17)	1,130	70	80	70	90	80
山　　形	(18)	3,850	300	290	290	200	260
福　　島	(19)	3,600	280	310	270	220	250
茨　　城	(20)	7,360	610	490	370	230	330
栃　　木	(21)	15,100	1,180	1,160	1,060	840	960
群　　馬	(22)	9,110	740	710	640	460	600
埼　　玉	(23)	2,510	200	160	180	120	140
千　　葉	(24)	10,400	820	840	790	540	520
東　　京	(25)	330	30	30	20	20	20
神　奈　川	(26)	1,620	140	110	120	90	90
新　　潟	(27)	2,080	180	150	140	90	150
富　　山	(28)	550	40	40	30	20	30
石　　川	(29)	700	50	50	30	20	40
福　　井	(30)	180	10	20	10	10	10
山　　梨	(31)	1,050	60	80	70	60	70
長　　野	(32)	4,100	330	330	330	270	330
岐　　阜	(33)	1,350	90	110	90	70	70
静　　岡	(34)	5,690	480	430	400	300	380
愛　　知	(35)	9,330	790	750	650	440	500
三　　重	(36)	3,690	330	280	280	220	270
滋　　賀	(37)	1,030	70	80	80	50	60
京　　都	(38)	1,070	60	100	70	60	80
大　　阪	(39)	510	40	40	40	30	40
兵　　庫	(40)	3,520	300	270	220	200	170
奈　　良	(41)	1,320	100	110	80	80	110
和　歌　山	(42)	380	40	40	20	30	20
鳥　　取	(43)	3,220	230	290	190	160	160
島　　根	(44)	3,860	320	290	320	270	270
岡　　山	(45)	6,170	500	530	440	310	410
広　　島	(46)	2,230	160	180	180	160	200
山　　口	(47)	800	60	70	40	40	40
徳　　島	(48)	1,990	160	120	110	90	120
香　　川	(49)	3,170	250	250	250	190	200
愛　　媛	(50)	1,290	90	90	110	40	70
高　　知	(51)	840	70	60	70	50	50
福　　岡	(52)	3,380	280	290	230	190	220
佐　　賀	(53)	880	70	80	40	50	30
長　　崎	(54)	3,190	240	230	220	150	230
熊　　本	(55)	11,100	880	870	750	550	660
大　　分	(56)	2,760	240	220	180	120	190
宮　　崎	(57)	3,450	260	260	210	170	180
鹿　児　島	(58)	4,200	300	350	270	210	210
沖　　縄	(59)	1,270	130	90	80	70	90
関東農政局	(60)	57,300	4,590	4,330	3,970	2,920	3,420
東海農政局	(61)	14,400	1,210	1,140	1,020	720	840
中国四国農政局	(62)	23,600	1,830	1,860	1,730	1,320	1,510

単位：頭

7	8	9	10	11	12	令和3年 1月	
24,100	27,100	25,500	25,700	25,500	26,500	26,000	(1)
10,800	11,100	10,700	10,600	10,300	10,800	10,500	(2)
13,400	15,900	14,800	15,100	15,200	15,700	15,600	(3)
2,120	2,200	2,220	2,140	2,090	2,210	2,060	(4)
300	360	360	330	340	400	320	(5)
4,300	5,000	4,790	4,910	4,960	5,220	5,230	(6)
1,630	2,070	1,880	1,870	1,900	1,890	1,890	(7)
620	750	700	780	770	760	810	(8)
1,480	1,630	1,470	1,480	1,510	1,500	1,430	(9)
580	730	690	670	630	720	830	(10)
2,250	3,060	2,570	2,820	2,860	2,900	2,900	(11)
100	140	130	120	110	120	100	(12)
10,800	11,100	10,700	10,600	10,300	10,800	10,500	(13)
290	310	330	320	330	320	320	(14)
640	610	640	630	570	620	580	(15)
480	430	450	380	390	450	410	(16)
100	100	100	100	130	130	90	(17)
320	370	380	370	360	370	340	(18)
280	380	330	340	320	330	320	(19)
560	850	690	820	740	810	860	(20)
1,310	1,410	1,460	1,340	1,380	1,560	1,510	(21)
760	870	810	840	890	900	900	(22)
210	220	240	270	240	240	290	(23)
890	1,060	930	1,010	1,040	1,020	990	(24)
20	30	30	40	30	30	30	(25)
120	110	180	140	170	160	190	(26)
180	200	230	200	180	220	170	(27)
40	50	50	40	60	90	70	(28)
80	80	60	70	90	70	60	(29)
10	20	10	20	20	20	20	(30)
80	100	100	100	100	120	120	(31)
340	360	350	360	360	380	350	(32)
130	140	130	130	150	130	110	(33)
460	560	530	530	560	530	530	(34)
730	1,010	890	880	900	870	930	(35)
310	360	330	320	290	360	320	(36)
90	100	90	100	100	110	110	(37)
80	130	110	100	100	100	100	(38)
40	40	40	30	60	60	60	(39)
280	370	330	380	360	310	340	(40)
110	80	100	140	110	150	150	(41)
30	30	30	40	40	40	50	(42)
260	350	310	360	320	300	290	(43)
340	330	330	320	360	360	360	(44)
620	640	560	520	580	560	510	(45)
190	220	190	190	160	200	200	(46)
70	90	90	90	100	70	50	(47)
130	170	190	180	180	200	340	(48)
260	340	280	280	270	290	320	(49)
110	150	140	120	120	140	110	(50)
70	80	80	80	60	90	70	(51)
280	370	280	310	300	320	330	(52)
80	90	70	100	90	90	90	(53)
300	330	300	310	290	300	320	(54)
850	1,130	990	1,080	1,080	1,120	1,120	(55)
200	320	260	290	260	250	230	(56)
260	390	320	350	360	350	350	(57)
280	430	370	390	470	470	460	(58)
100	140	130	120	110	120	100	(59)
4,760	5,560	5,330	5,440	5,520	5,750	5,760	(60)
1,170	1,510	1,350	1,340	1,340	1,360	1,360	(61)
2,060	2,370	2,160	2,150	2,140	2,220	2,250	(62)

54 乳用牛

(2) 乳用牛飼養者の飼料作物作付実面積（全国、北海道、都府県）

単位：ha

区　　　分	飼　料　作　物 作　付　実　面　積
全　　　国	475,900
北　海　道	414,300
都　府　県	61,700

2 　肉 用 牛
（令和3年2月1日現在）

56 肉 用 牛

(1) 全国農業地域・都道府県別

ア 飼養戸数・頭数

全国農業地域・都道府県	飼養戸数	乳用種のいる戸数	合計 (4)+(29)	飼 肉 計	子取り用めす牛	肥育用牛	育成牛	黒毛和種	褐毛和種
	(1)	(2)	(3)	(4)	(5)	(6)	(7)	(8)	(9)
	戸	戸	頭	頭	頭	頭	頭	頭	頭
全　　国 (1)	42,100	4,390	2,605,000	1,829,000	632,800	799,400	396,700	1,772,000	23,100
（全国農業地域）									
北　海　道 (2)	2,270	871	536,200	199,500	76,000	58,300	65,300	192,200	2,840
都　府　県 (3)	39,800	3,520	2,068,000	1,629,000	556,800	741,100	331,400	1,580,000	20,300
東　　北 (4)	10,500	606	335,100	270,700	99,100	114,100	57,500	265,100	840
北　　陸 (5)	339	113	21,100	12,500	3,010	7,590	1,850	12,400	0
関東・東山 (6)	2,660	903	277,200	149,500	34,000	93,100	22,400	148,500	80
東　　海 (7)	1,060	387	122,200	76,000	13,700	55,000	7,270	75,800	10
近　　畿 (8)	1,450	148	90,400	77,700	21,500	46,900	9,350	74,000	50
中　　国 (9)	2,310	277	128,300	80,000	28,400	38,400	13,300	77,700	50
四　　国 (10)	644	206	59,600	28,500	7,720	17,800	2,890	26,000	2,370
九　　州 (11)	18,500	830	952,500	853,000	304,300	361,700	187,000	819,800	16,800
沖　　縄 (12)	2,250	46	81,900	81,500	45,100	6,540	29,800	80,500	0
（都道府県）									
北　海　道 (13)	2,270	871	536,200	199,500	76,000	58,300	65,300	192,200	2,840
青　　森 (14)	792	128	53,400	29,900	13,200	11,800	4,840	29,200	10
岩　　手 (15)	3,860	162	91,000	73,200	31,100	21,000	21,100	69,800	390
宮　　城 (16)	2,820	127	80,000	70,000	26,600	27,000	16,500	69,500	420
秋　　田 (17)	718	52	19,300	17,800	6,710	6,750	4,320	17,100	20
山　　形 (18)	606	38	40,900	39,600	7,780	29,300	2,540	39,500	0
福　　島 (19)	1,750	99	50,500	40,200	13,700	18,300	8,300	40,000	0
茨　　城 (20)	456	100	49,900	31,100	3,950	24,500	2,580	30,900	70
栃　　木 (21)	812	194	82,400	43,100	13,100	20,200	9,800	43,000	－
群　　馬 (22)	517	257	56,400	31,900	7,790	19,600	4,520	31,700	－
埼　　玉 (23)	139	63	17,300	11,200	2,100	8,010	1,120	11,200	0
千　　葉 (24)	243	143	40,000	11,500	2,600	6,720	2,200	11,500	0
東　　京 (25)	22	4	630	530	160	300	70	530	－
神　奈　川 (26)	54	31	5,090	2,450	500	1,710	250	2,430	10
新　　潟 (27)	184	41	11,500	5,290	1,420	3,140	740	5,280	0
富　　山 (28)	31	14	3,600	2,250	760	1,190	300	2,250	－
石　　川 (29)	79	35	3,850	3,470	580	2,290	600	3,460	－
福　　井 (30)	45	23	2,170	1,440	260	970	210	1,440	－
山　　梨 (31)	63	23	5,010	2,320	730	1,250	340	2,320	－
長　　野 (32)	354	88	20,500	15,400	3,150	10,800	1,480	15,000	－
岐　　阜 (33)	464	58	32,800	30,600	7,960	17,600	4,950	30,500	0
静　　岡 (34)	112	61	19,200	7,520	1,000	6,090	430	7,390	10
愛　　知 (35)	340	245	41,500	12,300	3,280	7,900	1,120	12,200	0
三　　重 (36)	148	23	28,800	25,600	1,430	23,400	780	25,600	－
滋　　賀 (37)	89	34	20,000	16,200	1,990	13,900	350	16,200	0
京　　都 (38)	70	16	5,320	5,020	760	3,770	500	4,910	－
大　　阪 (39)	9	5	850	520	60	460	0	510	0
兵　　庫 (40)	1,190	52	57,300	49,700	17,600	24,300	7,810	47,000	30
奈　　良 (41)	45	25	4,180	3,800	420	3,050	330	2,940	10
和　歌　山 (42)	52	16	2,750	2,460	660	1,430	360	2,460	－
鳥　　取 (43)	265	53	20,700	12,700	4,640	6,440	1,580	12,600	10
島　　根 (44)	802	57	32,900	26,100	9,330	12,000	4,840	25,200	10
岡　　山 (45)	395	90	34,200	15,200	5,380	7,450	2,400	15,200	10
広　　島 (46)	484	44	25,800	14,200	4,740	6,880	2,540	14,200	0
山　　口 (47)	364	33	14,700	11,900	4,280	5,630	1,960	10,500	10
徳　　島 (48)	174	85	22,700	9,460	2,430	6,130	900	9,410	10
香　　川 (49)	164	70	20,900	8,720	1,720	6,170	830	8,700	10
愛　　媛 (50)	160	33	9,990	5,260	1,600	3,040	630	5,240	10
高　　知 (51)	146	18	5,990	5,020	1,970	2,510	540	2,660	2,350
福　　岡 (52)	191	83	22,500	14,400	2,880	10,900	570	12,900	10
佐　　賀 (53)	554	25	52,600	51,500	9,890	36,500	5,040	51,500	－
長　　崎 (54)	2,250	75	90,600	76,300	30,600	24,700	21,000	75,100	440
熊　　本 (55)	2,280	262	134,700	107,200	41,200	41,500	24,500	88,300	16,300
大　　分 (56)	1,080	85	51,100	40,600	17,400	13,700	9,450	40,400	70
宮　　崎 (57)	5,150	162	250,000	226,500	83,800	86,900	55,800	217,300	60
鹿　児　島 (58)	7,030	138	351,100	336,600	118,600	147,400	70,600	334,300	10
沖　　縄 (59)	2,250	46	81,900	81,500	45,100	6,540	29,800	80,500	0
関東農政局 (60)	2,770	964	296,300	157,000	35,000	99,200	22,800	155,900	90
東海農政局 (61)	952	326	103,100	68,500	12,700	48,900	6,850	68,400	0
中国四国農政局 (62)	2,950	483	187,900	108,500	36,100	56,200	16,200	103,700	2,420

	養		頭					数			
		用					種				
その他	小　計	1歳未満	め			す					
			1	2	3	4～5	6～7	8～9	10歳以上		
(10)	(11)	(12)	(13)	(14)	(15)	(16)	(17)	(18)	(19)	
頭	頭	頭	頭	頭	頭	頭	頭	頭	頭	
33,800	1,162,000	255,600	243,900	144,600	74,400	130,000	97,800	71,300	144,100	(1)
4,520	137,700	34,200	24,400	15,500	10,000	17,500	12,100	7,170	16,900	(2)
29,200	1,024,000	221,400	219,600	129,100	64,400	112,500	85,700	64,100	127,200	(3)
4,760	181,400	36,600	38,600	25,100	11,400	21,700	16,800	11,300	20,000	(4)
20	6,240	1,500	1,380	840	390	720	370	320	720	(5)
950	72,200	17,100	17,100	9,270	4,340	7,500	5,310	3,740	7,830	(6)
200	51,600	9,960	19,600	10,800	1,950	3,040	2,060	1,530	2,680	(7)
3,660	48,900	9,540	15,600	8,720	2,290	3,530	2,110	1,830	5,260	(8)
2,310	52,900	11,300	11,600	6,810	3,290	6,050	4,130	3,440	6,340	(9)
60	17,300	3,420	5,290	2,320	990	1,590	950	780	1,920	(10)
16,300	531,700	118,900	105,600	60,500	35,000	59,800	46,800	36,200	68,900	(11)
960	61,600	13,100	4,820	4,740	4,700	8,490	7,180	5,040	13,600	(12)
4,520	137,700	34,200	24,400	15,500	10,000	17,500	12,100	7,170	16,900	(13)
650	19,500	3,910	3,750	2,390	1,440	2,760	1,880	1,190	2,190	(14)
3,030	52,300	11,600	7,890	5,480	3,690	7,220	5,460	3,620	7,370	(15)
110	40,400	8,500	6,700	4,440	2,690	5,380	4,800	3,430	4,450	(16)
680	11,100	2,300	1,960	1,190	850	1,760	1,180	650	1,230	(17)
100	31,400	4,440	13,200	8,390	1,050	1,380	860	720	1,290	(18)
190	26,700	5,870	5,080	3,180	1,650	3,230	2,630	1,660	3,420	(19)
130	12,000	2,880	3,890	1,640	510	890	610	410	1,230	(20)
50	23,500	5,810	3,750	2,570	1,690	2,980	2,180	1,530	3,000	(21)
270	16,900	3,730	4,480	2,290	940	1,500	1,210	910	1,870	(22)
20	3,400	640	770	450	250	390	290	190	430	(23)
60	5,650	1,460	1,290	760	370	620	400	250	510	(24)
－	460	90	190	70	20	30	20	10	30	(25)
10	1,080	240	310	160	80	120	50	40	80	(26)
20	2,590	570	450	320	200	410	190	150	300	(27)
－	1,330	310	230	150	80	180	90	90	200	(28)
10	1,520	430	400	260	80	90	60	40	170	(29)
－	800	190	300	110	30	50	30	30	60	(30)
0	1,450	350	320	180	110	190	100	100	100	(31)
400	7,680	1,870	2,170	1,140	380	790	460	310	580	(32)
0	15,600	3,480	3,710	2,040	940	1,720	1,200	1,020	1,450	(33)
120	5,460	1,090	2,710	920	120	220	130	80	200	(34)
60	6,580	1,550	1,380	780	450	790	590	320	730	(35)
20	24,000	3,850	11,800	7,100	430	320	140	110	290	(36)
10	12,100	2,290	5,700	2,560	360	520	190	130	390	(37)
110	2,810	460	1,020	730	120	130	100	80	190	(38)
10	320	60	150	50	10	20	10	10	－	(39)
2,690	30,000	6,050	7,410	4,640	1,680	2,660	1,690	1,490	4,410	(40)
850	2,490	470	1,100	610	60	80	50	50	80	(41)
－	1,120	210	230	140	70	130	70	80	200	(42)
20	9,260	1,780	2,590	1,670	570	1,070	550	310	720	(43)
900	17,200	3,880	3,690	1,980	1,060	2,010	1,350	1,290	1,990	(44)
20	10,600	2,340	2,260	1,500	680	1,120	700	550	1,440	(45)
－	8,810	1,990	1,810	870	510	1,020	770	670	1,170	(46)
1,370	7,050	1,320	1,240	790	470	830	760	620	1,030	(47)
40	6,140	1,160	2,110	930	240	450	250	280	710	(48)
10	4,310	900	1,370	500	230	470	290	150	400	(49)
10	3,630	700	1,110	500	220	300	170	150	480	(50)
10	3,210	660	700	390	300	370	250	200	340	(51)
1,420	5,600	1,130	1,300	640	460	740	470	260	610	(52)
10	26,500	5,280	8,660	4,180	1,250	2,160	1,410	1,200	2,410	(53)
790	49,800	11,800	8,100	5,310	3,780	6,160	4,700	3,530	6,490	(54)
2,600	68,300	14,900	12,500	7,460	5,090	9,130	6,180	4,450	8,580	(55)
80	26,400	5,750	4,650	2,930	1,900	3,360	2,560	1,950	3,260	(56)
9,130	140,300	31,000	24,100	16,300	9,770	16,500	14,400	10,900	17,300	(57)
2,300	214,800	49,100	46,300	23,700	12,800	21,800	17,100	13,900	30,200	(58)
960	61,600	13,100	4,820	4,740	4,700	8,490	7,180	5,040	13,600	(59)
1,070	77,700	18,100	19,900	10,200	4,460	7,720	5,450	3,820	8,030	(60)
80	46,200	8,880	16,900	9,930	1,830	2,820	1,930	1,450	2,480	(61)
2,370	70,200	14,700	16,900	9,140	4,280	7,640	5,080	4,220	8,260	(62)

(1) 全国農業地域・都道府県別（続き）

　ア　飼養戸数・頭数（続き）

全国農業地域・都道府県	飼養頭数 肉用種（続き）								
	め　す（続き）					お　す			
	子取り用めす牛のうち、出産経験のある牛					小　計	1歳未満	1	2歳以上
	小　計	2歳以下	3	4	5歳以上				
	(20)	(21)	(22)	(23)	(24)	(25)	(26)	(27)	(28)
	頭	頭	頭	頭	頭	頭	頭	頭	頭
全　国　(1)	567,000	58,800	69,700	67,100	371,400	667,200	278,300	281,400	107,500
（全国農業地域）									
北　海　道　(2)	70,800	8,170	9,450	8,870	44,300	61,800	35,300	19,600	6,870
都　府　県　(3)	496,200	50,600	60,200	58,200	327,100	605,400	243,000	261,800	100,600
東　　北　(4)	88,900	8,830	10,700	11,000	58,400	89,200	39,500	35,300	14,400
北　　陸　(5)	2,790	310	370	420	1,690	6,220	2,090	3,150	980
関東・東山　(6)	31,800	3,650	4,020	3,940	20,200	77,300	22,900	38,900	15,500
東　　海　(7)	12,500	1,640	1,620	1,630	7,620	24,300	8,220	12,100	4,070
近　　畿　(8)	16,300	1,760	1,970	1,880	10,700	28,800	9,250	13,300	6,330
中　　国　(9)	25,400	2,550	3,080	3,060	16,700	27,100	12,300	11,600	3,230
四　　国　(10)	6,800	670	920	830	4,380	11,200	3,760	5,510	1,900
九　　州　(11)	272,700	28,300	33,500	31,600	179,300	321,300	131,600	139,500	50,200
沖　　縄　(12)	39,000	2,940	4,100	3,870	28,100	19,800	13,400	2,480	4,000
（都道府県）									
北　海　道　(13)	70,800	8,170	9,450	8,870	44,300	61,800	35,300	19,600	6,870
青　　森　(14)	10,500	1,210	1,340	1,390	6,580	10,400	4,660	4,150	1,560
岩　　手　(15)	30,200	3,070	3,550	3,660	19,900	20,900	12,100	6,390	2,390
宮　　城　(16)	22,600	2,110	2,560	2,670	15,300	29,600	11,000	13,000	5,720
秋　　田　(17)	6,270	680	800	920	3,880	6,660	2,830	2,830	1,000
山　　形　(18)	5,670	610	870	750	3,440	8,220	2,790	3,620	1,800
福　　島　(19)	13,600	1,150	1,540	1,560	9,300	13,500	6,200	5,400	1,890
茨　　城　(20)	3,860	320	450	470	2,630	19,000	4,220	10,100	4,730
栃　　木　(21)	12,600	1,520	1,570	1,600	7,940	19,600	7,550	8,770	3,260
群　　馬　(22)	7,120	790	880	780	4,670	15,000	4,860	8,020	2,110
埼　　玉　(23)	1,720	220	230	210	1,070	7,830	1,430	4,130	2,280
千　　葉　(24)	2,400	290	340	300	1,460	5,860	1,860	2,770	1,230
東　　京　(25)	120	10	20	20	80	70	50	20	10
神　奈　川　(26)	410	50	80	70	210	1,370	390	700	280
新　　潟　(27)	1,390	170	190	240	800	2,700	920	1,300	480
富　　山　(28)	690	60	80	100	450	930	370	420	140
石　　川　(29)	480	60	80	50	300	1,950	600	1,060	280
福　　井　(30)	230	20	30	30	150	640	200	370	70
山　　梨　(31)	680	100	100	90	400	870	370	390	110
長　　野　(32)	2,830	360	350	410	1,710	7,720	2,200	4,050	1,480
岐　　阜　(33)	7,320	1,030	910	940	4,440	15,000	4,540	7,700	2,750
静　　岡　(34)	820	80	110	110	520	2,060	670	1,140	250
愛　　知　(35)	3,190	370	420	430	1,980	5,720	2,260	2,700	760
三　　重　(36)	1,180	160	180	150	690	1,580	750	530	300
滋　　賀　(37)	1,580	140	210	300	920	4,080	1,250	2,010	820
京　　都　(38)	670	80	110	70	420	2,220	540	1,000	680
大　　阪　(39)	50	0	10	10	30	210	60	110	50
兵　　庫　(40)	13,000	1,400	1,530	1,390	8,690	19,700	6,520	8,790	4,370
奈　　良　(41)	380	80	50	40	210	1,310	410	700	190
和　歌　山　(42)	610	60	60	80	410	1,340	460	650	230
鳥　　取　(43)	3,550	420	520	530	2,070	3,400	1,610	1,300	490
島　　根　(44)	8,540	900	1,040	1,090	5,520	8,880	4,070	3,770	1,040
岡　　山　(45)	4,840	450	620	580	3,200	4,640	2,430	1,650	570
広　　島　(46)	4,510	420	470	460	3,150	5,360	2,520	2,370	470
山　　口　(47)	4,000	350	430	400	2,820	4,820	1,680	2,480	650
徳　　島　(48)	2,080	190	220	240	1,440	3,320	1,070	1,660	600
香　　川　(49)	1,670	140	220	220	1,090	4,410	1,360	2,260	800
愛　　媛　(50)	1,460	170	210	180	910	1,640	630	780	230
高　　知　(51)	1,600	180	270	200	950	1,810	720	820	280
福　　岡　(52)	2,880	370	440	420	1,650	8,770	2,130	5,180	1,460
佐　　賀　(53)	9,350	990	1,200	1,170	5,990	24,900	6,580	13,500	4,840
長　　崎　(54)	27,100	2,630	3,650	3,270	17,500	26,500	13,100	9,690	3,660
熊　　本　(55)	37,100	4,060	4,820	4,800	23,400	38,800	17,800	16,300	4,800
大　　分　(56)	14,300	1,420	1,810	1,740	9,340	14,200	6,590	5,480	2,160
宮　　崎　(57)	78,500	10,100	9,510	8,640	50,300	86,200	34,100	36,000	16,200
鹿　児　島　(58)	103,500	8,790	12,100	11,600	71,000	121,800	51,300	53,400	17,100
沖　　縄　(59)	39,000	2,940	4,100	3,870	28,100	19,800	13,400	2,480	4,000
関東農政局　(60)	32,600	3,730	4,130	4,050	20,700	79,400	23,600	40,000	15,700
東海農政局　(61)	11,700	1,560	1,510	1,520	7,110	22,300	7,550	10,900	3,820
中国四国農政局　(62)	32,200	3,220	4,000	3,890	21,100	38,300	16,100	17,100	5,130

数 （ 続 き ）						乳用種頭数割合	交雑種頭数割合	1戸当たり飼養頭数	対 前 年 比		
乳		用		種							
計	め　す	ホルスタイン種　他	め　す	交雑種	め　す	(29)/(3)	(33)/(29)	(3)/(1)	飼養戸数	飼養頭数	
(29)	(30)	(31)	(32)	(33)	(34)	(35)	(36)	(37)	(38)	(39)	
頭	頭	頭	頭	頭	頭	%	%	頭	%	%	
775,800	263,300	250,000	7,590	525,700	255,700	29.8	67.8	61.9	95.9	102.0	(1)
336,700	82,800	171,600	4,780	165,100	78,000	62.8	49.0	236.2	96.6	102.2	(2)
439,100	180,400	78,400	2,810	360,700	177,600	21.2	82.1	52.0	95.7	101.8	(3)
64,400	25,300	16,700	460	47,700	24,800	19.2	74.1	31.9	94.6	100.2	(4)
8,620	3,270	1,390	60	7,240	3,210	40.9	84.0	62.2	98.8	97.2	(5)
127,700	52,300	25,200	1,030	102,500	51,300	46.1	80.3	104.2	95.3	101.8	(6)
46,300	20,700	4,510	170	41,800	20,500	37.9	90.3	115.3	96.4	100.3	(7)
12,700	6,790	990	30	11,700	6,770	14.0	92.1	62.3	96.7	101.5	(8)
48,300	22,500	9,620	340	38,700	22,200	37.6	80.1	55.5	95.1	103.2	(9)
31,100	8,080	3,770	100	27,400	7,980	52.2	88.1	92.5	96.6	99.5	(10)
99,500	41,300	16,200	620	83,300	40,700	10.4	83.7	51.5	95.9	102.7	(11)
470	210	50	10	420	210	0.6	89.4	36.4	95.7	102.8	(12)
336,700	82,800	171,600	4,780	165,100	78,000	62.8	49.0	236.2	96.6	102.2	(13)
23,500	6,780	11,900	240	11,600	6,540	44.0	49.4	67.4	96.1	99.4	(14)
17,800	6,020	3,090	140	14,700	5,880	19.6	82.6	23.6	95.1	99.9	(15)
9,970	3,860	1,080	30	8,890	3,840	12.5	89.2	28.4	95.3	98.9	(16)
1,540	550	130	30	1,410	520	8.0	91.6	26.9	94.0	99.5	(17)
1,300	330	240	20	1,060	320	3.2	81.5	67.5	96.2	101.7	(18)
10,300	7,720	260	10	10,100	7,710	20.4	98.1	28.9	94.6	102.4	(19)
18,800	7,220	5,230	10	13,600	7,210	37.7	72.3	109.4	93.8	99.4	(20)
39,300	9,160	9,420	550	29,900	8,610	47.7	76.1	101.5	96.6	103.3	(21)
24,500	14,900	2,210	90	22,300	14,800	43.4	91.0	109.1	93.8	102.9	(22)
6,050	2,390	2,500	30	3,550	2,360	35.0	58.7	124.5	95.9	101.8	(23)
28,500	12,800	5,110	320	23,400	12,500	71.3	82.1	164.6	96.8	101.0	(24)
90	30	40	－	50	30	14.3	55.6	28.6	100.0	100.0	(25)
2,640	1,470	120	10	2,520	1,460	51.9	95.5	94.3	91.5	104.3	(26)
6,160	2,070	1,140	40	5,020	2,020	53.6	81.5	62.5	96.3	91.3	(27)
1,350	740	80	10	1,270	730	37.5	94.1	116.1	103.3	101.1	(28)
390	150	140	0	240	150	10.1	61.5	48.7	102.6	113.2	(29)
730	310	30	10	700	300	33.6	95.9	48.2	100.0	101.4	(30)
2,690	1,700	180	10	2,510	1,700	53.7	93.3	79.5	100.0	103.1	(31)
5,050	2,680	360	20	4,690	2,660	24.6	92.9	57.9	94.4	99.5	(32)
2,250	1,200	60	0	2,190	1,200	6.9	97.3	70.7	96.5	101.9	(33)
11,600	4,690	880	50	10,800	4,630	60.4	93.1	171.4	94.9	100.0	(34)
29,200	12,800	3,430	110	25,700	12,600	70.4	88.0	122.1	96.9	100.7	(35)
3,210	2,020	140	0	3,070	2,020	11.1	95.6	194.6	96.7	98.6	(36)
3,800	1,240	120	0	3,680	1,240	19.0	96.8	224.7	97.8	100.0	(37)
300	140	30	－	270	140	5.6	90.0	76.0	97.2	91.7	(38)
330	130	60	0	260	120	38.8	78.8	94.4	100.0	111.8	(39)
7,590	4,850	710	10	6,880	4,840	13.2	90.6	48.2	96.0	102.9	(40)
370	220	50	0	330	210	8.9	89.2	92.9	102.3	98.8	(41)
290	220	30	0	270	210	10.5	93.1	52.9	100.0	102.6	(42)
8,030	2,160	3,800	130	4,240	2,030	38.8	52.8	78.1	96.7	104.0	(43)
6,790	1,580	1,150	30	5,650	1,550	20.6	83.2	41.0	94.7	104.4	(44)
19,000	10,200	2,990	50	16,000	10,100	55.6	84.2	86.6	96.1	102.7	(45)
11,600	6,670	1,290	90	10,300	6,580	45.0	88.8	53.3	93.8	103.6	(46)
2,870	1,950	390	40	2,480	1,910	19.5	86.4	40.4	94.8	100.0	(47)
13,300	3,050	1,170	30	12,100	3,020	58.6	91.0	130.5	96.1	99.1	(48)
12,200	3,290	470	10	11,700	3,280	58.4	95.9	127.4	96.5	99.5	(49)
4,730	1,620	1,330	60	3,400	1,570	47.3	71.9	62.4	97.6	98.9	(50)
980	110	810	－	170	110	16.4	17.3	41.0	96.1	101.7	(51)
8,090	3,790	2,280	30	5,810	3,760	36.0	71.8	117.8	96.5	101.8	(52)
1,130	840	40	0	1,090	830	2.1	96.5	94.9	96.2	100.6	(53)
14,300	7,060	1,050	10	13,300	7,040	15.8	93.0	40.3	94.9	107.7	(54)
27,500	7,800	4,340	40	23,200	7,760	20.4	84.4	59.1	97.0	101.8	(55)
10,500	3,850	3,890	230	6,590	3,620	20.5	62.8	47.3	96.4	99.8	(56)
23,400	11,500	2,660	100	20,800	11,400	9.4	88.9	48.5	96.1	102.4	(57)
14,500	6,480	1,920	200	12,600	6,280	4.1	86.9	49.9	95.9	103.0	(58)
470	210	50	10	420	210	0.6	89.4	36.4	95.7	102.8	(59)
139,300	57,000	26,000	1,080	113,300	55,900	47.0	81.3	107.0	95.2	101.6	(60)
34,600	16,000	3,630	120	31,000	15,900	33.6	89.6	108.3	96.6	100.4	(61)
79,400	30,600	13,400	440	66,000	30,200	42.3	83.1	63.7	95.2	102.0	(62)

60 肉 用 牛

(1) 全国農業地域・都道府県別（続き）

イ 総飼養頭数規模別の飼養戸数

単位：戸

全国農業地域・都道府県	計	1～4頭	5～9	10～19	20～29	30～49	50～99	100～199	200～499	500頭以上
全　　　　国	42,100	9,700	8,260	7,760	3,880	4,130	3,950	2,210	1,420	763
（全国農業地域）										
北　海　道	2,270	141	149	261	228	387	462	260	183	201
都　府　県	39,800	9,560	8,110	7,500	3,650	3,740	3,480	1,950	1,240	562
東　　　北	10,500	3,330	2,450	1,950	891	801	586	318	141	74
北　　　陸	339	74	62	47	30	38	41	25	19	3
関東・東山	2,660	384	370	424	256	330	381	213	192	110
東　　　海	1,060	126	114	122	84	116	166	160	133	43
近　　　畿	1,450	294	310	319	102	121	129	90	50	35
中　　　国	2,310	781	482	354	168	171	140	109	67	38
四　　　国	644	120	79	112	61	72	70	67	45	18
九　　　州	18,500	4,090	3,860	3,680	1,740	1,780	1,720	873	553	237
沖　　　縄	2,250	357	380	493	318	308	253	94	38	4
（都道府県）										
北　海　道	2,270	141	149	261	228	387	462	260	183	201
青　　　森	792	107	161	174	96	83	81	52	21	17
岩　　　手	3,860	1,450	920	656	311	256	140	78	27	17
宮　　　城	2,820	835	685	537	258	231	158	73	32	12
秋　　　田	718	241	166	130	47	45	49	20	18	2
山　　　形	606	123	103	103	50	78	72	44	18	15
福　　　島	1,750	574	412	352	129	108	86	51	25	11
茨　　　城	456	73	84	72	47	44	50	34	31	21
栃　　　木	812	75	109	143	96	128	125	51	49	36
群　　　馬	517	86	54	65	36	78	86	53	39	20
埼　　　玉	139	21	20	25	6	18	16	15	11	7
千　　　葉	243	27	37	36	17	22	33	19	33	19
東　　　京	22	8	4	3	3	1	2	-	1	-
神　奈　川	54	7	4	14	6	3	9	7	2	2
新　　　潟	184	44	36	26	15	23	20	9	9	2
富　　　山	31	2	1	4	2	5	8	2	7	-
石　　　川	79	20	19	11	8	5	6	7	2	1
福　　　井	45	8	6	6	5	5	7	7	1	-
山　　　梨	63	10	4	8	12	7	10	6	5	1
長　　　野	354	77	54	58	33	29	50	28	21	4
岐　　　阜	464	61	69	65	45	57	64	60	36	7
静　　　岡	112	11	4	10	6	8	14	29	24	6
愛　　　知	340	39	35	37	25	34	57	49	47	17
三　　　重	148	15	6	10	8	17	31	22	26	13
滋　　　賀	89	3	6	7	5	3	13	27	14	11
京　　　都	70	13	18	9	8	7	3	5	4	3
大　　　阪	9	1	1	-	-	1	4	1	1	-
兵　　　庫	1,190	256	271	291	82	95	90	53	30	17
奈　　　良	45	12	9	6	2	6	5	1	1	3
和　歌　山	52	9	5	6	5	9	14	3	-	1
鳥　　　取	265	65	42	36	26	24	28	21	17	6
島　　　根	802	367	175	95	47	39	32	28	10	9
岡　　　山	395	106	73	65	33	33	34	20	19	12
広　　　島	484	158	113	83	34	29	24	23	13	7
山　　　口	364	85	79	75	28	46	22	17	8	4
徳　　　島	174	21	22	21	17	21	22	22	20	8
香　　　川	164	28	16	26	16	24	20	18	9	7
愛　　　媛	160	29	19	33	17	16	17	18	8	3
高　　　知	146	42	22	32	11	11	11	9	8	-
福　　　岡	191	19	25	28	17	25	25	27	18	7
佐　　　賀	554	56	66	93	58	50	90	81	45	15
長　　　崎	2,250	599	498	435	208	202	169	75	49	15
熊　　　本	2,280	426	407	453	244	249	231	140	100	29
大　　　分	1,080	225	209	203	107	130	121	40	27	13
宮　　　崎	5,150	948	1,120	1,090	505	508	518	241	144	74
鹿　児　島	7,030	1,810	1,540	1,370	604	618	563	269	170	84
沖　　　縄	2,250	357	380	493	318	308	253	94	38	4
関東農政局	2,770	395	374	434	262	338	395	242	216	116
東海農政局	952	115	110	112	78	108	152	131	109	37
中国四国農政局	2,950	901	561	466	229	243	210	176	112	56

ウ　総飼養頭数規模別の飼養頭数

単位：頭

全国農業地域・都道府県	計	1～4頭	5～9	10～19	20～29	30～49	50～99	100～199	200～499	500頭以上
全　　　　国	2,605,000	26,100	59,200	113,700	98,600	166,300	290,400	322,600	445,100	1,083,000
（全国農業地域）										
北　海　道	536,200	340	1,120	3,810	5,620	15,500	33,400	37,000	60,500	378,900
都　府　県	2,068,000	25,800	58,100	109,900	93,000	150,800	257,000	285,600	384,500	703,700
東　　　北	335,100	8,750	17,200	28,000	22,400	31,700	42,400	46,000	41,400	97,300
北　　　陸	21,100	210	430	650	760	1,570	3,210	3,520	6,260	4,480
関 東・東 山	277,200	970	2,620	6,320	6,420	13,300	28,000	30,500	58,800	130,400
東　　　海	122,200	330	800	1,770	2,120	4,600	12,200	22,900	41,000	36,500
近　　　畿	90,400	820	2,200	4,680	2,570	4,820	9,810	13,300	15,200	37,000
中　　　国	128,300	1,930	3,310	5,030	4,180	6,720	10,300	16,000	22,300	58,600
四　　　国	59,600	290	540	1,650	1,500	2,840	4,940	9,550	14,100	24,100
九　　　州	952,500	11,500	28,200	54,300	44,800	72,600	127,700	130,400	173,300	309,800
沖　　　縄	81,900	1,000	2,760	7,490	8,340	12,700	18,600	13,400	12,100	5,560
（都道府県）										
北　海　道	536,200	340	1,120	3,810	5,620	15,500	33,400	37,000	60,500	378,900
青　　　森	53,400	280	1,160	2,530	2,390	3,190	5,930	7,360	6,780	23,800
岩　　　手	91,000	3,870	6,470	9,450	7,920	10,200	10,400	11,400	7,900	23,400
宮　　　城	80,000	2,170	4,810	7,570	6,370	9,040	11,000	10,400	8,870	19,700
秋　　　田	19,300	610	1,140	1,800	1,160	1,780	3,390	2,720	5,260	x
山　　　形	40,900	340	690	1,480	1,230	3,010	5,140	6,260	5,150	17,600
福　　　島	50,500	1,490	2,940	5,150	3,310	4,430	6,520	7,880	7,480	11,400
茨　　　城	49,900	180	590	1,050	1,160	1,750	3,430	4,680	9,480	27,600
栃　　　木	82,400	200	790	2,140	2,420	5,160	9,020	7,330	14,700	40,600
群　　　馬	56,400	210	380	970	920	3,190	6,430	7,610	12,200	24,500
埼　　　玉	17,300	50	140	410	150	690	1,190	2,210	3,300	9,140
千　　　葉	40,000	70	260	500	420	880	2,440	2,890	10,400	22,200
東　　　京	630	20	40	60	90	x	x	－	x	－
神　奈　川	5,090	10	30	210	150	130	750	1,030	x	x
新　　　潟	11,500	120	240	360	390	950	1,500	1,170	3,260	x
富　　　山	3,600	x	x	60	x	220	700	x	2,180	－
石　　　川	3,850	60	140	160	190	200	460	1,030	x	x
福　　　井	2,170	20	40	80	120	190	550	950	x	－
山　　　梨	5,010	30	30	130	290	260	760	820	1,390	x
長　　　野	20,500	190	370	860	820	1,170	3,810	3,940	6,070	3,240
岐　　　阜	32,800	160	470	950	1,120	2,290	4,680	8,450	10,300	4,400
静　　　岡	19,200	30	30	150	160	320	990	4,360	7,440	5,670
愛　　　知	41,500	100	250	510	640	1,350	4,240	6,950	15,100	12,300
三　　　重	28,800	40	40	150	200	640	2,300	3,160	8,220	14,000
滋　　　賀	20,000	10	40	90	140	120	970	3,880	4,210	10,600
京　　　都	5,320	40	130	120	200	250	280	710	1,030	2,580
大　　　阪	850	x	x	－	－	x	370	x	x	x
兵　　　庫	57,300	720	1,930	4,300	2,050	3,800	6,780	7,940	9,500	20,300
奈　　　良	4,180	30	60	90	x	250	370	x	x	2,970
和　歌　山	2,750	20	40	80	130	350	1,050	480	－	x
鳥　　　取	20,700	160	290	530	670	950	2,130	2,940	5,560	7,490
島　　　根	32,900	880	1,200	1,380	1,150	1,540	2,190	4,150	3,710	16,700
岡　　　山	34,200	260	510	920	810	1,250	2,520	2,940	6,220	18,800
広　　　島	25,800	420	760	1,140	850	1,170	1,980	3,450	4,280	11,700
山　　　口	14,700	220	540	1,070	710	1,820	1,440	2,500	2,520	3,920
徳　　　島	22,700	60	140	300	430	820	1,620	3,070	6,600	9,660
香　　　川	20,900	70	110	390	390	970	1,360	2,690	2,300	12,600
愛　　　媛	9,990	70	130	500	410	600	1,190	2,480	2,750	1,860
高　　　知	5,990	100	150	460	270	450	760	1,310	2,490	－
福　　　岡	22,500	50	180	440	420	960	2,040	3,800	5,590	8,990
佐　　　賀	52,600	140	470	1,280	1,440	2,090	6,930	11,600	13,600	15,000
長　　　崎	90,600	1,770	3,840	6,730	5,570	8,640	13,200	12,000	15,200	23,700
熊　　　本	134,700	1,150	2,930	6,590	6,220	9,990	17,000	21,400	30,100	39,300
大　　　分	51,100	640	1,540	2,970	2,800	5,460	8,840	6,210	9,620	13,000
宮　　　崎	250,000	2,610	7,670	15,100	12,200	19,600	36,300	33,100	43,200	80,100
鹿　児　島	351,100	5,090	11,600	21,200	16,100	25,900	43,400	42,300	56,000	129,600
沖　　　縄	81,900	1,000	2,760	7,490	8,340	12,700	18,600	13,400	12,100	5,560
関 東 農 政 局	296,300	1,000	2,650	6,480	6,570	13,600	28,900	34,900	66,200	136,000
東 海 農 政 局	103,100	300	770	1,610	1,960	4,280	11,200	18,600	33,600	30,800
中国四国農政局	187,900	2,220	3,850	6,680	5,680	9,560	15,200	25,500	36,400	82,800

62 肉 用 牛

エ 子取り用めす牛飼養頭数規模別の飼養戸数

単位：戸

全国農業地域・都道府県	計	子取り用めす牛飼養頭数規模							子取り用めす牛なし
		小 計	1～4頭	5～9	10～19	20～49	50～99	100頭以上	
全　　　　国	42,100	36,900	14,500	8,330	6,670	5,460	1,470	549	5,130
（全国農業地域）									
北　海　道	2,270	1,860	229	234	406	668	220	100	415
都　府　県	39,800	35,100	14,200	8,090	6,260	4,800	1,250	449	4,710
東　　　北	10,500	9,430	4,800	2,230	1,420	786	148	45	1,110
北　　　陸	339	206	88	42	41	24	9	2	133
関 東・東 山	2,660	1,820	562	386	389	373	83	23	844
東　　　海	1,060	567	156	97	117	133	51	13	497
近　　　畿	1,450	1,210	472	308	218	151	40	17	244
中　　　国	2,310	2,090	1,060	420	279	233	67	26	223
四　　　国	644	436	138	96	98	82	15	7	208
九　　　州	18,500	17,100	6,380	4,020	3,150	2,580	724	281	1,390
沖　　　縄	2,250	2,180	561	491	553	429	111	35	65
（都道府県）									
北　海　道	2,270	1,860	229	234	406	668	220	100	415
青　　　森	792	697	223	191	153	97	24	9	95
岩　　　手	3,860	3,580	2,000	781	503	242	38	12	277
宮　　　城	2,820	2,490	1,240	600	385	214	36	9	333
秋　　　田	718	654	350	145	77	63	15	4	64
山　　　形	606	425	177	99	78	54	13	4	181
福　　　島	1,750	1,590	805	416	223	116	22	7	159
茨　　　城	456	309	117	81	63	38	7	3	147
栃　　　木	812	627	152	137	151	148	28	11	185
群　　　馬	517	317	80	51	60	93	29	4	200
埼　　　玉	139	92	23	21	20	22	5	1	47
千　　　葉	243	144	50	42	26	17	6	3	99
東　　　京	22	17	10	2	2	3	-	-	5
神　奈　川	54	26	8	3	7	7	1	-	28
新　　　潟	184	130	66	24	25	12	2	1	54
富　　　山	31	18	1	4	4	4	4	1	13
石　　　川	79	35	12	9	6	6	2	-	44
福　　　井	45	23	9	5	6	2	1	-	22
山　　　梨	63	40	14	6	11	8	-	1	23
長　　　野	354	244	108	43	49	37	7	-	110
岐　　　阜	464	349	104	61	70	77	30	7	115
静　　　岡	112	39	10	2	12	12	3	-	73
愛　　　知	340	141	33	25	27	37	16	3	199
三　　　重	148	38	9	9	8	7	2	3	110
滋　　　賀	89	42	9	7	4	12	7	3	47
京　　　都	70	53	25	11	8	5	4	-	17
大　　　阪	9	3	1	-	1	1	-	-	6
兵　　　庫	1,190	1,050	419	286	193	116	26	14	131
奈　　　良	45	19	8	1	3	5	2	-	26
和　歌　山	52	35	10	3	9	12	1	-	17
鳥　　　取	265	229	96	40	37	42	10	4	36
島　　　根	802	737	462	109	76	58	20	12	65
岡　　　山	395	347	143	80	60	49	12	3	48
広　　　島	484	438	232	105	45	36	16	4	46
山　　　口	364	336	129	86	61	48	9	3	28
徳　　　島	174	98	26	22	18	23	6	3	76
香　　　川	164	98	24	20	25	25	2	2	66
愛　　　媛	160	115	35	25	32	19	4	-	45
高　　　知	146	125	53	29	23	15	3	2	21
福　　　岡	191	119	26	23	25	28	14	3	72
佐　　　賀	554	420	100	96	83	90	42	9	134
長　　　崎	2,250	2,100	882	515	358	268	56	24	147
熊　　　本	2,280	2,060	688	498	412	322	100	43	216
大　　　分	1,080	990	352	226	175	193	37	7	85
宮　　　崎	5,150	4,880	1,760	1,170	891	764	215	80	270
鹿　児　島	7,030	6,560	2,570	1,490	1,210	919	260	115	465
沖　　　縄	2,250	2,180	561	491	553	429	111	35	65
関 東 農 政 局	2,770	1,860	572	388	401	385	86	23	917
東 海 農 政 局	952	528	146	95	105	121	48	13	424
中国四国農政局	2,950	2,520	1,200	516	377	315	82	33	431

注： この統計表の子取り用めす牛飼養頭数規模は、牛個体識別全国データベースにおいて出産経験のある肉用種めすの頭数を階層として区分
したものである（以下オにおいて同じ。）。

オ 子取り用めす牛飼養頭数規模別の飼養頭数

単位：頭

全国農業地域・都道府県	計	子 取 り 用 め す 牛 飼 養 頭 数 規 模							子取り用めす牛なし
		小 計	1〜4頭	5〜9	10〜19	20〜49	50〜99	100頭以上	
全 国	2,605,000	1,578,000	134,600	144,400	241,300	414,200	251,300	392,500	1,026,000
（全国農業地域）									
北 海 道	536,200	237,600	6,350	11,400	25,000	65,200	38,000	91,800	298,600
都 府 県	2,068,000	1,341,000	128,300	133,000	216,400	349,100	213,300	300,700	727,600
東 北	335,100	239,700	30,300	34,000	45,600	56,400	30,300	43,100	95,400
北 陸	21,100	9,030	1,640	1,100	1,760	2,320	1,410	x	12,000
関 東 ・ 東 山	277,200	125,500	14,300	10,700	22,000	36,700	15,700	26,100	151,700
東 海	122,200	49,900	6,890	5,060	5,950	13,300	11,200	7,530	72,300
近 畿	90,400	55,600	9,060	7,030	7,290	10,900	10,100	11,200	34,900
中 国	128,300	91,900	11,200	6,600	11,700	23,900	12,300	26,300	36,400
四 国	59,600	25,300	2,430	4,290	4,770	6,700	2,730	4,330	34,300
九 州	952,500	662,900	49,300	57,800	102,500	173,000	114,300	166,000	289,700
沖 縄	81,900	81,000	3,110	6,380	14,800	25,900	15,300	15,400	970
（都道府県）									
北 海 道	536,200	237,600	6,350	11,400	25,000	65,200	38,000	91,800	298,600
青 森	53,400	31,800	2,650	3,200	4,680	8,520	4,110	8,650	21,600
岩 手	91,000	66,100	9,780	10,300	13,300	14,800	6,590	11,400	24,900
宮 城	80,000	62,500	8,220	9,870	12,000	13,600	6,760	12,100	17,500
秋 田	19,300	15,900	2,510	1,890	2,720	5,600	2,010	1,130	3,450
山 形	40,900	28,000	1,840	2,950	6,060	5,590	4,670	6,900	12,900
福 島	50,500	35,400	5,350	5,800	6,790	8,350	6,120	2,960	15,200
茨 城	49,900	16,700	2,540	2,280	3,280	5,150	1,110	2,380	33,100
栃 木	82,400	44,600	4,290	4,310	6,590	10,800	5,230	13,400	37,800
群 馬	56,400	21,600	950	700	2,150	7,240	4,800	5,720	34,900
埼 玉	17,300	7,060	210	330	980	3,750	1,370	x	10,200
千 葉	40,000	20,000	4,400	1,470	6,100	2,650	1,510	3,820	20,100
東 京	630	310	60	x	x	180	-	-	320
神 奈 川	5,090	3,160	80	40	310	2,340	x	-	1,930
新 潟	11,500	4,700	1,250	630	1,050	1,030	x	x	6,760
富 山	3,600	2,020	x	90	220	650	630	x	1,580
石 川	3,850	1,350	100	290	200	460	x	-	2,500
福 井	2,170	960	280	90	300	x	x	-	1,210
山 梨	5,010	1,950	200	150	490	700	-	x	3,060
長 野	20,500	10,200	1,560	1,400	2,070	3,930	1,250	-	10,300
岐 阜	32,800	21,200	960	1,340	2,220	7,410	6,450	2,790	11,600
静 岡	19,200	4,720	1,210	x	500	1,560	1,420	-	14,400
愛 知	41,500	14,300	1,600	1,780	2,470	3,610	2,910	1,920	27,200
三 重	28,800	9,780	3,120	1,920	770	700	x	2,810	19,000
滋 賀	20,000	9,790	610	2,330	340	1,680	2,280	2,560	10,200
京 都	5,320	3,590	1,240	130	220	390	1,610	-	1,740
大 阪	850	410	x	-	x	x	-	-	440
兵 庫	57,300	36,400	5,730	4,410	5,740	7,630	4,230	8,660	20,900
奈 良	4,180	3,830	960	x	590	290	x	-	340
和 歌 山	2,750	1,530	280	30	350	770	x	-	1,220
鳥 取	20,700	14,000	1,450	530	2,120	6,920	1,820	1,190	6,670
島 根	32,900	29,500	5,080	1,450	1,730	4,040	3,840	13,300	3,450
岡 山	34,200	18,200	670	1,670	5,040	5,060	2,350	3,370	16,000
広 島	25,800	19,400	3,200	1,300	1,140	3,690	2,260	7,770	6,420
山 口	14,700	10,900	780	1,650	1,670	4,150	2,010	660	3,810
徳 島	22,700	8,690	1,140	1,990	1,070	1,970	920	1,610	14,000
香 川	20,900	7,170	750	680	1,940	1,520	x	x	13,700
愛 媛	9,990	4,770	280	1,230	770	1,710	790	-	5,220
高 知	5,990	4,620	260	390	1,000	1,510	620	x	1,370
福 岡	22,500	7,400	730	650	940	2,150	1,910	1,010	15,100
佐 賀	52,600	27,700	1,630	2,090	3,100	6,290	8,830	5,800	24,900
長 崎	90,600	57,600	5,250	7,640	10,300	16,500	7,550	10,400	33,000
熊 本	134,700	94,200	6,320	8,650	14,100	22,600	17,500	25,100	40,500
大 分	51,100	31,500	1,820	3,310	6,040	11,500	5,090	3,660	19,600
宮 崎	250,000	192,000	16,000	16,200	28,800	54,100	34,200	42,800	57,900
鹿 児 島	351,100	252,400	17,600	19,300	39,200	59,800	39,300	77,200	98,700
沖 縄	81,900	81,000	3,110	6,380	14,800	25,900	15,300	15,400	970
関 東 農 政 局	296,300	130,200	15,500	10,800	22,500	38,300	17,100	26,100	166,100
東 海 農 政 局	103,100	45,200	5,680	5,030	5,450	11,700	9,820	7,530	57,900
中国四国農政局	187,900	117,200	13,600	10,900	16,500	30,600	15,000	30,600	70,700

注： この統計表の飼養頭数は、飼養者が飼養している全ての肉用牛（肉用種（子取り用めす牛、肥育用牛及び育成牛）及び乳用種（交雑種及びホルスタイン種他））の頭数である（以下キ、ケ及びサにおいて同じ。）。

64 肉 用 牛

(1) 全国農業地域・都道府県別（続き）

カ 肉用種の肥育用牛飼養頭数規模別の飼養戸数

単位：戸

全国農業地域・都道府県	計	肥 育 用 牛 飼 養 頭 数 規 模									肥育用牛なし
		小 計	1～9頭	10～19	20～29	30～49	50～99	100～199	200～499	500頭以上	
全　　　国	42,100	6,790	3,550	660	435	537	692	515	285	114	35,300
（全国農業地域）											
北　海　道	2,270	511	333	41	27	32	35	21	10	12	1,760
都　府　県	39,800	6,280	3,220	619	408	505	657	494	275	102	33,500
東　　　北	10,500	1,290	645	175	118	119	132	62	33	9	9,250
北　　　陸	339	114	51	9	13	14	21	3	2	1	225
関 東・東 山	2,660	838	348	107	72	87	104	63	42	15	1,820
東　　　海	1,060	301	115	37	19	27	53	35	14	1	763
近　　　畿	1,450	288	119	38	18	26	44	23	15	5	1,160
中　　　国	2,310	296	156	31	20	28	26	20	8	7	2,010
四　　　国	644	208	89	31	21	24	26	11	5	1	436
九　　　州	18,500	2,190	1,030	141	116	168	246	272	154	62	16,300
沖　　　縄	2,250	754	668	50	11	12	5	5	2	1	1,490
（都道府県）											
北　海　道	2,270	511	333	41	27	32	35	21	10	12	1,760
青　　　森	792	122	68	15	8	9	13	6	1	2	670
岩　　　手	3,860	374	231	41	34	29	25	7	6	1	3,480
宮　　　城	2,820	405	153	60	46	50	56	25	11	4	2,420
秋　　　田	718	81	34	16	6	5	8	9	3	－	637
山　　　形	606	125	67	20	13	7	8	3	6	1	481
福　　　島	1,750	186	92	23	11	19	22	12	6	1	1,560
茨　　　城	456	150	41	24	12	16	21	17	14	5	306
栃　　　木	812	253	104	32	26	29	32	15	12	3	559
群　　　馬	517	156	80	15	11	15	15	10	7	3	361
埼　　　玉	139	37	16	8	－	－	5	4	2	2	102
千　　　葉	243	86	36	12	6	11	11	7	2	1	157
東　　　京	22	5	5	－	－	－	－	－	－	－	17
神　奈　川	54	25	12	3	－	5	2	2	1	－	29
新　　　潟	184	66	35	3	9	4	14	－	1	－	118
富　　　山	31	17	7	1	1	3	5	－	－	－	14
石　　　川	79	15	5	1	1	3	1	2	1	1	64
福　　　井	45	16	4	4	2	4	1	1	－	－	29
山　　　梨	63	27	14	3	6	1	3	－	－	－	36
長　　　野	354	99	40	10	11	10	15	8	4	1	255
岐　　　阜	464	145	41	14	5	13	38	24	9	1	319
静　　　岡	112	38	15	4	3	8	3	5	－	－	74
愛　　　知	340	88	44	13	9	5	7	6	4	－	252
三　　　重	148	30	15	6	2	1	5	－	1	－	118
滋　　　賀	89	54	14	5	8	9	11	4	3	－	35
京　　　都	70	16	4	3	2	－	2	2	2	1	54
大　　　阪	9	5	1	2	－	－	2	－	－	－	4
兵　　　庫	1,190	187	88	22	8	15	26	16	9	3	998
奈　　　良	45	11	6	3	－	－	1	－	－	1	34
和　歌　山	52	15	6	3	－	2	2	1	1	－	37
鳥　　　取	265	58	34	8	1	8	5	－	1	1	207
島　　　根	802	47	20	2	5	4	5	6	2	3	755
岡　　　山	395	69	39	9	4	2	7	6	2	－	326
広　　　島	484	61	34	5	4	4	7	4	2	1	423
山　　　口	364	61	29	7	6	10	2	4	1	2	303
徳　　　島	174	66	31	5	10	7	6	4	3	－	108
香　　　川	164	65	29	10	3	5	11	4	2	1	99
愛　　　媛	160	43	17	11	3	8	4	－	－	－	117
高　　　知	146	34	12	5	5	4	5	3	－	－	112
福　　　岡	191	68	26	5	8	6	9	7	4	3	123
佐　　　賀	554	190	46	16	16	20	36	38	13	5	364
長　　　崎	2,250	190	80	15	11	17	25	29	11	2	2,060
熊　　　本	2,280	337	145	29	16	35	49	45	12	6	1,940
大　　　分	1,080	98	47	9	6	4	9	11	10	2	977
宮　　　崎	5,150	444	160	24	23	40	60	72	45	20	4,710
鹿　児　島	7,030	861	525	43	36	46	58	70	59	24	6,170
沖　　　縄	2,250	754	668	50	11	12	5	5	2	1	1,490
関 東 農 政 局	2,770	876	363	111	75	95	107	68	42	15	1,900
東 海 農 政 局	952	263	100	33	16	19	50	30	14	1	689
中国四国農政局	2,950	504	245	62	41	52	52	31	13	8	2,450

注： この統計表の肉用種の肥育用牛飼養頭数規模は、牛個体識別全国データベースにおいて１歳以上の肉用種おすの頭数を階層として区分したものである（以下キにおいて同じ。）。

キ　肉用種の肥育用牛飼養頭数規模別の飼養頭数

単位：頭

| 全国農業地域・都道府県 | 計 | 肥　育　用　牛　飼　養　頭　数　規　模 | | | | | | | | | 肥育用牛なし |
		小　計	1～9頭	10～19	20～29	30～49	50～99	100～199	200～499	500頭以上	
全　　国	2,605,000	1,454,000	367,400	111,200	73,000	88,300	165,400	162,000	195,700	290,700	1,151,000
(全国農業地域)											
北　海　道	536,200	264,300	99,700	30,600	13,700	19,100	21,300	20,300	13,500	46,100	271,900
都　府　県	2,068,000	1,190,000	267,800	80,700	59,300	69,100	144,100	141,700	182,200	244,600	878,800
東　　北	335,100	171,600	38,600	16,600	9,260	12,000	27,000	16,200	24,900	27,100	163,500
北　　陸	21,100	13,200	4,520	730	1,690	1,390	2,530	630	x	x	7,890
関東・東山	277,200	179,300	34,000	13,100	11,600	11,900	27,800	22,500	27,300	31,000	97,900
東　　海	122,200	62,200	17,500	5,940	4,740	5,310	11,600	9,370	6,830	x	60,100
近　　畿	90,400	61,600	9,200	3,460	5,170	5,940	8,790	6,880	12,400	9,760	28,800
中　　国	128,300	75,000	14,700	8,600	4,460	4,390	7,070	7,300	6,870	21,600	53,300
四　　国	59,600	38,400	7,260	1,970	3,470	3,290	7,800	4,240	6,340	x	21,200
九　　州	952,500	534,600	106,900	23,300	15,900	22,100	49,900	73,300	96,300	146,700	418,000
沖　　縄	81,900	53,800	35,100	6,960	3,060	2,750	1,630	1,310	x	x	28,200
(都道府県)											
北　海　道	536,200	264,300	99,700	30,600	13,700	19,100	21,300	20,300	13,500	46,100	271,900
青　　森	53,400	27,800	9,830	3,310	550	1,650	1,600	1,640	x	x	25,600
岩　　手	91,000	36,800	10,300	2,620	3,200	2,770	8,680	2,440	4,400	x	54,200
宮　　城	80,000	45,600	6,110	3,070	1,990	3,830	9,000	4,300	5,740	11,500	34,400
秋　　田	19,300	9,640	1,890	1,030	390	570	1,560	2,350	1,850	-	9,670
山　　形	40,900	27,600	6,660	2,900	2,380	1,240	2,300	2,210	6,380	x	13,200
福　　島	50,500	24,200	3,860	3,630	750	1,980	3,850	3,250	6,250	x	26,300
茨　　城	49,900	34,300	2,650	1,810	730	1,730	3,310	4,420	13,200	6,500	15,500
栃　　木	82,400	47,000	11,200	1,440	3,800	2,720	9,730	3,270	4,970	9,830	35,400
群　　馬	56,400	35,400	7,140	1,690	4,190	1,770	3,530	5,890	4,330	6,820	21,100
埼　　玉	17,300	11,900	2,260	1,080	-	-	1,120	690	x	x	5,370
千　　葉	40,000	29,600	6,910	6,320	1,420	2,800	5,340	5,240	x	x	10,400
東　　京	630	360	360	-	-	-	-	-	-	-	260
神　奈　川	5,090	4,090	560	110	-	1,320	x	x	x	-	1,000
新　　潟	11,500	6,790	3,300	260	1,150	200	1,540	-	x	-	4,660
富　　山	3,600	2,330	820	x	x	460	720	-	-	-	1,270
石　　川	3,850	2,750	300	x	x	360	x	x	x	x	1,100
福　　井	2,170	1,310	100	350	x	370	x	x	-	-	860
山　　梨	5,010	3,120	680	220	540	x	1,520	-	-	-	1,890
長　　野	20,500	13,500	2,220	490	870	1,370	2,660	2,430	2,090	x	6,950
岐　　阜	32,800	22,400	3,360	860	580	1,520	5,770	5,200	4,210	x	10,400
静　　岡	19,200	8,910	2,310	1,020	270	1,880	690	2,740	-	-	10,200
愛　　知	41,500	22,200	8,590	3,620	2,780	1,740	1,700	1,430	2,350	-	19,300
三　　重	28,800	8,590	3,190	450	x	x	3,400	-	x	-	20,200
滋　　賀	20,000	15,100	1,410	640	3,070	2,600	3,150	760	3,470	-	4,920
京　　都	5,320	3,590	100	150	x	-	x	x	x	-	1,730
大　　阪	850	600	x	x	-	-	x	-	-	-	250
兵　　庫	57,300	37,800	6,680	2,070	1,880	3,140	4,410	5,410	7,240	6,960	19,500
奈　　良	4,180	2,820	440	230	-	-	x	-	-	x	1,360
和　歌　山	2,750	1,710	330	210	-	x	x	x	x	-	1,040
鳥　　取	20,700	12,200	4,440	3,060	x	1,090	1,360	-	x	x	8,470
島　　根	32,900	21,700	2,320	x	840	730	1,760	3,230	x	10,500	11,200
岡　　山	34,200	15,200	3,230	3,650	810	x	2,350	1,550	x	-	19,000
広　　島	25,800	16,400	3,530	510	1,290	480	1,140	1,490	x	x	9,340
山　　口	14,700	9,450	1,200	1,190	1,200	1,460	x	1,040	x	x	5,290
徳　　島	22,700	13,300	4,230	190	2,340	1,530	2,100	1,380	1,500	-	9,450
香　　川	20,900	17,100	1,790	580	350	620	3,010	1,880	x	x	3,830
愛　　媛	9,990	4,460	1,000	920	160	780	1,600	-	-	-	5,530
高　　知	5,990	3,570	240	290	620	360	1,090	980	-	-	2,420
福　　岡	22,500	16,500	3,270	690	690	730	1,260	1,680	1,650	6,540	5,950
佐　　賀	52,600	39,900	4,980	1,720	2,130	2,200	6,500	8,470	6,430	7,510	12,700
長　　崎	90,600	41,900	10,500	690	1,010	2,590	3,330	8,390	9,320	x	48,700
熊　　本	134,700	79,400	22,000	4,100	2,030	4,530	11,400	13,000	7,700	14,600	55,300
大　　分	51,100	22,200	7,260	1,360	870	420	1,890	2,760	4,540	x	28,900
宮　　崎	250,000	125,400	19,000	7,560	2,700	4,780	13,400	17,500	23,900	36,500	124,600
鹿　児　島	351,100	209,300	39,900	7,180	6,500	6,900	12,100	21,500	42,800	72,400	141,800
沖　　縄	81,900	53,800	35,100	6,960	3,060	2,750	1,630	1,310	x	x	28,200
関東農政局	296,300	188,200	36,300	14,200	11,800	13,700	28,500	25,300	27,300	31,000	108,200
東海農政局	103,100	53,200	15,100	4,920	4,460	3,430	10,900	6,630	6,830	x	49,800
中国四国農政局	187,900	113,400	22,000	10,600	7,930	7,690	14,900	11,500	13,200	25,600	74,500

66 肉用牛

(1) 全国農業地域・都道府県別（続き）

ク 乳用種飼養頭数規模別の飼養戸数

単位：戸

全国農業地域・都道府県	計	乳用種飼養頭数規模									乳用種なし
		小計	1～4頭	5～19	20～29	30～49	50～99	100～199	200～499	500頭以上	
全　　　国	42,100	4,390	1,730	767	187	200	308	386	442	364	37,700
（全国農業地域）											
北　海　道	2,270	871	346	137	29	28	37	45	87	162	1,400
都　府　県	39,800	3,520	1,390	630	158	172	271	341	355	202	36,300
東　　　北	10,500	606	301	99	23	16	39	59	40	29	9,940
北　　　陸	339	113	51	24	9	5	10	2	10	2	226
関東・東山	2,660	903	325	144	39	55	100	86	87	67	1,760
東　　　海	1,060	387	99	78	23	22	41	52	54	18	677
近　　　畿	1,450	148	59	31	5	9	13	11	15	5	1,300
中　　　国	2,310	277	125	38	16	16	11	18	30	23	2,030
四　　　国	644	206	64	44	10	12	15	28	20	13	438
九　　　州	18,500	830	327	164	32	37	42	84	99	45	17,700
沖　　　縄	2,250	46	36	8	1	−	−	1	−	−	2,200
（都道府県）											
北　海　道	2,270	871	346	137	29	28	37	45	87	162	1,400
青　　　森	792	128	50	15	6	2	5	23	15	12	664
岩　　　手	3,860	162	89	20	3	3	11	18	9	9	3,700
宮　　　城	2,820	127	70	28	5	6	6	5	3	4	2,690
秋　　　田	718	52	33	9	2	−	4	2	2	−	666
山　　　形	606	38	18	13	1	1	2	2	1	−	568
福　　　島	1,750	99	41	14	6	4	11	9	10	4	1,650
茨　　　城	456	100	33	18	5	7	13	8	5	11	356
栃　　　木	812	194	68	25	8	11	21	16	19	26	618
群　　　馬	517	257	108	39	8	15	30	25	22	10	260
埼　　　玉	139	63	28	11	1	3	3	9	5	3	76
千　　　葉	243	143	37	23	9	10	13	12	24	15	100
東　　　京	22	4	1	3	−	−	−	−	−	−	18
神　奈　川	54	31	11	6	2	−	7	2	2	1	23
新　　　潟	184	41	16	9	2	1	5	1	5	2	143
富　　　山	31	14	3	1	2	3	1	−	4	−	17
石　　　川	79	35	21	11	2	−	−	1	−	−	44
福　　　井	45	23	11	3	3	1	4	−	1	−	22
山　　　梨	63	23	4	5	2	5	1	1	4	1	40
長　　　野	354	88	35	14	4	4	12	13	6	−	266
岐　　　阜	464	58	31	12	3	4	3	2	2	1	406
静　　　岡	112	61	12	6	2	2	5	16	14	4	51
愛　　　知	340	245	48	55	17	16	29	33	35	12	95
三　　　重	148	23	8	5	1	−	4	1	3	1	125
滋　　　賀	89	34	11	5	−	2	5	5	4	2	55
京　　　都	70	16	11	3	−	1	1	−	−	−	54
大　　　阪	9	5	3	1	−	−	−	−	1	−	4
兵　　　庫	1,190	52	12	10	3	5	4	5	10	3	1,130
奈　　　良	45	25	14	7	1	1	2	−	−	−	20
和　歌　山	52	16	8	5	1	−	1	1	−	−	36
鳥　　　取	265	53	19	7	2	4	4	5	9	3	212
島　　　根	802	57	34	8	3	3	1	2	3	3	745
岡　　　山	395	90	38	13	5	5	2	7	11	9	305
広　　　島	484	44	19	3	4	4	1	3	4	6	440
山　　　口	364	33	15	7	2	−	3	1	3	2	331
徳　　　島	174	85	26	18	3	3	9	13	7	6	89
香　　　川	164	70	23	16	4	6	5	8	3	5	94
愛　　　媛	160	33	7	5	2	2	1	7	7	2	127
高　　　知	146	18	8	5	1	1	−	−	3	−	128
福　　　岡	191	83	38	21	2	−	6	7	4	5	108
佐　　　賀	554	25	11	6	−	2	2	3	1	−	529
長　　　崎	2,250	75	27	13	−	2	5	7	15	6	2,180
熊　　　本	2,280	262	102	57	11	17	11	24	32	8	2,020
大　　　分	1,080	85	39	19	4	5	1	4	6	7	990
宮　　　崎	5,150	162	65	25	9	6	8	14	21	14	4,990
鹿　児　島	7,030	138	45	23	6	5	9	25	20	5	6,890
沖　　　縄	2,250	46	36	8	1	−	−	1	−	−	2,200
関東農政局	2,770	964	337	150	41	57	105	102	101	71	1,810
東海農政局	952	326	87	72	21	20	36	36	40	14	626
中国四国農政局	2,950	483	189	82	26	28	26	46	50	36	2,470

ケ　乳用種飼養頭数規模別の飼養頭数

単位：頭

全国農業地域・都道府県	計	乳 用 種 飼 養 頭 数 規 模									乳用種なし
		小　計	1～4頭	5～19	20～29	30～49	50～99	100～199	200～499	500頭以上	
全　　　国	2,605,000	1,162,000	89,000	76,500	26,600	28,300	53,600	92,800	182,500	612,800	1,442,000
（全国農業地域）											
北　海　道	536,200	422,700	19,200	11,000	5,180	3,730	6,170	15,200	36,500	325,700	113,500
都　府　県	2,068,000	739,400	69,800	65,500	21,400	24,600	47,400	77,600	146,000	287,100	1,329,000
東　　　北	335,100	114,300	14,100	14,600	3,150	2,470	4,120	9,760	19,600	46,500	220,800
北　　　陸	21,100	12,200	990	1,140	990	660	1,070	x	3,530	x	8,870
関東・東山	277,200	184,900	10,400	8,570	3,080	8,290	16,900	20,900	32,400	84,400	92,300
東　　　海	122,200	60,600	3,550	4,630	2,600	1,340	4,810	8,360	20,000	15,300	61,700
近　　　畿	90,400	28,400	2,110	1,700	940	1,500	3,240	2,550	6,440	9,940	62,000
中　　　国	128,300	73,200	5,420	3,320	1,530	1,290	1,420	3,990	12,100	44,100	55,200
四　　　国	59,600	41,400	2,690	2,030	600	990	2,190	6,240	6,470	20,200	18,200
九　　　州	952,500	220,100	27,400	29,000	8,430	8,040	13,700	24,900	45,500	63,200	732,400
沖　　　縄	81,900	4,400	3,230	560	x	－	－	x	－	－	77,500
（都道府県）											
北　海　道	536,200	422,700	19,200	11,000	5,180	3,730	6,170	15,200	36,500	325,700	113,500
青　　　森	53,400	35,300	1,790	830	1,540	x	460	3,460	9,800	16,900	18,100
岩　　　手	91,000	26,800	3,800	2,470	350	510	1,050	3,030	3,430	12,200	64,200
宮　　　城	80,000	22,600	2,860	4,040	200	890	640	870	1,080	12,000	57,400
秋　　　田	19,300	3,690	1,580	380	x	－	430	x	x	－	15,600
山　　　形	40,900	8,760	1,930	6,080	x	x	x	x	x	－	32,100
福　　　島	50,500	17,100	2,130	800	660	500	1,370	1,950	4,310	5,400	33,400
茨　　　城	49,900	30,600	1,980	890	1,790	940	2,900	2,240	2,930	16,900	19,200
栃　　　木	82,400	53,100	2,890	1,640	270	2,870	2,950	4,720	6,860	30,900	29,300
群　　　馬	56,400	41,400	2,460	2,080	280	2,100	7,020	6,440	8,380	12,700	15,000
埼　　　玉	17,300	7,170	420	470	x	380	220	1,820	1,450	2,390	10,100
千　　　葉	40,000	34,500	660	1,420	360	980	1,170	2,210	8,540	19,200	5,540
東　　　京	630	120	x	110	－	－	－	－	－	－	510
神　奈　川	5,090	4,380	170	690	x	－	750	x	x	x	710
新　　　潟	11,500	7,470	220	510	x	x	600	x	2,050	x	3,990
富　　　山	3,600	2,210	20	x	x	540	x	－	1,260	－	1,390
石　　　川	3,850	1,500	670	540	x	－	－	x	－	－	2,350
福　　　井	2,170	1,020	80	30	220	x	400	－	x	－	1,140
山　　　梨	5,010	3,230	80	200	x	250	x	x	990	x	1,780
長　　　野	20,500	10,300	1,680	1,080	180	770	1,760	2,990	1,850	－	10,200
岐　　　阜	32,800	4,820	2,050	590	190	270	250	x	x	x	28,000
静　　　岡	19,200	13,900	360	1,020	x	x	380	2,800	4,200	4,480	5,300
愛　　　知	41,500	35,300	610	2,450	1,820	980	2,810	5,030	12,600	9,000	6,200
三　　　重	28,800	6,600	520	570	x	－	1,380	x	2,620	x	22,200
滋　　　賀	20,000	8,870	770	160	－	x	1,040	1,560	1,850	x	11,200
京　　　都	5,320	1,020	190	590	－	x	x	－	－	－	4,300
大　　　阪	850	490	200	x	－	－	－	－	x	－	360
兵　　　庫	57,300	15,000	390	680	850	410	330	830	4,350	7,170	42,300
奈　　　良	4,180	2,190	160	70	x	x	x	－	－	－	1,990
和　歌　山	2,750	840	400	140	x	－	x	x	－	－	1,910
鳥　　　取	20,700	10,500	750	950	x	270	430	710	3,060	4,210	10,200
島　　　根	32,900	16,400	1,840	710	80	310	x	x	1,970	10,400	16,500
岡　　　山	34,200	24,900	1,180	520	710	430	x	1,160	4,410	16,200	9,290
広　　　島	25,800	15,300	870	590	270	280	x	940	1,270	11,000	10,500
山　　　口	14,700	6,000	790	550	x	－	490	x	1,370	x	8,730
徳　　　島	22,700	17,300	1,190	1,340	80	370	1,360	2,570	2,240	8,170	5,400
香　　　川	20,900	16,700	1,370	240	300	380	750	1,990	970	10,700	4,160
愛　　　媛	9,990	6,070	70	280	x	x	x	1,690	2,410	x	3,920
高　　　知	5,990	1,280	60	170	x	x	－	－	860	－	4,710
福　　　岡	22,500	12,000	920	700	x	－	990	1,160	1,220	7,000	10,400
佐　　　賀	52,600	5,980	1,050	980	－	x	x	640	x	－	46,600
長　　　崎	90,600	24,900	1,730	2,250	－	x	730	2,230	4,780	13,000	65,700
熊　　　本	134,700	54,300	6,130	5,190	1,590	2,510	3,910	7,640	12,000	15,400	80,400
大　　　分	51,100	14,500	1,870	1,070	400	400	x	1,600	2,540	6,530	36,600
宮　　　崎	250,000	49,500	5,360	4,530	2,310	1,600	4,700	5,320	10,900	14,800	200,500
鹿　児　島	351,100	58,900	10,300	14,200	4,080	1,030	2,590	6,320	13,800	6,520	292,200
沖　　　縄	81,900	4,400	3,230	560	x	－	－	x	－	－	77,500
関東農政局	296,300	198,700	10,700	9,590	3,610	8,380	17,300	23,700	36,600	88,900	97,600
東海農政局	103,100	46,700	3,180	3,610	2,070	1,250	4,430	5,570	15,800	10,800	56,400
中国四国農政局	187,900	114,500	8,110	5,350	2,120	2,280	3,610	10,200	18,500	64,300	73,300

(1) 全国農業地域・都道府県別（続き）

コ 肉用種の肥育用牛及び乳用種飼養頭数規模別の飼養戸数

単位：戸

全国農業地域・都道府県	計	肉 用 種 の 肥 育 用 牛 及 び 乳 用 種 飼 養 頭 数 規 模									肉用種の肥育用牛及び乳用種なし
		小 計	1～9頭	10～19	20～29	30～49	50～99	100～199	200～499	500頭以上	
全 国	42,100	9,740	4,730	866	538	658	899	855	719	480	32,300
（全国農業地域）											
北 海 道	2,270	1,130	566	83	49	46	58	62	92	172	1,140
都 府 県	39,800	8,620	4,160	783	489	612	841	793	627	308	31,200
東 北	10,500	1,720	870	199	129	131	167	117	74	36	8,820
北 陸	339	195	91	17	16	20	28	8	12	3	144
関 東・東 山	2,660	1,430	552	143	101	119	166	132	126	93	1,230
東 海	1,060	582	187	55	31	45	87	88	68	21	482
近 畿	1,450	373	152	49	17	32	54	31	28	10	1,080
中 国	2,310	471	232	39	27	34	40	35	36	28	1,840
四 国	644	348	139	45	28	27	30	37	29	13	296
九 州	18,500	2,720	1,260	181	129	191	264	339	252	103	15,800
沖 縄	2,250	768	675	55	11	13	5	6	2	1	1,480
（都道府県）											
北 海 道	2,270	1,130	566	83	49	46	58	62	92	172	1,140
青 森	792	224	106	20	14	9	19	28	15	13	568
岩 手	3,860	491	294	46	34	30	39	24	14	10	3,370
宮 城	2,820	485	206	64	48	55	60	31	14	7	2,340
秋 田	718	118	60	17	7	6	11	12	5	－	600
山 形	606	151	82	24	13	9	10	5	7	1	455
福 島	1,750	254	122	28	13	22	28	17	19	5	1,490
茨 城	456	218	65	30	17	19	32	21	15	19	238
栃 木	812	378	141	41	30	36	38	31	30	31	434
群 馬	517	326	156	22	15	23	37	27	29	17	191
埼 玉	139	84	36	10	3	2	8	13	7	5	55
千 葉	243	177	53	15	13	16	20	14	30	16	66
東 京	22	8	8	－	－	－	－	－	－	－	14
神 奈 川	54	45	18	6	2	4	8	4	1	2	9
新 潟	184	93	45	6	9	6	17	2	6	2	91
富 山	31	24	5	1	2	5	6	1	4	－	7
石 川	79	43	25	6	3	3	1	3	1	1	36
福 井	45	35	16	4	2	6	4	2	1	－	10
山 梨	63	42	16	3	7	7	3	1	4	1	21
長 野	354	154	59	16	14	12	20	21	10	2	200
岐 阜	464	190	67	18	7	17	42	26	11	2	274
静 岡	112	81	17	5	4	10	7	19	15	4	31
愛 知	340	269	83	25	18	17	34	40	40	12	71
三 重	148	42	20	7	2	1	4	3	2	3	106
滋 賀	89	70	18	6	6	9	15	9	5	2	19
京 都	70	29	14	4	1	2	3	1	3	1	41
大 阪	9	6	1	2	－	－	2	－	1	－	3
兵 庫	1,190	211	86	27	9	17	29	19	18	6	974
奈 良	45	30	20	5	1	1	2	－	－	1	15
和 歌 山	52	27	13	5	－	3	3	2	1	－	25
鳥 取	265	88	38	9	1	11	10	5	10	4	177
島 根	802	88	46	6	8	5	7	7	4	5	714
岡 山	395	129	68	9	6	4	8	13	12	9	266
広 島	484	89	42	6	7	7	9	5	7	6	395
山 口	364	77	38	9	5	7	6	5	3	4	287
徳 島	174	124	52	9	12	6	10	16	13	6	50
香 川	164	109	45	16	7	9	10	12	5	5	55
愛 媛	160	66	22	12	4	8	4	6	8	2	94
高 知	146	49	20	8	5	4	6	3	3	－	97
福 岡	191	134	67	10	8	7	14	13	9	6	57
佐 賀	554	198	47	18	15	20	38	40	15	5	356
長 崎	2,250	242	101	20	9	17	30	31	27	7	2,010
熊 本	2,280	501	214	45	23	47	49	66	45	12	1,780
大 分	1,080	162	80	16	7	10	9	15	16	9	913
宮 崎	5,150	551	212	27	29	42	60	81	66	34	4,600
鹿 児 島	7,030	935	543	45	38	48	64	93	74	30	6,090
沖 縄	2,250	768	675	55	11	13	5	6	2	1	1,480
関 東 農 政 局	2,770	1,510	569	148	105	129	173	151	141	97	1,260
東 海 農 政 局	952	501	170	50	27	35	80	69	53	17	451
中国四国農政局	2,950	819	371	84	55	61	70	72	65	41	2,140

注： この統計表の肉用種の肥育用牛及び乳用種飼養頭数規模は、牛個体識別全国データベースにおいて1歳以上の肉用種おす及び乳用種の頭数を階層として区分したものである（以下サにおいて同じ。）。

サ 肉用種の肥育用牛及び乳用種飼養頭数規模別の飼養頭数

単位：頭

全国農業地域・都道府県	計	肉 用 種 の 肥 育 用 牛 及 び 乳 用 種 飼 養 頭 数 規 模									肉用種の肥育用牛及び乳用種なし
		小 計	1〜9頭	10〜19	20〜29	30〜49	50〜99	100〜199	200〜499	500頭以上	
全 国	2,605,000	1,928,000	240,600	67,400	54,400	74,100	141,800	199,900	319,600	830,400	676,300
（全国農業地域）											
北 海 道	536,200	478,500	36,000	7,470	6,660	8,830	9,980	23,300	39,300	346,900	57,700
都 府 県	2,068,000	1,450,000	204,600	59,900	47,700	65,300	131,800	176,500	280,300	483,500	618,600
東 北	335,100	218,000	33,300	13,300	11,400	12,600	27,800	22,500	37,100	60,200	117,100
北 陸	21,100	18,400	1,250	700	1,060	2,260	2,800	1,610	4,220	4,480	2,700
関 東 ・ 東 山	277,200	249,100	16,000	6,920	6,080	9,950	20,000	26,300	45,800	118,000	28,100
東 海	122,200	90,700	7,590	2,980	2,080	4,730	11,900	17,700	25,100	18,600	31,600
近 畿	90,400	66,800	7,100	3,420	4,590	4,850	8,610	8,090	14,500	15,700	23,600
中 国	128,300	100,700	9,720	3,100	2,980	3,530	6,810	8,660	15,900	50,000	27,600
四 国	59,600	53,400	3,130	1,970	2,300	2,010	4,440	8,560	10,700	20,200	6,220
九 州	952,500	598,400	91,500	20,800	14,200	22,500	47,800	81,300	126,200	194,100	354,100
沖 縄	81,900	54,200	35,100	6,810	3,060	2,830	1,630	1,840	x	x	27,700
（都道府県）											
北 海 道	536,200	478,500	36,000	7,470	6,660	8,830	9,980	23,300	39,300	346,900	57,700
青 森	53,400	42,300	4,190	1,490	1,990	1,100	2,260	4,410	6,150	20,800	11,000
岩 手	91,000	53,600	9,150	3,420	2,950	3,020	10,100	4,440	5,910	14,600	37,400
宮 城	80,000	49,800	6,420	2,250	2,060	4,270	7,410	5,370	6,810	15,200	30,200
秋 田	19,300	11,700	2,460	910	590	560	1,750	2,800	2,620	－	7,620
山 形	40,900	28,900	6,920	3,170	2,220	1,520	2,470	2,440	6,620	x	12,000
福 島	50,500	31,700	4,130	2,030	1,570	2,090	3,800	3,060	8,990	6,020	18,800
茨 城	49,900	46,300	2,150	1,540	1,200	1,300	4,180	3,930	5,910	26,100	3,560
栃 木	82,400	71,500	5,330	2,260	1,570	3,450	4,240	6,240	11,300	37,100	10,900
群 馬	56,400	49,600	4,090	1,090	550	1,710	4,770	5,310	10,600	21,500	6,830
埼 玉	17,300	15,900	660	580	140	x	1,340	2,510	2,680	7,900	1,370
千 葉	40,000	38,900	820	420	1,080	1,190	2,160	2,810	10,300	20,200	1,100
東 京	630	450	450	－	－	－	－	－	－	－	180
神 奈 川	5,090	4,990	280	150	x	330	880	890	x	x	100
新 潟	11,500	9,990	710	180	700	470	1,650	x	2,400	x	1,470
富 山	3,600	3,280	70	x	x	940	620	x	1,260	－	320
石 川	3,850	3,180	310	180	210	360	x	640	x	x	670
福 井	2,170	1,930	160	270	x	500	400	x	x	－	240
山 梨	5,010	4,320	370	100	550	490	340	x	990	x	690
長 野	20,500	17,100	1,820	780	920	1,390	2,130	4,430	3,600	x	3,360
岐 阜	32,800	25,300	3,840	1,060	690	1,730	6,160	5,520	4,790	x	7,490
静 岡	19,200	17,100	400	510	310	1,690	860	4,340	4,530	4,480	2,040
愛 知	41,500	38,900	1,400	930	800	1,150	3,980	6,430	15,200	9,000	2,560
三 重	28,800	9,340	1,960	470	x	x	920	1,420	x	3,580	19,500
滋 賀	20,000	17,100	930	680	2,610	2,130	3,140	2,270	2,540	x	2,940
京 都	5,320	4,080	210	280	x	x	460	x	1,350	x	1,240
大 阪	850	610	x	x	－	－	x	－	－	－	250
兵 庫	57,300	39,800	5,100	1,840	1,930	1,870	4,000	5,210	9,780	10,100	17,500
奈 良	4,180	3,030	290	260	x	x	x	－	－	x	1,150
和 歌 山	2,750	2,220	570	190	－	270	240	x	x	－	530
鳥 取	20,700	16,000	1,870	1,030	x	1,190	1,920	710	3,420	5,800	4,730
島 根	32,900	23,600	1,790	540	920	720	1,290	2,610	2,670	13,100	9,300
岡 山	34,200	30,200	2,360	550	890	390	1,220	2,710	5,900	16,200	3,960
広 島	25,800	20,600	2,210	450	690	560	1,450	1,440	2,850	11,000	5,140
山 口	14,700	10,300	1,490	530	430	670	930	1,190	1,120	3,920	4,460
徳 島	22,700	20,800	1,200	200	1,110	430	1,350	3,630	4,720	8,170	1,900
香 川	20,900	19,600	720	570	490	650	1,380	2,740	2,290	10,700	1,320
愛 媛	9,990	8,310	920	770	190	570	480	1,220	2,880	x	1,680
高 知	5,990	4,680	290	440	520	360	1,240	980	860	－	1,320
福 岡	22,500	20,000	2,210	380	460	840	1,820	2,800	3,110	8,380	2,460
佐 賀	52,600	40,600	4,820	1,810	1,700	1,780	7,180	8,840	7,000	7,510	12,000
長 崎	90,600	48,800	6,890	950	810	2,220	3,930	6,980	11,300	15,700	41,800
熊 本	134,700	95,500	16,800	5,280	2,190	5,590	8,480	17,000	17,700	22,500	39,300
大 分	51,100	28,900	3,740	1,250	520	850	1,530	4,360	7,070	9,590	22,200
宮 崎	250,000	143,600	19,200	4,040	2,970	4,280	11,500	17,000	33,300	51,300	106,300
鹿 児 島	351,100	221,000	37,900	7,070	5,580	7,000	13,400	24,400	46,700	79,100	130,100
沖 縄	81,900	54,200	35,100	6,810	3,060	2,830	1,630	1,840	x	x	27,700
関 東 農 政 局	296,300	266,200	16,400	7,430	6,390	11,600	20,900	30,600	50,400	122,500	30,100
東 海 農 政 局	103,100	73,600	7,190	2,460	1,770	3,040	11,100	13,400	20,600	14,100	29,500
中国四国農政局	187,900	154,100	12,900	5,070	5,280	5,540	11,300	17,200	26,700	70,200	33,800

(1) 全国農業地域・都道府県別（続き）

シ 交雑種飼養頭数規模別の飼養戸数

単位：戸

全国農業地域 ・ 都道府県	計	交 雑 種 飼 養 頭 数 規 模									交雑種 な し
		小 計	1〜4頭	5〜19	20〜29	30〜49	50〜99	100〜199	200〜499	500頭 以 上	
全 国	42,100	3,840	1,570	684	177	179	288	352	344	252	38,200
(全国農業地域)											
北 海 道	2,270	672	284	122	26	23	31	47	50	89	1,600
都 府 県	39,800	3,170	1,280	562	151	156	257	305	294	163	36,600
東 北	10,500	522	269	84	23	20	31	45	28	22	10,000
北 陸	339	106	49	22	8	4	11	2	8	2	233
関 東・東 山	2,660	816	300	126	42	43	95	81	79	50	1,840
東 海	1,060	368	97	76	22	18	43	45	50	17	696
近 畿	1,450	133	51	27	5	9	12	12	12	5	1,320
中 国	2,310	240	106	38	13	13	12	21	19	18	2,070
四 国	644	191	66	40	10	13	13	24	13	12	453
九 州	18,500	754	313	142	27	36	40	74	85	37	17,800
沖 縄	2,250	39	30	7	1	−	−	1	−	−	2,210
(都道府県)											
北 海 道	2,270	672	284	122	26	23	31	47	50	89	1,600
青 森	792	102	50	11	5	4	3	14	8	7	690
岩 手	3,860	134	74	14	4	4	10	15	6	7	3,720
宮 城	2,820	112	60	26	6	7	4	4	1	4	2,710
秋 田	718	48	31	9	1	−	3	2	2	−	670
山 形	606	32	16	11	1	1	−	2	1	−	574
福 島	1,750	94	38	13	6	4	11	8	10	4	1,650
茨 城	456	87	31	15	5	4	13	7	5	7	369
栃 木	812	167	58	22	9	8	18	14	19	19	645
群 馬	517	236	100	35	9	10	27	25	20	10	281
埼 玉	139	54	25	11	2	3	2	8	2	1	85
千 葉	243	130	35	18	8	10	13	13	22	11	113
東 京	22	3	3	−	−	−	−	−	−	−	19
神 奈 川	54	31	12	5	2	−	7	2	2	1	23
新 潟	184	38	15	9	2	−	5	1	4	2	146
富 山	31	14	3	1	2	3	1	1	3	−	17
石 川	79	32	20	10	1	−	1	−	−	−	47
福 井	45	22	11	2	3	1	4	−	1	−	23
山 梨	63	23	4	6	3	4	1	−	4	1	40
長 野	354	85	32	14	4	4	14	12	5	−	269
岐 阜	464	56	30	12	3	3	3	2	2	1	408
静 岡	112	61	12	7	3	2	5	15	13	4	51
愛 知	340	231	48	53	15	13	32	27	32	11	109
三 重	148	20	7	4	1	−	3	1	3	1	128
滋 賀	89	31	9	5	−	2	4	5	4	2	58
京 都	70	15	11	2	−	1	1	−	−	−	55
大 阪	9	4	2	1	−	−	−	1	−	−	5
兵 庫	1,190	47	10	8	4	5	4	5	8	3	1,140
奈 良	45	22	11	7	1	1	2	−	−	−	23
和 歌 山	52	14	8	4	−	−	1	1	−	−	38
鳥 取	265	48	19	9	2	4	4	5	4	1	217
島 根	802	46	26	6	3	2	1	4	1	3	756
岡 山	395	80	36	11	4	3	2	8	9	7	315
広 島	484	36	12	5	3	4	2	2	3	5	448
山 口	364	30	13	7	1	−	3	2	2	2	334
徳 島	174	80	25	17	4	3	9	12	4	6	94
香 川	164	69	25	14	4	6	4	8	3	5	95
愛 媛	160	29	9	4	2	3	−	4	6	1	131
高 知	146	13	7	5	−	1	−	−	−	−	133
福 岡	191	74	36	17	−	3	5	7	3	3	117
佐 賀	554	25	11	6	−	2	3	2	1	−	529
長 崎	2,250	70	27	12	−	−	4	6	15	6	2,180
熊 本	2,280	234	93	49	11	15	11	22	26	7	2,050
大 分	1,080	75	36	17	2	6	2	4	4	4	1,000
宮 崎	5,150	151	64	22	8	6	7	14	17	13	5,000
鹿 児 島	7,030	125	46	19	6	4	8	19	19	4	6,900
沖 縄	2,250	39	30	7	1	−	−	1	−	−	2,210
関 東 農 政 局	2,770	877	312	133	45	45	100	96	92	54	1,900
東 海 農 政 局	952	307	85	69	19	16	38	30	37	13	645
中国四国農政局	2,950	431	172	78	23	26	25	45	32	30	2,520

ス　交雑種飼養頭数規模別の交雑種飼養頭数

単位：頭

全国農業地域 ・ 都 道 府 県	交　雑　種　飼　養　頭　数　規　模							
	計	1～4頭	5～19	20～29	30～49	50～99	100～199	200～499	500頭以上
全　　　国	525,700	3,260	7,140	4,400	7,420	22,000	52,700	109,300	319,500
（全国農業地域）									
北　海　道	165,100	570	1,200	660	990	2,250	7,230	16,900	135,300
都　府　県	360,700	2,690	5,940	3,740	6,430	19,800	45,500	92,400	184,200
東　　　北	47,700	530	890	570	820	2,460	6,500	9,060	26,900
北　　　陸	7,240	110	230	190	170	800	x	2,500	x
関 東・東 山	102,500	660	1,340	1,030	1,800	7,310	12,300	24,600	53,500
東　　　海	41,800	210	780	550	780	3,320	6,450	16,100	13,600
近　　　畿	11,700	110	300	130	400	960	1,800	3,960	4,040
中　　　国	38,700	190	420	310	480	800	3,000	6,110	27,400
四　　　国	27,400	150	420	240	510	980	3,520	3,820	17,700
九　　　州	83,300	650	1,460	700	1,470	3,170	11,400	26,300	38,200
沖　　　縄	420	80	120	x	－	－	x	－	－
（都道府県）									
北　海　道	165,100	570	1,200	660	990	2,250	7,230	16,900	135,300
青　　　森	11,600	100	110	120	140	270	1,940	2,700	6,220
岩　　　手	14,700	130	150	90	170	820	2,310	1,860	9,190
宮　　　城	8,890	110	240	150	280	270	460	x	7,060
秋　　　田	1,410	60	70	x	－	220	x	x	－
山　　　形	1,060	50	200	x	x		x	x	－
福　　　島	10,100	70	120	150	170	880	1,220	3,020	4,450
茨　　　城	13,600	60	150	110	170	970	1,170	1,710	9,240
栃　　　木	29,900	110	250	230	330	1,420	2,050	6,210	19,300
群　　　馬	22,300	220	380	230	400	1,990	3,630	6,280	9,180
埼　　　玉	3,550	60	120	x	130	x	1,430	x	x
千　　　葉	23,400	70	180	190	420	1,000	1,960	6,560	13,000
東　　　京	50	50	－	－	－	－	－	－	－
神　奈　川	2,520	20	60	x	－	570	x	x	x
新　　　潟	5,020	30	90	x	－	330	x	1,480	x
富　　　山	1,270	10	x	x	130	x	x	810	－
石　　　川	240	50	100	x	－	x	－	－	－
福　　　井	700	20	x	70	x	340	－	x	－
山　　　梨	2,510	10	60	80	170	x	－	990	x
長　　　野	4,690	70	150	90	180	1,120	1,760	1,330	－
岐　　　阜	2,190	70	120	80	140	260	x	x	x
静　　　岡	10,800	30	80	80	x	360	2,270	3,970	3,880
愛　　　知	25,700	100	540	360	550	2,490	3,640	10,200	7,830
三　　　重	3,070	20	40	x	－	210	x	1,290	x
滋　　　賀	3,680	20	50	－	x	260	650	1,430	x
京　　　都	270	30	x	－	x	x	－	－	－
大　　　阪	260	x	x	－	－	－	x	－	－
兵　　　庫	6,880	20	90	90	210	340	770	2,530	2,840
奈　　　良	330	30	60	x	x	x	－	－	－
和　歌　山	270	20	40	－	－	x	x	－	－
鳥　　　取	4,240	30	90	x	160	300	700	1,040	x
島　　　根	5,650	40	70	80	x	x	540	x	4,400
岡　　　山	16,000	70	130	100	100	x	1,090	3,070	11,300
広　　　島	10,300	20	60	70	150	x	x	950	8,570
山　　　口	2,480	30	70	x	－	200	x	x	x
徳　　　島	12,100	50	160	100	110	680	1,900	1,050	8,040
香　　　川	11,700	60	130	90	220	300	1,040	830	9,030
愛　　　媛	3,400	20	40	x	120	－	580	1,940	x
高　　　知	170	20	90	－	x	－	－	－	－
福　　　岡	5,810	80	170	－	130	460	1,020	830	3,120
佐　　　賀	1,090	20	70	－	x	290	x	x	－
長　　　崎	13,300	50	120	－	－	250	960	4,070	7,820
熊　　　本	23,200	200	540	300	600	830	3,370	7,780	9,570
大　　　分	6,590	90	160	x	280	x	580	1,750	3,490
宮　　　崎	20,800	110	210	190	250	520	2,030	5,990	11,500
鹿　児　島	12,600	90	200	150	150	650	3,130	5,520	2,720
沖　　　縄	420	80	120	x	－	－	x	－	－
関 東 農 政 局	113,300	690	1,420	1,100	1,890	7,670	14,600	28,500	57,300
東 海 農 政 局	31,000	180	700	470	680	2,960	4,170	12,100	9,710
中国四国農政局	66,000	340	830	540	1,000	1,780	6,520	9,930	45,100

注：この統計表の飼養頭数は、飼養者が飼養している交雑種の頭数である。

(1) 全国農業地域・都道府県別（続き）

セ　ホルスタイン種他飼養頭数規模別の飼養戸数

単位：戸

全国農業地域・都道府県	計	ホルスタイン種他飼養頭数規模									ホルスタイン種他なし
		小計	1～4頭	5～19	20～29	30～49	50～99	100～199	200～499	500頭以上	
全　　国	42,100	1,530	820	203	39	50	61	109	125	120	40,500
（全国農業地域）											
北　海　道	2,270	476	211	41	12	16	17	35	59	85	1,800
都　府　県	39,800	1,050	609	162	27	34	44	74	66	35	38,700
東　　北	10,500	181	107	22	2	3	12	16	12	7	10,400
北　　陸	339	34	19	8	-	3	-	2	2	-	305
関東・東山	2,660	259	143	47	11	10	7	11	15	15	2,400
東　　海	1,060	90	58	14	1	2	2	8	4	1	974
近　　畿	1,450	45	28	10	1	2	3	-	1	-	1,410
中　　国	2,310	108	58	16	3	2	6	6	11	6	2,200
四　　国	644	77	40	15	2	1	4	8	7	-	567
九　　州	18,500	245	144	30	7	11	10	23	14	6	18,300
沖　　縄	2,250	12	12	-	-	-	-	-	-	-	2,230
（都道府県）											
北　海　道	2,270	476	211	41	12	16	17	35	59	85	1,800
青　　森	792	45	13	4	1	-	4	10	7	6	747
岩　　手	3,860	58	38	8	-	2	1	5	3	1	3,800
宮　　城	2,820	36	23	7	-	-	3	1	2	-	2,790
秋　　田	718	12	9	1	1	-	1	-	-	-	706
山　　形	606	13	10	1	-	-	2	-	-	-	593
福　　島	1,750	17	14	1	-	1	1	-	-	-	1,730
茨　　城	456	39	21	10	1	1	-	1	1	4	417
栃　　木	812	63	31	12	2	4	2	3	2	7	749
群　　馬	517	63	40	10	4	2	2	3	2	-	454
埼　　玉	139	19	9	2	1	1	-	1	3	2	120
千　　葉	243	45	22	7	3	1	2	2	6	2	198
東　　京	22	3	2	1	-	-	-	-	-	-	19
神　奈　川	54	8	4	3	-	-	1	-	-	-	46
新　　潟	184	12	5	2	-	2	-	1	2	-	172
富　　山	31	4	2	1	-	1	-	-	-	-	27
石　　川	79	13	10	2	-	-	-	1	-	-	66
福　　井	45	5	2	3	-	-	-	-	-	-	40
山　　梨	63	4	3	-	-	-	-	1	-	-	59
長　　野	354	15	11	2	-	1	-	-	1	-	339
岐　　阜	464	12	10	2	-	-	-	-	-	-	452
静　　岡	112	7	3	-	-	-	1	2	1	-	105
愛　　知	340	64	40	11	1	2	-	6	3	1	276
三　　重	148	7	5	1	-	-	1	-	-	-	141
滋　　賀	89	7	5	-	1	-	1	-	-	-	82
京　　都	70	3	3	-	-	-	-	-	-	-	67
大　　阪	9	3	2	-	-	1	-	-	-	-	6
兵　　庫	1,190	22	12	7	-	-	2	-	1	-	1,160
奈　　良	45	6	5	-	-	1	-	-	-	-	39
和　歌　山	52	4	1	3	-	-	-	-	-	-	48
鳥　　取	265	21	5	3	2	-	3	2	4	2	244
島　　根	802	27	19	5	-	-	1	-	1	1	775
岡　　山	395	35	17	7	-	2	2	1	4	2	360
広　　島	484	17	11	1	-	-	-	3	1	1	467
山　　口	364	8	6	-	1	-	-	-	1	-	356
徳　　島	174	25	16	2	2	-	1	2	2	-	149
香　　川	164	25	13	8	-	1	1	2	-	-	139
愛　　媛	160	17	6	3	-	-	2	4	2	-	143
高　　知	146	10	5	2	-	-	-	-	3	-	136
福　　岡	191	30	22	2	1	1	-	1	2	1	161
佐　　賀	554	3	2	-	1	-	-	-	-	-	551
長　　崎	2,250	19	10	-	1	2	3	2	1	-	2,230
熊　　本	2,280	82	52	12	1	4	1	7	3	2	2,200
大　　分	1,080	35	21	4	1	1	1	2	3	2	1,040
宮　　崎	5,150	39	21	5	1	-	2	6	3	1	5,110
鹿　児　島	7,030	37	16	7	1	3	3	5	2	-	6,990
沖　　縄	2,250	12	12	-	-	-	-	-	-	-	2,230
関 東 農 政 局	2,770	266	146	47	11	10	8	13	16	15	2,510
東 海 農 政 局	952	83	55	14	1	2	1	6	3	1	869
中国四国農政局	2,950	185	98	31	5	3	10	14	18	6	2,770

注：「ホルスタイン種他」とは、交雑種を除く肉用目的に飼養している乳用種のおす牛及び未経産のめす牛をいう（以下ソにおいて同じ。）。

ソ　ホルスタイン種他飼養頭数規模別のホルスタイン種他飼養頭数

単位：頭

全国農業地域・都道府県	ホルスタイン種他飼養頭数規模								
	計	1〜4頭	5〜19	20〜29	30〜49	50〜99	100〜199	200〜499	500頭以上
全　　国	250,000	1,620	2,060	1,020	2,180	4,830	16,600	43,700	178,000
（全国農業地域）									
北　海　道	171,600	400	390	290	660	1,170	5,310	21,600	141,800
都　府　県	78,400	1,210	1,670	730	1,530	3,660	11,200	22,100	36,200
東　　北	16,700	210	200	x	170	1,020	2,470	4,260	8,330
北　　陸	1,390	30	70	−	140	−	x	x	−
関東・東山	25,200	280	560	280	420	640	1,730	4,690	16,600
東　　海	4,510	110	130	x	x	x	1,210	1,770	x
近　　畿	990	80	110	x	x	270	−	x	−
中　　国	9,620	90	170	70	x	420	730	3,180	4,880
四　　国	3,770	60	130	x	x	290	1,190	2,000	−
九　　州	16,200	310	300	210	500	840	3,670	4,870	5,470
沖　　縄	50	50	−	−	−	−	−	−	−
（都道府県）									
北　海　道	171,600	400	390	290	660	1,170	5,310	21,600	141,800
青　　森	11,900	20	30	x	−	310	1,450	2,560	7,520
岩　　手	3,090	70	70	−	x	x	830	1,150	x
宮　　城	1,080	40	70	−	−	230	x	x	−
秋　　田	130	20	x	x	−	x	−	−	−
山　　形	240	20	x	−	−	x	−	−	−
福　　島	260	40	x	−	x	x	−	−	−
茨　　城	5,230	30	100	x	x	−	x	x	4,600
栃　　木	9,420	50	150	x	160	x	450	x	7,830
群　　馬	2,210	70	120	100	x	x	570	x	−
埼　　玉	2,500	20	x	x	x	−	x	750	x
千　　葉	5,110	50	70	80	x	x	x	1,800	x
東　　京	40	x	x	−	−	−	−	−	−
神　奈　川	120	10	40	−	−	x	−	−	−
新　　潟	1,140	10	x	−	x	−	x	x	−
富　　山	80	x	x	−	x	−	−	−	−
石　　川	140	10	x	−	−	−	x	−	−
福　　井	30	x	20	−	−	−	−	−	−
山　　梨	180	10	−	−	−	−	x	−	−
長　　野	360	20	x	−	x	−	−	x	−
岐　　阜	60	30	x	−	−	−	−	−	−
静　　岡	880	0	−	−	−	x	x	x	−
愛　　知	3,430	70	100	x	x	−	890	1,290	x
三　　重	140	10	x	−	−	x	−	−	−
滋　　賀	120	10	−	x	−	x	−	−	−
京　　都	30	30	−	−	−	−	−	−	−
大　　阪	60	x	−	−	x	−	−	−	−
兵　　庫	710	30	90	−	−	x	−	x	−
奈　　良	50	10	−	−	x	−	−	−	−
和　歌　山	30	x	20	−	−	−	−	−	−
鳥　　取	3,800	10	40	x	−	210	x	1,470	x
島　　根	1,150	30	40	−	−	x	x	x	x
岡　　山	2,990	30	70	−	x	x	x	890	x
広　　島	1,290	10	x	−	−	−	410	x	x
山　　口	390	10	−	x	−	−	−	x	−
徳　　島	1,170	20	x	x	−	x	x	x	−
香　　川	470	20	80	−	x	x	x	−	−
愛　　媛	1,330	10	20	−	−	x	640	x	−
高　　知	810	10	x	−	−	−	−	790	−
福　　岡	2,280	50	x	x	x	−	x	x	x
佐　　賀	40	x	−	x	−	−	−	−	−
長　　崎	1,050	20	−	x	x	270	x	x	−
熊　　本	4,340	130	130	x	190	x	1,090	960	x
大　　分	3,890	40	30	x	x	x	x	860	x
宮　　崎	2,660	40	70	x	−	x	890	950	x
鹿　児　島	1,920	30	50	x	130	260	750	x	−
沖　　縄	50	50	−	−	−	−	−	−	−
関東農政局	26,000	280	560	280	420	710	2,050	5,170	16,600
東海農政局	3,630	110	130	x	x	x	890	1,290	x
中国四国農政局	13,400	150	290	120	120	710	1,930	5,180	4,880

注：この統計表の飼養頭数は、飼養者が飼養しているホルスタイン種他の頭数である。

(1) 全国農業地域・都道府県別（続き）

タ 飼養状態別飼養戸数

単位：戸

全国農業地域・都道府県	計	肉 用 種 飼 養					乳 用 種 飼 養			
		小 計	子牛生産	肥育用牛飼養	育成牛飼養	その他の飼養	小 計	育成牛飼養	肥育牛飼養	その他の飼養
全　　　　国	42,100	39,900	32,300	3,010	135	4,530	2,110	319	495	1,300
（全国農業地域）										
北 海 道	2,270	1,880	1,430	74	16	362	392	36	58	298
都 府 県	39,800	38,100	30,800	2,930	119	4,170	1,720	283	437	999
東 北	10,500	10,300	8,610	840	19	845	229	23	81	125
北 陸	339	288	144	58	23	63	51	11	14	26
関 東・東 山	2,660	2,170	1,380	396	17	377	494	55	140	299
東 海	1,060	797	395	234	15	153	267	53	63	151
近 畿	1,450	1,370	1,030	171	3	168	76	16	15	45
中 国	2,310	2,180	1,840	109	9	221	128	22	24	82
四 国	644	497	296	80	2	119	147	43	27	77
九 州	18,500	18,200	15,700	991	29	1,490	324	60	71	193
沖 縄	2,250	2,240	1,450	54	2	735	3	-	2	1
（都道府県）										
北 海 道	2,270	1,880	1,430	74	16	362	392	36	58	298
青 森	792	727	601	37	1	88	65	3	21	41
岩 手	3,860	3,800	3,320	198	5	275	59	7	18	34
宮 城	2,820	2,780	2,280	286	7	208	37	6	12	19
秋 田	718	706	596	44	2	64	12	2	3	7
山 形	606	593	336	167	2	88	13	3	4	6
福 島	1,750	1,710	1,470	108	2	122	43	2	23	18
茨 城	456	405	254	95	1	55	51	5	14	32
栃 木	812	714	477	99	3	135	98	8	31	59
群 馬	517	371	242	67	3	59	146	26	43	77
埼 玉	139	106	69	17	-	20	33	-	10	23
千 葉	243	146	93	24	3	26	97	9	25	63
東 京	22	21	15	4	-	2	1	1	-	-
神 奈 川	54	37	12	14	-	11	17	3	8	6
新 潟	184	164	95	35	-	34	20	2	8	10
富 山	31	23	9	5	1	8	8	-	2	6
石 川	79	68	28	10	18	12	11	5	-	6
福 井	45	33	12	8	4	9	12	4	4	4
山 梨	63	50	25	10	1	14	13	-	1	12
長 野	354	316	189	66	6	55	38	3	8	27
岐 阜	464	444	267	91	2	84	20	4	8	8
静 岡	112	65	21	28	-	16	47	1	12	34
愛 知	340	149	92	13	12	32	191	48	39	104
三 重	148	139	15	102	1	21	9	-	4	5
滋 賀	89	72	11	32	-	29	17	-	1	16
京 都	70	65	46	12	-	7	5	1	3	1
大 阪	9	7	-	5	-	2	2	-	1	1
兵 庫	1,190	1,150	936	102	1	115	31	3	7	21
奈 良	45	30	12	9	1	8	15	10	2	3
和 歌 山	52	46	27	11	1	7	6	2	1	3
鳥 取	265	239	177	20	-	42	26	-	2	24
島 根	802	776	704	29	4	39	26	16	1	9
岡 山	395	354	285	17	2	50	41	2	15	24
広 島	484	461	391	24	1	45	23	3	4	16
山 口	364	352	286	19	2	45	12	1	2	9
徳 島	174	114	52	25	-	37	60	15	15	30
香 川	164	112	55	23	1	33	52	20	7	25
愛 媛	160	136	91	23	-	22	24	2	5	17
高 知	146	135	98	9	1	27	11	6	-	5
福 岡	191	150	82	29	2	37	41	17	5	19
佐 賀	554	550	342	127	1	80	4	-	1	3
長 崎	2,250	2,210	2,000	111	2	96	37	2	8	27
熊 本	2,280	2,190	1,820	122	4	240	94	19	24	51
大 分	1,080	1,050	932	49	4	60	30	8	7	15
宮 崎	5,150	5,090	4,590	192	7	303	63	8	8	47
鹿 児 島	7,030	6,970	5,930	361	9	671	55	6	18	31
沖 縄	2,250	2,240	1,450	54	2	735	3	-	2	1
関 東 農 政 局	2,770	2,230	1,400	424	17	393	541	56	152	333
東 海 農 政 局	952	732	374	206	15	137	220	52	51	117
中国四国農政局	2,950	2,680	2,140	189	11	340	275	65	51	159

チ　飼養状態別飼養頭数

単位：頭

全国農業地域 ・ 都 道 府 県	計	肉 用 種 飼 養					乳 用 種 飼 養			
		小 計	子牛生産	肥育用 牛飼養	育成牛 飼 養	その他 の飼養	小 計	育成牛 飼 養	肥育牛 飼 養	その他 の飼養
全　　　　国	2,605,000	1,820,000	679,200	427,700	3,140	710,000	784,500	5,300	65,800	713,400
（全国農業地域）										
北 海 道	536,200	199,800	76,100	35,000	230	88,400	336,500	700	8,220	327,500
都 府 県	2,068,000	1,620,000	603,100	392,700	2,910	621,600	448,100	4,600	57,600	385,800
東 北	335,100	262,500	114,800	47,900	210	99,600	72,600	140	13,200	59,300
北 陸	21,100	12,500	3,450	4,510	260	4,230	8,630	70	1,580	6,980
関 東 ・ 東 山	277,200	145,500	35,000	49,500	360	60,600	131,700	930	15,700	115,000
東 海	122,200	75,700	15,900	32,500	240	27,100	46,600	460	6,890	39,200
近 畿	90,400	79,700	18,400	26,800	130	34,400	10,700	140	580	10,000
中 国	128,300	80,200	28,500	11,000	30	40,600	48,200	1,520	2,600	44,000
四 国	59,600	26,400	6,080	5,940	x	14,300	33,200	460	4,670	28,000
九 州	952,500	856,100	352,800	213,600	1,630	288,000	96,500	880	12,400	83,200
沖 縄	81,900	81,900	28,100	940	x	52,900	40	−	x	x
（都 道 府 県）										
北 海 道	536,200	199,800	76,100	35,000	230	88,400	336,500	700	8,220	327,500
青 森	53,400	27,500	12,800	1,740	x	13,000	25,800	10	4,000	21,800
岩 手	91,000	72,000	37,800	7,750	20	26,500	19,000	20	3,930	15,000
宮 城	80,000	65,500	30,900	15,200	130	19,300	14,500	20	340	14,100
秋 田	19,300	18,100	8,430	2,290	x	7,370	1,220	x	770	430
山 形	40,900	40,100	6,040	12,200	x	21,800	740	50	240	450
福 島	50,500	39,200	18,800	8,670	x	11,700	11,400	x	3,900	7,450
茨 城	49,900	29,500	4,310	13,500	x	11,700	20,300	270	850	19,200
栃 木	82,400	40,800	14,000	6,960	210	19,600	41,600	30	7,580	34,000
群 馬	56,400	32,600	8,230	14,300	20	10,100	23,800	160	2,800	20,800
埼 玉	17,300	11,700	1,740	4,920	−	4,990	5,620	−	280	5,340
千 葉	40,000	9,020	2,060	2,200	30	4,740	31,000	190	3,240	27,600
東 京	630	620	250	310	−	x	x	x	−	−
神 奈 川	5,090	2,600	200	590	−	1,800	2,490	230	480	1,780
新 潟	11,500	5,300	1,660	1,430	−	2,220	6,150	x	1,180	4,960
富 山	3,600	2,130	770	470	x	890	1,470	−	x	1,370
石 川	3,850	3,560	730	1,960	240	640	290	40	−	250
福 井	2,170	1,450	290	650	20	490	710	20	300	390
山 梨	5,010	2,250	830	290	x	1,090	2,770	−	x	2,730
長 野	20,500	16,400	3,360	6,470	60	6,540	4,030	50	460	3,530
岐 阜	32,800	30,900	7,500	9,750	x	13,600	1,900	20	420	1,460
静 岡	19,200	7,450	620	4,230	−	2,600	11,700	x	1,140	10,600
愛 知	41,500	11,300	3,610	2,040	200	5,500	30,100	440	5,030	24,700
三 重	28,800	26,000	4,200	16,400	x	5,350	2,810	−	300	2,520
滋 賀	20,000	16,000	200	6,580	−	9,260	3,980	−	x	3,980
京 都	5,320	5,210	970	1,620	−	2,620	110	x	10	x
大 阪	850	600	−	440	−	x	x	−	x	x
兵 庫	57,300	51,300	15,200	16,900	x	19,100	5,960	20	550	5,390
奈 良	4,180	4,010	1,140	150	x	2,700	160	40	x	110
和 歌 山	2,750	2,490	880	1,120	x	480	260	x	x	180
鳥 取	20,700	12,100	3,130	2,410	−	6,550	8,610	−	x	8,520
島 根	32,900	29,500	10,900	1,160	20	17,500	3,400	470	x	2,930
岡 山	34,200	13,600	4,930	1,230	x	7,400	20,600	x	970	19,200
広 島	25,800	12,700	4,950	2,880	x	4,890	13,100	540	1,080	11,400
山 口	14,700	12,300	4,660	3,350	x	4,250	2,470	x	x	2,000
徳 島	22,700	8,940	1,580	2,340	−	5,020	13,800	110	4,260	9,400
香 川	20,900	7,090	1,500	1,410	x	4,170	13,800	280	350	13,200
愛 媛	9,990	5,300	1,540	1,470	−	2,300	4,690	x	60	4,600
高 知	5,990	5,080	1,460	730	x	2,840	920	50	−	870
福 岡	22,500	14,600	3,190	7,300	x	4,070	7,890	180	850	6,860
佐 賀	52,600	52,000	10,100	24,300	x	17,600	570	−	x	560
長 崎	90,600	76,800	42,600	20,700	x	13,300	13,800	x	710	13,100
熊 本	134,700	106,400	43,600	17,900	260	44,600	28,300	290	4,060	24,000
大 分	51,100	41,300	22,100	11,200	30	7,940	9,790	90	1,650	8,050
宮 崎	250,000	227,800	106,600	43,000	410	77,700	22,200	90	1,970	20,100
鹿 児 島	351,100	337,200	124,600	89,300	610	122,800	13,900	190	3,140	10,600
沖 縄	81,900	81,900	28,100	940	x	52,900	40	−	x	x
関 東 農 政 局	296,300	152,900	35,600	53,800	360	63,200	143,400	940	16,900	125,600
東 海 農 政 局	103,100	68,200	15,300	28,200	240	24,500	34,900	460	5,750	28,600
中国四国農政局	187,900	106,600	34,600	17,000	90	54,900	81,300	1,980	7,270	72,100

(1) 全国農業地域・都道府県別（続き）

　　ツ　肉用種月別出生頭数（めす・おす計）

全国農業地域・都道府県		計	令和元年 8月	9	10	11	12
全　　　　国	(1)	550,200	49,000	44,800	43,400	43,000	45,500
（全国農業地域）							
北　海　道	(2)	81,700	7,350	6,520	6,560	6,430	6,850
都　府　県	(3)	468,500	41,700	38,300	36,800	36,600	38,600
東　　　北	(4)	82,800	7,480	6,740	6,200	6,040	6,600
北　　　陸	(5)	3,430	310	280	260	290	300
関東・東山	(6)	37,400	3,270	2,950	2,980	2,990	3,160
東　　　海	(7)	14,500	1,280	1,140	1,150	1,190	1,250
近　　　畿	(8)	15,200	1,280	1,170	1,090	1,060	1,120
中　　　国	(9)	24,700	2,240	2,030	1,980	1,890	2,010
四　　　国	(10)	6,430	500	490	550	540	530
九　　　州	(11)	251,900	22,400	20,900	20,000	20,000	21,100
沖　　　縄	(12)	32,000	2,950	2,550	2,610	2,650	2,580
（都道府県）							
北　海　道	(13)	81,700	7,350	6,520	6,560	6,430	6,850
青　　　森	(14)	9,400	860	750	670	650	700
岩　　　手	(15)	28,900	2,680	2,320	2,110	1,980	2,150
宮　　　城	(16)	21,900	1,890	1,820	1,640	1,790	1,860
秋　　　田	(17)	5,660	500	450	480	360	450
山　　　形	(18)	4,960	440	380	370	350	430
福　　　島	(19)	12,000	1,110	1,010	940	900	1,010
茨　　　城	(20)	5,580	470	370	430	420	460
栃　　　木	(21)	13,600	1,200	1,170	1,090	1,120	1,120
群　　　馬	(22)	8,270	740	660	670	620	740
埼　　　玉	(23)	1,570	140	120	120	140	110
千　　　葉	(24)	3,490	290	280	290	290	290
東　　　京	(25)	130	20	10	10	10	10
神　奈　川	(26)	560	20	60	50	60	60
新　　　潟	(27)	1,590	150	130	110	140	120
富　　　山	(28)	710	60	50	70	40	70
石　　　川	(29)	840	70	80	60	80	90
福　　　井	(30)	290	30	30	20	20	20
山　　　梨	(31)	730	70	50	60	60	70
長　　　野	(32)	3,520	310	250	280	280	290
岐　　　阜	(33)	7,500	640	570	530	580	620
静　　　岡	(34)	1,190	110	100	120	120	100
愛　　　知	(35)	4,050	370	300	360	350	390
三　　　重	(36)	1,810	160	170	140	130	140
滋　　　賀	(37)	1,470	130	120	120	100	150
京　　　都	(38)	680	60	50	40	40	60
大　　　阪	(39)	60	0	0	10	10	10
兵　　　庫	(40)	11,900	1,000	890	820	830	800
奈　　　良	(41)	590	40	60	40	50	50
和　歌　山	(42)	550	50	50	50	50	60
鳥　　　取	(43)	3,530	370	290	290	270	240
島　　　根	(44)	8,150	710	630	600	630	730
岡　　　山	(45)	5,460	450	470	450	400	420
広　　　島	(46)	4,150	410	340	330	320	330
山　　　口	(47)	3,410	300	300	310	260	290
徳　　　島	(48)	1,830	150	140	160	150	160
香　　　川	(49)	1,750	150	140	160	160	140
愛　　　媛	(50)	1,270	80	90	110	120	110
高　　　知	(51)	1,580	120	120	120	120	120
福　　　岡	(52)	3,320	280	280	280	280	280
佐　　　賀	(53)	8,640	690	770	650	720	700
長　　　崎	(54)	25,000	2,160	2,000	1,890	1,990	2,090
熊　　　本	(55)	35,600	3,070	2,960	2,750	2,800	3,080
大　　　分	(56)	13,800	1,270	1,150	1,110	1,110	1,040
宮　　　崎	(57)	71,400	6,590	6,080	5,710	5,430	5,840
鹿　児　島	(58)	94,100	8,320	7,670	7,630	7,650	8,040
沖　　　縄	(59)	32,000	2,950	2,550	2,610	2,650	2,580
関東農政局	(60)	38,600	3,380	3,050	3,100	3,110	3,260
東海農政局	(61)	13,400	1,170	1,040	1,030	1,060	1,150
中国四国農政局	(62)	31,100	2,740	2,520	2,530	2,430	2,540

注：　この統計表は、集計期日（令和3年2月1日現在）において牛個体識別全国データベースにより得られた情報から、算出可能な期間
　　（令和元年8月から令和2年7月まで）の数値を整理したものである（以下テ及びトにおいて同じ。）。

単位：頭

令和2年 1月	2	3	4	5	6	7	
46,700	43,500	47,900	46,400	46,900	45,700	47,300	(1)
6,440	6,050	6,930	7,170	7,040	7,140	7,200	(2)
40,300	37,500	41,000	39,300	39,900	38,500	40,100	(3)
6,770	6,500	7,440	7,430	7,240	7,150	7,240	(4)
290	280	320	290	250	290	280	(5)
3,310	3,020	3,290	3,130	3,040	3,060	3,250	(6)
1,250	1,210	1,270	1,120	1,150	1,230	1,320	(7)
1,350	1,350	1,410	1,440	1,340	1,320	1,310	(8)
2,070	1,830	2,220	2,040	2,110	2,060	2,230	(9)
560	500	600	520	580	540	530	(10)
21,800	20,200	21,800	20,600	21,400	20,400	21,300	(11)
2,870	2,590	2,670	2,680	2,750	2,470	2,660	(12)
6,440	6,050	6,930	7,170	7,040	7,140	7,200	(13)
760	780	800	900	870	810	860	(14)
2,290	2,270	2,870	2,650	2,570	2,540	2,490	(15)
1,830	1,700	1,860	1,890	1,870	1,830	1,910	(16)
450	440	500	530	520	500	500	(17)
430	370	430	450	440	450	430	(18)
1,020	940	990	1,010	970	1,030	1,060	(19)
490	470	490	470	450	490	580	(20)
1,180	1,040	1,140	1,130	1,100	1,130	1,170	(21)
800	700	720	640	670	650	660	(22)
140	150	140	140	110	150	130	(23)
340	310	330	270	270	250	280	(24)
10	10	20	10	10	10	20	(25)
50	40	60	40	40	30	50	(26)
130	110	160	140	130	140	120	(27)
70	80	60	70	40	60	60	(28)
60	80	70	60	60	70	70	(29)
20	20	30	20	20	30	30	(30)
60	50	80	60	70	50	70	(31)
260	250	320	370	320	300	300	(32)
660	620	670	620	660	660	680	(33)
80	100	110	80	80	80	110	(34)
380	340	330	260	290	320	370	(35)
140	150	170	150	130	170	170	(36)
150	120	130	110	110	120	120	(37)
70	70	70	60	60	70	60	(38)
10	0	0	10	−	10	10	(39)
1,030	1,080	1,130	1,170	1,090	1,040	1,020	(40)
50	40	60	50	50	50	60	(41)
50	40	30	40	40	40	50	(42)
280	290	340	290	280	280	330	(43)
670	570	720	710	750	700	740	(44)
500	380	490	450	480	470	490	(45)
320	330	370	330	340	340	390	(46)
300	260	310	270	270	260	280	(47)
170	140	170	150	170	130	130	(48)
140	130	150	140	150	150	150	(49)
100	100	130	100	120	120	100	(50)
150	130	150	120	140	150	140	(51)
330	280	280	250	280	240	260	(52)
800	680	790	750	730	700	650	(53)
2,250	2,070	2,260	2,150	2,100	2,000	2,070	(54)
3,150	2,820	3,160	2,990	2,870	2,950	3,020	(55)
1,190	1,060	1,170	1,190	1,230	1,160	1,110	(56)
5,960	5,730	6,060	5,850	6,190	5,840	6,140	(57)
8,130	7,570	8,050	7,440	8,030	7,530	8,040	(58)
2,870	2,590	2,670	2,680	2,750	2,470	2,660	(59)
3,390	3,120	3,400	3,210	3,120	3,130	3,350	(60)
1,170	1,110	1,170	1,030	1,070	1,150	1,220	(61)
2,630	2,330	2,820	2,560	2,690	2,600	2,760	(62)

(1) 全国農業地域・都道府県別（続き）

テ 肉用種月別出生頭数（めす）

全国農業地域 ・ 都 道 府 県		計	令和元年 8月	9	10	11	12
全 国	(1)	262,000	23,500	21,400	20,600	20,100	21,700
（全国農業地域）							
北 海 道	(2)	38,300	3,400	3,120	3,060	2,900	3,240
都 府 県	(3)	223,700	20,100	18,300	17,500	17,200	18,400
東 北	(4)	39,000	3,610	3,140	2,920	2,830	3,080
北 陸	(5)	1,610	130	140	110	140	140
関 東・東 山	(6)	17,600	1,550	1,390	1,370	1,380	1,470
東 海	(7)	6,670	580	550	520	510	580
近 畿	(8)	7,410	630	570	530	510	560
中 国	(9)	11,700	1,070	990	960	890	960
四 国	(10)	3,050	210	220	260	260	260
九 州	(11)	121,500	10,900	10,100	9,620	9,410	10,200
沖 縄	(12)	15,100	1,400	1,210	1,230	1,230	1,220
（都道府県）							
北 海 道	(13)	38,300	3,400	3,120	3,060	2,900	3,240
青 森	(14)	4,360	440	340	310	300	300
岩 手	(15)	13,600	1,280	1,090	1,000	920	990
宮 城	(16)	10,300	910	840	760	830	880
秋 田	(17)	2,640	240	200	240	170	210
山 形	(18)	2,400	220	180	180	180	210
福 島	(19)	5,690	530	490	420	440	490
茨 城	(20)	2,730	240	190	220	200	230
栃 木	(21)	6,380	580	560	490	510	540
群 馬	(22)	3,790	340	280	290	290	300
埼 玉	(23)	740	70	50	60	70	50
千 葉	(24)	1,530	130	130	130	120	120
東 京	(25)	70	20	0	10	0	10
神 奈 川	(26)	250	10	30	20	20	30
新 潟	(27)	740	70	60	50	70	60
富 山	(28)	340	20	30	30	10	40
石 川	(29)	410	30	50	30	40	40
福 井	(30)	130	10	20	10	10	10
山 梨	(31)	360	30	20	30	30	40
長 野	(32)	1,700	140	140	120	140	140
岐 阜	(33)	3,520	300	280	250	250	290
静 岡	(34)	520	50	50	50	50	50
愛 知	(35)	1,690	140	110	160	140	170
三 重	(36)	950	90	110	70	60	70
滋 賀	(37)	690	60	50	60	50	70
京 都	(38)	330	20	20	20	20	30
大 阪	(39)	30	0	0	0	-	10
兵 庫	(40)	5,820	500	430	410	400	390
奈 良	(41)	260	20	30	20	20	30
和 歌 山	(42)	280	30	30	30	30	30
鳥 取	(43)	1,700	170	150	140	130	110
島 根	(44)	3,880	330	310	280	300	340
岡 山	(45)	2,520	220	230	220	190	180
広 島	(46)	1,990	210	160	170	150	170
山 口	(47)	1,620	150	140	140	130	150
徳 島	(48)	880	60	60	70	90	90
香 川	(49)	810	70	60	80	80	70
愛 媛	(50)	600	40	50	50	50	50
高 知	(51)	760	50	50	60	50	50
福 岡	(52)	1,540	150	130	130	130	140
佐 賀	(53)	4,290	360	400	320	360	340
長 崎	(54)	12,000	1,060	960	880	890	1,010
熊 本	(55)	16,400	1,410	1,340	1,330	1,250	1,360
大 分	(56)	6,610	630	590	510	540	510
宮 崎	(57)	34,500	3,180	2,940	2,760	2,580	2,870
鹿 児 島	(58)	46,200	4,150	3,740	3,700	3,660	3,940
沖 縄	(59)	15,100	1,400	1,210	1,230	1,230	1,220
関 東 農 政 局	(60)	18,100	1,600	1,440	1,410	1,430	1,520
東 海 農 政 局	(61)	6,150	530	500	480	460	530
中国四国農政局	(62)	14,800	1,280	1,210	1,210	1,160	1,220

単位：頭

令和2年 1月	2	3	4	5	6	7	
22,200	20,800	23,000	22,100	22,300	21,700	22,600	(1)
3,030	2,800	3,310	3,440	3,330	3,350	3,370	(2)
19,100	18,000	19,700	18,700	19,000	18,400	19,200	(3)
3,190	3,140	3,550	3,470	3,310	3,370	3,450	(4)
140	120	150	140	130	150	130	(5)
1,520	1,440	1,570	1,480	1,420	1,420	1,540	(6)
560	540	570	510	550	570	630	(7)
700	660	690	720	620	630	610	(8)
940	850	1,050	940	1,030	1,020	1,030	(9)
270	260	290	250	270	250	260	(10)
10,500	9,850	10,600	9,900	10,300	9,810	10,400	(11)
1,360	1,190	1,260	1,280	1,340	1,190	1,240	(12)
3,030	2,800	3,310	3,440	3,330	3,350	3,370	(13)
350	360	370	420	400	370	410	(14)
1,080	1,110	1,380	1,220	1,190	1,210	1,190	(15)
870	830	900	880	870	840	910	(16)
200	200	230	240	230	240	230	(17)
210	170	200	230	190	210	210	(18)
480	470	460	480	430	500	500	(19)
230	260	220	240	220	220	260	(20)
520	490	560	530	510	550	550	(21)
380	330	360	300	300	310	320	(22)
60	70	70	70	60	60	60	(23)
160	130	130	110	120	110	140	(24)
0	0	10	0	0	10	10	(25)
20	20	30	20	20	20	30	(26)
60	50	80	60	70	60	50	(27)
30	30	30	30	20	30	30	(28)
30	40	30	30	30	40	40	(29)
10	10	20	10	10	20	10	(30)
30	20	30	30	40	20	30	(31)
120	120	170	170	150	140	140	(32)
290	270	320	280	330	310	340	(33)
40	50	40	40	40	30	50	(34)
160	150	130	120	110	150	140	(35)
70	70	90	70	70	80	100	(36)
70	60	70	50	50	70	50	(37)
40	30	30	40	30	30	20	(38)
0	-	0	0	-	0	10	(39)
550	530	550	600	500	480	480	(40)
20	20	30	20	20	20	30	(41)
30	20	20	20	20	20	20	(42)
140	130	150	140	150	150	160	(43)
290	280	350	330	380	350	330	(44)
210	170	240	210	210	230	220	(45)
150	160	160	140	170	170	180	(46)
150	110	150	120	130	120	150	(47)
80	70	90	70	70	60	70	(48)
70	70	60	80	70	60	60	(49)
50	40	60	50	60	50	50	(50)
70	70	70	50	80	70	80	(51)
160	130	130	100	120	100	130	(52)
360	360	380	390	370	320	330	(53)
1,060	990	1,060	1,030	1,010	990	1,020	(54)
1,450	1,320	1,510	1,380	1,340	1,340	1,380	(55)
560	520	550	570	570	540	540	(56)
2,900	2,780	2,950	2,820	2,990	2,770	2,970	(57)
3,980	3,750	3,980	3,610	3,950	3,750	3,990	(58)
1,360	1,190	1,260	1,280	1,340	1,190	1,240	(59)
1,560	1,490	1,620	1,510	1,450	1,450	1,590	(60)
520	500	530	470	520	540	580	(61)
1,210	1,100	1,340	1,190	1,300	1,260	1,290	(62)

(1) 全国農業地域・都道府県別 (続き)

ト 肉用種月別出生頭数 (おす)

全国農業地域 ・ 都 道 府 県		計	令和元年 8月	9	10	11	12
全 国	(1)	288,200	25,500	23,400	22,800	23,000	23,800
(全国農業地域)							
北 海 道	(2)	43,300	3,960	3,400	3,500	3,530	3,610
都 府 県	(3)	244,900	21,600	20,000	19,300	19,500	20,200
東 北	(4)	43,800	3,870	3,600	3,280	3,210	3,520
北 陸	(5)	1,820	170	140	150	150	160
関 東 ・ 東 山	(6)	19,900	1,720	1,560	1,610	1,610	1,690
東 海	(7)	7,870	700	590	630	670	670
近 畿	(8)	7,830	650	600	560	560	560
中 国	(9)	13,000	1,170	1,040	1,030	990	1,050
四 国	(10)	3,390	290	270	290	280	270
九 州	(11)	130,400	11,400	10,800	10,400	10,600	10,900
沖 縄	(12)	16,900	1,550	1,340	1,390	1,430	1,370
(都 道 府 県)							
北 海 道	(13)	43,300	3,960	3,400	3,500	3,530	3,610
青 森	(14)	5,040	430	410	360	350	400
岩 手	(15)	15,300	1,410	1,230	1,110	1,060	1,160
宮 城	(16)	11,600	980	990	890	960	980
秋 田	(17)	3,020	260	250	230	190	240
山 形	(18)	2,560	220	200	180	180	230
福 島	(19)	6,300	580	520	510	470	520
茨 城	(20)	2,850	230	180	210	220	230
栃 木	(21)	7,220	630	620	600	610	580
群 馬	(22)	4,480	400	380	380	330	440
埼 玉	(23)	830	70	70	60	80	60
千 葉	(24)	1,960	170	150	150	170	170
東 京	(25)	60	10	0	0	10	0
神 奈 川	(26)	310	10	30	30	30	30
新 潟	(27)	850	80	70	70	70	60
富 山	(28)	380	40	20	40	30	30
石 川	(29)	430	40	30	40	40	50
福 井	(30)	160	20	10	10	10	10
山 梨	(31)	370	30	30	30	30	30
長 野	(32)	1,820	170	110	160	140	150
岐 阜	(33)	3,980	340	290	290	330	330
静 岡	(34)	660	60	50	70	70	50
愛 知	(35)	2,360	230	190	200	200	220
三 重	(36)	870	80	60	70	70	70
滋 賀	(37)	770	70	70	60	50	80
京 都	(38)	350	40	20	20	20	30
大 阪	(39)	40	-	0	0	10	0
兵 庫	(40)	6,080	500	450	410	430	400
奈 良	(41)	330	30	30	30	30	20
和 歌 山	(42)	270	20	30	30	20	30
鳥 取	(43)	1,830	200	130	160	140	120
島 根	(44)	4,270	370	320	320	330	390
岡 山	(45)	2,940	240	240	230	210	240
広 島	(46)	2,160	210	170	160	180	160
山 口	(47)	1,790	150	160	170	140	140
徳 島	(48)	950	90	80	90	60	80
香 川	(49)	940	80	80	80	80	80
愛 媛	(50)	670	50	50	60	70	50
高 知	(51)	830	70	70	60	70	60
福 岡	(52)	1,790	140	160	150	160	140
佐 賀	(53)	4,340	330	380	330	360	360
長 崎	(54)	13,100	1,110	1,040	1,020	1,100	1,080
熊 本	(55)	19,200	1,650	1,620	1,420	1,550	1,730
大 分	(56)	7,180	640	570	600	560	530
宮 崎	(57)	36,900	3,420	3,150	2,950	2,850	2,970
鹿 児 島	(58)	47,900	4,170	3,930	3,940	3,990	4,090
沖 縄	(59)	16,900	1,550	1,340	1,390	1,430	1,370
関 東 農 政 局	(60)	20,500	1,780	1,610	1,680	1,680	1,740
東 海 農 政 局	(61)	7,210	640	540	560	600	620
中国四国農政局	(62)	16,400	1,460	1,310	1,320	1,280	1,320

単位：頭

令和2年1月	2	3	4	5	6	7	
24,600	22,700	24,900	24,300	24,600	23,900	24,700	(1)
3,420	3,260	3,630	3,730	3,700	3,790	3,830	(2)
21,100	19,400	21,300	20,600	20,900	20,200	20,900	(3)
3,580	3,360	3,890	3,950	3,940	3,780	3,800	(4)
150	160	160	160	120	150	160	(5)
1,780	1,580	1,720	1,650	1,620	1,630	1,710	(6)
690	670	700	610	590	670	690	(7)
650	690	720	720	730	700	700	(8)
1,130	990	1,170	1,100	1,080	1,040	1,200	(9)
290	240	310	270	310	300	270	(10)
11,400	10,300	11,200	10,700	11,100	10,600	10,900	(11)
1,510	1,400	1,420	1,400	1,410	1,280	1,420	(12)
3,420	3,260	3,630	3,730	3,700	3,790	3,830	(13)
410	420	420	480	470	440	450	(14)
1,210	1,160	1,490	1,420	1,390	1,330	1,310	(15)
960	880	960	1,010	1,000	990	1,000	(16)
250	240	260	300	290	260	270	(17)
220	200	220	220	250	230	210	(18)
540	470	530	530	540	530	560	(19)
250	210	260	230	230	270	310	(20)
660	550	580	600	590	590	620	(21)
420	370	370	340	370	350	350	(22)
80	80	70	70	60	80	70	(23)
190	180	200	160	150	150	140	(24)
0	10	0	0	10	0	10	(25)
30	20	40	20	20	20	20	(26)
70	60	80	80	60	80	70	(27)
30	40	30	40	20	30	30	(28)
40	40	40	30	30	30	40	(29)
10	10	20	10	10	10	20	(30)
30	30	40	30	30	30	40	(31)
140	130	150	200	160	150	150	(32)
360	340	350	330	320	360	340	(33)
50	50	70	50	40	50	60	(34)
220	190	200	150	170	180	220	(35)
60	80	80	80	60	80	80	(36)
80	60	60	60	60	60	70	(37)
40	40	40	30	20	30	30	(38)
0	0	−	0	−	0	10	(39)
490	550	580	570	590	560	540	(40)
30	20	30	30	30	30	30	(41)
20	20	10	20	20	20	30	(42)
150	170	190	150	130	130	170	(43)
380	290	370	380	370	350	410	(44)
290	220	250	240	260	240	280	(45)
160	170	210	190	170	180	210	(46)
160	150	160	150	150	150	130	(47)
90	70	80	80	90	70	60	(48)
70	60	80	70	80	90	90	(49)
50	60	70	50	60	60	50	(50)
80	60	80	70	70	70	70	(51)
180	150	150	150	150	140	130	(52)
440	320	410	370	360	380	320	(53)
1,190	1,080	1,200	1,120	1,090	1,020	1,050	(54)
1,700	1,500	1,650	1,610	1,530	1,610	1,630	(55)
640	540	620	630	670	610	570	(56)
3,060	2,950	3,120	3,030	3,200	3,070	3,170	(57)
4,160	3,810	4,070	3,830	4,080	3,780	4,050	(58)
1,510	1,400	1,420	1,400	1,410	1,280	1,420	(59)
1,830	1,630	1,780	1,700	1,660	1,680	1,760	(60)
640	610	630	560	560	620	640	(61)
1,420	1,230	1,480	1,370	1,390	1,340	1,470	(62)

82 肉 用 牛

(2) 肉用牛飼養者の飼料作物作付実面積（全国、北海道、都府県）

単位：ha

区　　分	飼　料　作　物 作　付　実　面　積
全　　　国	192,400
北　海　道	84,800
都　府　県	107,700

(3) 全国農業地域別・飼養頭数規模別

ア 飼養状態別飼養戸数 (子取り用めす牛飼養頭数規模別)

単位:戸

区　　　分	計	肉　用　種　飼　養						乳用種飼養
		小　計	子牛生産	肥育用牛飼養	育成牛飼養	その他の飼養		
全　　　　　国	42,100	39,900	32,300	3,010	135	4,530		2,110
小　　　　　計	36,900	36,600	32,300	-	-	4,280		376
1 ～ 4 頭	14,500	14,300	13,800	-	-	465		159
5 ～ 9	8,330	8,260	7,700	-	-	561		63
10 ～ 19	6,670	6,610	5,780	-	-	826		64
20 ～ 49	5,460	5,410	4,060	-	-	1,350		55
50 ～ 99	1,470	1,450	751	-	-	698		19
100 頭 以 上	549	533	153	-	-	380		16
子 取 り 用 めす牛なし	5,130	3,390	-	3,010	135	250		1,740
北　海　道	2,270	1,880	1,430	74	16	362		392
小　　　　　計	1,860	1,780	1,430	-	-	353		76
1 ～ 4 頭	229	200	188	-	-	12		29
5 ～ 9	234	223	205	-	-	18		11
10 ～ 19	406	396	345	-	-	51		10
20 ～ 49	668	655	533	-	-	122		13
50 ～ 99	220	214	120	-	-	94		6
100 頭 以 上	100	93	37	-	-	56		7
子 取 り 用 めす牛なし	415	99	-	74	16	9		316
都　府　県	39,800	38,100	30,800	2,930	119	4,170		1,720
小　　　　　計	35,100	34,800	30,800	-	-	3,930		300
1 ～ 4 頭	14,200	14,100	13,600	-	-	453		130
5 ～ 9	8,090	8,040	7,500	-	-	543		52
10 ～ 19	6,260	6,210	5,430	-	-	775		54
20 ～ 49	4,800	4,750	3,530	-	-	1,230		42
50 ～ 99	1,250	1,240	631	-	-	604		13
100 頭 以 上	449	440	116	-	-	324		9
子 取 り 用 めす牛なし	4,710	3,290	-	2,930	119	241		1,420
東　　　　　北	10,500	10,300	8,610	840	19	845		229
小　　　　　計	9,430	9,390	8,610	-	-	779		45
1 ～ 4 頭	4,800	4,790	4,660	-	-	129		17
5 ～ 9	2,230	2,220	2,070	-	-	159		8
10 ～ 19	1,420	1,410	1,240	-	-	169		7
20 ～ 49	786	781	580	-	-	201		5
50 ～ 99	148	144	58	-	-	86		4
100 頭 以 上	45	41	6	-	-	35		4
子 取 り 用 めす牛なし	1,110	925	-	840	19	66		184
北　　　　　陸	339	288	144	58	23	63		51
小　　　　　計	206	197	144	-	-	53		9
1 ～ 4 頭	88	83	72	-	-	11		5
5 ～ 9	42	41	28	-	-	13		1
10 ～ 19	41	39	22	-	-	17		2
20 ～ 49	24	23	16	-	-	7		1
50 ～ 99	9	9	5	-	-	4		-
100 頭 以 上	2	2	1	-	-	1		-
子 取 り 用 めす牛なし	133	91	-	58	23	10		42

単位:戸

区　分	計	肉　用　種　飼　養					乳用種飼養
		小　計	子牛生産	肥育用牛飼養	育成牛飼養	その他の飼養	
関 東 ・ 東 山	2,660	2,170	1,380	396	17	377	494
小　　　　計	1,820	1,740	1,380	－	－	364	76
1 ～ 4 頭	562	529	487	－	－	42	33
5 ～ 9	386	371	316	－	－	55	15
10 ～ 19	389	376	296	－	－	80	13
20 ～ 49	373	362	234	－	－	128	11
50 ～ 99	83	81	39	－	－	42	2
100 頭 以 上	23	21	4	－	－	17	2
子 取 り 用	844	426	－	396	17	13	418
め す 牛 な し							
東　　　　海	1,060	797	395	234	15	153	267
小　　　　計	567	540	395	－	－	145	27
1 ～ 4 頭	156	143	132	－	－	11	13
5 ～ 9	97	92	73	－	－	19	5
10 ～ 19	117	113	87	－	－	26	4
20 ～ 49	133	129	82	－	－	47	4
50 ～ 99	51	50	19	－	－	31	1
100 頭 以 上	13	13	2	－	－	11	－
子 取 り 用	497	257	－	234	15	8	240
め す 牛 な し							
近　　　　畿	1,450	1,370	1,030	171	3	168	76
小　　　　計	1,210	1,190	1,030	－	－	162	12
1 ～ 4 頭	472	466	454	－	－	12	6
5 ～ 9	308	304	285	－	－	19	4
10 ～ 19	218	218	184	－	－	34	－
20 ～ 49	151	149	96	－	－	53	2
50 ～ 99	40	40	10	－	－	30	－
100 頭 以 上	17	17	3	－	－	14	－
子 取 り 用	244	180	－	171	3	6	64
め す 牛 な し							
中　　　　国	2,310	2,180	1,840	109	9	221	128
小　　　　計	2,090	2,050	1,840	－	－	202	42
1 ～ 4 頭	1,060	1,050	1,030	－	－	21	15
5 ～ 9	420	415	392	－	－	23	5
10 ～ 19	279	271	238	－	－	33	8
20 ～ 49	233	224	153	－	－	71	9
50 ～ 99	67	63	27	－	－	36	4
100 頭 以 上	26	25	7	－	－	18	1
子 取 り 用	223	137	－	109	9	19	86
め す 牛 な し							
四　　　　国	644	497	296	80	2	119	147
小　　　　計	436	412	296	－	－	116	24
1 ～ 4 頭	138	127	112	－	－	15	11
5 ～ 9	96	90	62	－	－	28	6
10 ～ 19	98	94	70	－	－	24	4
20 ～ 49	82	80	45	－	－	35	2
50 ～ 99	15	14	6	－	－	8	1
100 頭 以 上	7	7	1	－	－	6	－
子 取 り 用	208	85	－	80	2	3	123
め す 牛 な し							

(3) 全国農業地域別・飼養頭数規模別 (続き)

　　ア　飼養状態別飼養戸数 (子取り用めす牛飼養頭数規模別) (続き)

単位:戸

区　　　分	計	肉　用　種　飼　養						乳用種飼養
		小　計	子牛生産	肥育用牛飼養	育成牛飼養	その他の飼養		
九　　　　州	18,500	18,200	15,700	991	29	1,490		324
小　　　　計	17,100	17,100	15,700	-	-	1,380		64
1 ～ 4 頭	6,380	6,350	6,200	-	-	153		29
5 ～ 9	4,020	4,010	3,880	-	-	135		8
10 ～ 19	3,150	3,130	2,930	-	-	201		16
20 ～ 49	2,580	2,580	2,150	-	-	426		8
50 ～ 99	724	723	449	-	-	274		1
100 頭 以 上	281	279	90	-	-	189		2
子 取 り 用めす牛なし	1,390	1,130	-	991	29	109		260
沖　　　　縄	2,250	2,240	1,450	54	2	735		3
小　　　　計	2,180	2,180	1,450	-	-	728		1
1 ～ 4 頭	561	560	501	-	-	59		1
5 ～ 9	491	491	399	-	-	92		-
10 ～ 19	553	553	362	-	-	191		-
20 ～ 49	429	429	169	-	-	260		-
50 ～ 99	111	111	18	-	-	93		-
100 頭 以 上	35	35	2	-	-	33		-
子 取 り 用めす牛なし	65	63	-	54	2	7		2
関 東 農 政 局	2,770	2,230	1,400	424	17	393		541
小　　　　計	1,860	1,780	1,400	-	-	379		79
1 ～ 4 頭	572	537	494	-	-	43		35
5 ～ 9	388	373	317	-	-	56		15
10 ～ 19	401	388	305	-	-	83		13
20 ～ 49	385	373	238	-	-	135		12
50 ～ 99	86	84	39	-	-	45		2
100 頭 以 上	23	21	4	-	-	17		2
子 取 り 用めす牛なし	917	455	-	424	17	14		462
東 海 農 政 局	952	732	374	206	15	137		220
小　　　　計	528	504	374	-	-	130		24
1 ～ 4 頭	146	135	125	-	-	10		11
5 ～ 9	95	90	72	-	-	18		5
10 ～ 19	105	101	78	-	-	23		4
20 ～ 49	121	118	78	-	-	40		3
50 ～ 99	48	47	19	-	-	28		1
100 頭 以 上	13	13	2	-	-	11		-
子 取 り 用めす牛なし	424	228	-	206	15	7		196
中 国 四 国 農 政 局	2,950	2,680	2,140	189	11	340		275
小　　　　計	2,520	2,460	2,140	-	-	318		66
1 ～ 4 頭	1,200	1,170	1,140	-	-	36		26
5 ～ 9	516	505	454	-	-	51		11
10 ～ 19	377	365	308	-	-	57		12
20 ～ 49	315	304	198	-	-	106		11
50 ～ 99	82	77	33	-	-	44		5
100 頭 以 上	33	32	8	-	-	24		1
子 取 り 用めす牛なし	431	222	-	189	11	22		209

イ　飼養状態別飼養頭数（子取り用めす牛飼養頭数規模別）

単位：頭

| 区　　分 | 計 | 肉　用　種　飼　養 | | | | | 乳用種飼養 |
		小　計	子牛生産	肥育用牛飼養	育成牛飼養	その他の飼養	
全　　　　国	2,605,000	1,820,000	679,200	427,700	3,140	710,000	784,500
小　　　　計	1,578,000	1,389,000	679,200	－	－	709,600	189,600
1 ～ 4 頭	134,600	109,400	68,500	－	－	40,900	25,200
5 ～ 9	144,400	123,400	94,900	－	－	28,500	21,000
10 ～ 19	241,300	210,400	146,200	－	－	64,200	30,900
20 ～ 49	414,200	371,900	225,800	－	－	146,000	42,400
50 ～ 99	251,300	233,500	90,800	－	－	142,700	17,800
100 頭 以 上	392,500	340,200	52,800	－	－	287,300	52,400
子 取 り 用 めす牛なし	1,026,000	431,300	－	427,700	3,140	440	594,900
北　海　道	536,200	199,800	76,100	35,000	230	88,400	336,500
小　　　　計	237,600	164,500	76,100	－	－	88,400	73,100
1 ～ 4 頭	6,350	1,830	1,370	－	－	460	4,530
5 ～ 9	11,400	3,410	2,880	－	－	530	8,000
10 ～ 19	25,000	15,900	9,540	－	－	6,320	9,090
20 ～ 49	65,200	44,200	32,800	－	－	11,400	20,900
50 ～ 99	38,000	32,100	15,600	－	－	16,500	5,920
100 頭 以 上	91,800	67,100	14,000	－	－	53,100	24,700
子 取 り 用 めす牛なし	298,600	35,300	－	35,000	230	10	263,300
都　府　県	2,068,000	1,620,000	603,100	392,700	2,910	621,600	448,100
小　　　　計	1,341,000	1,224,000	603,100	－	－	621,200	116,400
1 ～ 4 頭	128,300	107,600	67,200	－	－	40,400	20,700
5 ～ 9	133,000	120,000	92,000	－	－	28,000	13,000
10 ～ 19	216,400	194,600	136,700	－	－	57,900	21,800
20 ～ 49	349,100	327,600	193,000	－	－	134,600	21,400
50 ～ 99	213,300	201,400	75,300	－	－	126,200	11,800
100 頭 以 上	300,700	273,100	38,900	－	－	234,200	27,700
子 取 り 用 めす牛なし	727,600	396,000	－	392,700	2,910	420	331,600
東　　　　北	335,100	262,500	114,800	47,900	210	99,600	72,600
小　　　　計	239,700	214,300	114,800	－	－	99,500	25,400
1 ～ 4 頭	30,300	27,900	19,700	－	－	8,250	2,400
5 ～ 9	34,000	31,600	24,700	－	－	6,900	2,350
10 ～ 19	45,600	44,200	31,000	－	－	13,200	1,360
20 ～ 49	56,400	53,000	30,100	－	－	22,900	3,440
50 ～ 99	30,300	25,300	7,020	－	－	18,300	4,980
100 頭 以 上	43,100	32,200	2,190	－	－	30,000	10,900
子 取 り 用 めす牛なし	95,400	48,200	－	47,900	210	90	47,300
北　　　　陸	21,100	12,500	3,450	4,510	260	4,230	8,630
小　　　　計	9,030	7,660	3,450	－	－	4,210	1,370
1 ～ 4 頭	1,640	890	410	－	－	480	750
5 ～ 9	1,100	1,050	360	－	－	700	x
10 ～ 19	1,760	1,510	660	－	－	850	x
20 ～ 49	2,320	1,990	1,010	－	－	980	x
50 ～ 99	1,410	1,410	580	－	－	830	－
100 頭 以 上	x	x	x	－	－	x	－
子 取 り 用 めす牛なし	12,000	4,790	－	4,510	260	20	7,250

注：　この統計表の飼養頭数は、飼養者が飼養している全ての肉用牛（肉用種（子取り用めす牛、肥育用牛及び育成牛）及び乳用種（交雑種及びホルスタイン種他））の頭数である（以下エ、カ及びクにおいて同じ。）。

(3) 全国農業地域別・飼養頭数規模別（続き）

　　イ　飼養状態別飼養頭数（子取り用めす牛飼養頭数規模別）（続き）

単位:頭

区　　分	計	肉　用　種　飼　養					乳用種飼養
		小　計	子牛生産	肥育用牛飼養	育成牛飼養	その他の飼養	
関 東 ・ 東 山	277,200	145,500	35,000	49,500	360	60,600	131,700
小　　　　　計	125,500	95,500	35,000	-	-	60,500	30,000
1 ～ 4 頭	14,300	8,390	3,290	-	-	5,100	5,890
5 ～ 9	10,700	7,180	4,250	-	-	2,930	3,550
10 ～ 19	22,000	15,500	7,790	-	-	7,680	6,540
20 ～ 49	36,700	32,300	13,300	-	-	18,900	4,480
50 ～ 99	15,700	14,300	4,870	-	-	9,400	x
100 頭 以 上	26,100	18,000	1,460	-	-	16,500	x
子 取 り 用めす牛なし	151,700	50,000	-	49,500	360	70	101,700
東　　　　海	122,200	75,700	15,900	32,500	240	27,100	46,600
小　　　　　計	49,900	43,000	15,900	-	-	27,100	6,960
1 ～ 4 頭	6,890	4,290	3,750	-	-	540	2,590
5 ～ 9	5,060	3,970	1,880	-	-	2,090	1,090
10 ～ 19	5,950	4,330	2,600	-	-	1,730	1,620
20 ～ 49	13,300	12,100	4,860	-	-	7,290	1,130
50 ～ 99	11,200	10,700	2,070	-	-	8,640	x
100 頭 以 上	7,530	7,530	x	-	-	6,770	-
子 取 り 用めす牛なし	72,300	32,700	-	32,500	240	10	39,600
近　　　　畿	90,400	79,700	18,400	26,800	130	34,400	10,700
小　　　　　計	55,600	52,800	18,400	-	-	34,300	2,770
1 ～ 4 頭	9,060	7,780	4,140	-	-	3,650	1,280
5 ～ 9	7,030	6,120	3,380	-	-	2,740	910
10 ～ 19	7,290	7,290	4,200	-	-	3,090	-
20 ～ 49	10,900	10,300	4,720	-	-	5,560	x
50 ～ 99	10,100	10,100	1,160	-	-	8,920	-
100 頭 以 上	11,200	11,200	830	-	-	10,400	-
子 取 り 用めす牛なし	34,900	26,900	-	26,800	130	20	7,950
中　　　　国	128,300	80,200	28,500	11,000	30	40,600	48,200
小　　　　　計	91,900	69,100	28,500	-	-	40,500	22,900
1 ～ 4 頭	11,200	8,840	4,180	-	-	4,670	2,330
5 ～ 9	6,600	5,500	4,900	-	-	600	1,100
10 ～ 19	11,700	7,650	5,890	-	-	1,770	4,060
20 ～ 49	23,900	18,000	8,150	-	-	9,830	5,880
50 ～ 99	12,300	9,700	3,250	-	-	6,450	2,570
100 頭 以 上	26,300	19,400	2,170	-	-	17,200	x
子 取 り 用めす牛なし	36,400	11,100	-	11,000	30	30	25,300
四　　　　国	59,600	26,400	6,080	5,940	x	14,300	33,200
小　　　　　計	25,300	20,400	6,080	-	-	14,300	4,850
1 ～ 4 頭	2,430	2,000	520	-	-	1,480	430
5 ～ 9	4,290	1,900	720	-	-	1,180	2,390
10 ～ 19	4,770	3,550	1,640	-	-	1,920	1,220
20 ～ 49	6,700	6,250	2,230	-	-	4,020	x
50 ～ 99	2,730	2,380	710	-	-	1,670	x
100 頭 以 上	4,330	4,330	x	-	-	4,070	-
子 取 り 用めす牛なし	34,300	6,000	-	5,940	x	10	28,300

単位:頭

| 区　　　分 | 計 | 肉　用　種　飼　養 | | | | | 乳用種飼養 |
		小　計	子牛生産	肥育用牛飼養	育成牛飼養	その他の飼養	
九　　　　州	952,500	856,100	352,800	213,600	1,630	288,000	96,500
小　　　　計	662,900	640,600	352,800	－	－	287,800	22,200
1 ～ 4 頭	49,300	44,300	28,800	－	－	15,500	4,980
5 ～ 9	57,800	56,200	46,900	－	－	9,310	1,560
10 ～ 19	102,500	95,700	73,900	－	－	21,900	6,770
20 ～ 49	173,000	167,800	119,800	－	－	48,000	5,150
50 ～ 99	114,300	112,300	53,400	－	－	58,900	x
100 頭 以 上	166,000	164,200	30,100	－	－	134,100	x
子 取 り 用	289,700	215,400	－	213,600	1,630	170	74,200
め す 牛 な し							
沖　　　　縄	81,900	81,900	28,100	940	x	52,900	40
小　　　　計	81,000	80,900	28,100	－	－	52,900	x
1 ～ 4 頭	3,110	3,080	2,370	－	－	710	x
5 ～ 9	6,380	6,380	4,860	－	－	1,520	－
10 ～ 19	14,800	14,800	9,020	－	－	5,800	－
20 ～ 49	25,900	25,900	8,870	－	－	17,100	－
50 ～ 99	15,300	15,300	2,240	－	－	13,100	－
100 頭 以 上	15,400	15,400	x	－	－	14,700	－
子 取 り 用	970	960	－	940	x	10	x
め す 牛 な し							
関 東 農 政 局	296,300	152,900	35,600	53,800	360	63,200	143,400
小　　　　計	130,200	98,800	35,600	－	－	63,100	31,500
1 ～ 4 頭	15,500	8,430	3,330	－	－	5,100	7,060
5 ～ 9	10,800	7,210	4,270	－	－	2,940	3,550
10 ～ 19	22,500	16,000	8,150	－	－	7,820	6,540
20 ～ 49	38,300	33,500	13,500	－	－	19,900	4,810
50 ～ 99	17,100	15,700	4,870	－	－	10,800	x
100 頭 以 上	26,100	18,000	1,460	－	－	16,500	x
子 取 り 用	166,100	54,200	－	53,800	360	70	111,900
め す 牛 な し							
東 海 農 政 局	103,100	68,200	15,300	28,200	240	24,500	34,900
小　　　　計	45,200	39,800	15,300	－	－	24,500	5,460
1 ～ 4 頭	5,680	4,250	3,720	－	－	540	1,420
5 ～ 9	5,030	3,940	1,870	－	－	2,070	1,090
10 ～ 19	5,450	3,830	2,240	－	－	1,590	1,620
20 ～ 49	11,700	10,900	4,650	－	－	6,270	800
50 ～ 99	9,820	9,280	2,070	－	－	7,210	x
100 頭 以 上	7,530	7,530	x	－	－	6,770	－
子 取 り 用	57,900	28,500	－	28,200	240	10	29,400
め す 牛 な し							
中 国 四 国 農 政 局	187,900	106,600	34,600	17,000	90	54,900	81,300
小　　　　計	117,200	89,500	34,600	－	－	54,900	27,700
1 ～ 4 頭	13,600	10,800	4,700	－	－	6,150	2,770
5 ～ 9	10,900	7,400	5,620	－	－	1,780	3,490
10 ～ 19	16,500	11,200	7,520	－	－	3,680	5,280
20 ～ 49	30,600	24,200	10,400	－	－	13,900	6,330
50 ～ 99	15,000	12,100	3,970	－	－	8,120	2,920
100 頭 以 上	30,600	23,700	2,420	－	－	21,300	x
子 取 り 用	70,700	17,100	－	17,000	90	30	53,600
め す 牛 な し							

(3) 全国農業地域別・飼養頭数規模別 (続き)

　　ウ　飼養状態別飼養戸数 (肉用種の肥育用牛飼養頭数規模別)

単位:戸

区　　分	計	肉　用　種　飼　養					乳用種飼養
		小　計	子牛生産	肥育用牛飼養	育成牛飼養	その他の飼養	
全　　　国	42,100	39,900	32,300	3,010	135	4,530	2,110
小　　　計	6,790	6,230	－	1,950	－	4,280	565
1 ～ 9 頭	3,550	3,220	－	453	－	2,770	332
10 ～ 19	660	592	－	213	－	379	68
20 ～ 29	435	401	－	155	－	246	34
30 ～ 49	537	498	－	243	－	255	39
50 ～ 99	692	638	－	348	－	290	54
100 ～ 199	515	498	－	311	－	187	17
200 ～ 499	285	273	－	170	－	103	12
500 頭 以 上	114	105	－	53	－	52	9
肥 育 用 牛 な し	35,300	33,700	32,300	1,060	135	250	1,550
北　海　道	2,270	1,880	1,430	74	16	362	392
小　　　計	511	406	－	53	－	353	105
1 ～ 9 頭	333	272	－	18	－	254	61
10 ～ 19	41	27	－	4	－	23	14
20 ～ 29	27	21	－	1	－	20	6
30 ～ 49	32	23	－	5	－	18	9
50 ～ 99	35	25	－	8	－	17	10
100 ～ 199	21	18	－	7	－	11	3
200 ～ 499	10	8	－	6	－	2	2
500 頭 以 上	12	12	－	4	－	8	－
肥 育 用 牛 な し	1,760	1,470	1,430	21	16	9	287
都　府　県	39,800	38,100	30,800	2,930	119	4,170	1,720
小　　　計	6,280	5,820	－	1,890	－	3,930	460
1 ～ 9 頭	3,220	2,950	－	435	－	2,510	271
10 ～ 19	619	565	－	209	－	356	54
20 ～ 29	408	380	－	154	－	226	28
30 ～ 49	505	475	－	238	－	237	30
50 ～ 99	657	613	－	340	－	273	44
100 ～ 199	494	480	－	304	－	176	14
200 ～ 499	275	265	－	164	－	101	10
500 頭 以 上	102.	93	－	49	－	44	9
肥 育 用 牛 な し	33,500	32,200	30,800	1,040	119	241	1,260
東　　　北	10,500	10,300	8,610	840	19	845	229
小　　　計	1,290	1,250	－	472	－	779	42
1 ～ 9 頭	645	621	－	146	－	475	24
10 ～ 19	175	171	－	76	－	95	4
20 ～ 29	118	117	－	62	－	55	1
30 ～ 49	119	117	－	69	－	48	2
50 ～ 99	132	126	－	62	－	64	6
100 ～ 199	62	61	－	35	－	26	1
200 ～ 499	33	31	－	19	－	12	2
500 頭 以 上	9	7	－	3	－	4	2
肥 育 用 牛 な し	9,250	9,060	8,610	368	19	66	187
北　　　陸	339	288	144	58	23	63	51
小　　　計	114	100	－	47	－	53	14
1 ～ 9 頭	51	41	－	13	－	28	10
10 ～ 19	9	9	－	3	－	6	－
20 ～ 29	13	9	－	5	－	4	4
30 ～ 49	14	14	－	9	－	5	－
50 ～ 99	21	21	－	12	－	9	－
100 ～ 199	3	3	－	2	－	1	－
200 ～ 499	2	2	－	2	－	－	－
500 頭 以 上	1	1	－	1	－	－	－
肥 育 用 牛 な し	225	188	144	11	23	10	37

単位：戸

区　　分	計	肉　用　種　飼　養					乳用種飼養
		小　計	子牛生産	肥育用牛飼養	育成牛飼養	その他の飼養	
関 東 ・ 東 山	2,660	2,170	1,380	396	17	377	494
小　　　　計	838	685	–	321	–	364	153
1 ～ 9 頭	348	262	–	72	–	190	86
10 ～ 19	107	86	–	48	–	38	21
20 ～ 29	72	63	–	32	–	31	9
30 ～ 49	87	77	–	44	–	33	10
50 ～ 99	104	85	–	57	–	28	19
100 ～ 199	63	58	–	39	–	19	5
200 ～ 499	42	40	–	22	–	18	2
500 頭 以 上	15	14	–	7	–	7	1
肥 育 用 牛 な し	1,820	1,480	1,380	75	17	13	341
東　　　　海	1,060	797	395	234	15	153	267
小　　　　計	301	239	–	94	–	145	62
1 ～ 9 頭	115	74	–	9	–	65	41
10 ～ 19	37	27	–	12	–	15	10
20 ～ 29	19	14	–	5	–	9	5
30 ～ 49	27	24	–	11	–	13	3
50 ～ 99	53	51	–	23	–	28	2
100 ～ 199	35	34	–	25	–	9	1
200 ～ 499	14	14	–	9	–	5	–
500 頭 以 上	1	1	–	–	–	1	–
肥 育 用 牛 な し	763	558	395	140	15	8	205
近　　　　畿	1,450	1,370	1,030	171	3	168	76
小　　　　計	288	258	–	96	–	162	30
1 ～ 9 頭	119	100	–	23	–	77	19
10 ～ 19	38	35	–	12	–	23	3
20 ～ 29	18	17	–	5	–	12	1
30 ～ 49	26	23	–	6	–	17	3
50 ～ 99	44	42	–	27	–	15	2
100 ～ 199	23	22	–	14	–	8	1
200 ～ 499	15	14	–	7	–	7	1
500 頭 以 上	5	5	–	2	–	3	–
肥 育 用 牛 な し	1,160	1,120	1,030	75	3	6	46
中　　　　国	2,310	2,180	1,840	109	9	221	128
小　　　　計	296	251	–	49	–	202	45
1 ～ 9 頭	156	129	–	16	–	113	27
10 ～ 19	31	24	–	1	–	23	7
20 ～ 29	20	17	–	3	–	14	3
30 ～ 49	28	26	–	7	–	19	2
50 ～ 99	26	22	–	9	–	13	4
100 ～ 199	20	19	–	9	–	10	1
200 ～ 499	8	8	–	2	–	6	–
500 頭 以 上	7	6	–	2	–	4	1
肥 育 用 牛 な し	2,010	1,930	1,840	60	9	19	83
四　　　　国	644	497	296	80	2	119	147
小　　　　計	208	172	–	56	–	116	36
1 ～ 9 頭	89	68	–	14	–	54	21
10 ～ 19	31	29	–	12	–	17	2
20 ～ 29	21	20	–	4	–	16	1
30 ～ 49	24	21	–	11	–	10	3
50 ～ 99	26	20	–	8	–	12	6
100 ～ 199	11	10	–	6	–	4	1
200 ～ 499	5	4	–	1	–	3	1
500 頭 以 上	1	–	–	–	–	–	1
肥 育 用 牛 な し	436	325	296	24	2	3	111

(3) 全国農業地域別・飼養頭数規模別（続き）

ウ 飼養状態別飼養戸数（肉用種の肥育用牛飼養頭数規模別）（続き）

単位：戸

区　　分	計	肉　用　種　飼　養						乳用種飼養
		小　計	子牛生産	肥育用牛飼養	育成牛飼養	その他の飼養		
九　　　　州	18,500	18,200	15,700	991	29	1,490		324
小　　　　計	2,190	2,110	－	732	－	1,380		78
1 ～ 9 頭	1,030	986	－	121	－	865		43
10 ～ 19	141	134	－	43	－	91		7
20 ～ 29	116	112	－	38	－	74		4
30 ～ 49	168	161	－	81	－	80		7
50 ～ 99	246	241	－	142	－	99		5
100 ～ 199	272	268	－	172	－	96		4
200 ～ 499	154	150	－	101	－	49		4
500 頭 以 上	62	58	－	34	－	24		4
肥 育 用 牛 な し	16,300	16,100	15,700	259	29	109		246
沖　　　　縄	2,250	2,240	1,450	54	2	735		3
小　　　　計	754	754	－	26	－	728		－
1 ～ 9 頭	668	668	－	21	－	647		－
10 ～ 19	50	50	－	2	－	48		－
20 ～ 29	11	11	－	－	－	11		－
30 ～ 49	12	12	－	－	－	12		－
50 ～ 99	5	5	－	－	－	5		－
100 ～ 199	5	5	－	2	－	3		－
200 ～ 499	2	2	－	1	－	1		－
500 頭 以 上	1	1	－	－	－	1		－
肥 育 用 牛 な し	1,490	1,490	1,450	28	2	7		3
関 東 農 政 局	2,770	2,230	1,400	424	17	393		541
小　　　　計	876	713	－	334	－	379		163
1 ～ 9 頭	363	271	－	75	－	196		92
10 ～ 19	111	88	－	49	－	39		23
20 ～ 29	75	66	－	34	－	32		9
30 ～ 49	95	85	－	48	－	37		10
50 ～ 99	107	87	－	58	－	29		20
100 ～ 199	68	62	－	41	－	21		6
200 ～ 499	42	40	－	22	－	18		2
500 頭 以 上	15	14	－	7	－	7		1
肥 育 用 牛 な し	1,900	1,520	1,400	90	17	14		378
東 海 農 政 局	952	732	374	206	15	137		220
小　　　　計	263	211	－	81	－	130		52
1 ～ 9 頭	100	65	－	6	－	59		35
10 ～ 19	33	25	－	11	－	14		8
20 ～ 29	16	11	－	3	－	8		5
30 ～ 49	19	16	－	7	－	9		3
50 ～ 99	50	49	－	22	－	27		1
100 ～ 199	30	30	－	23	－	7		－
200 ～ 499	14	14	－	9	－	5		－
500 頭 以 上	1	1	－	－	－	1		－
肥 育 用 牛 な し	689	521	374	125	15	7		168
中 国 四 国 農 政 局	2,950	2,680	2,140	189	11	340		275
小　　　　計	504	423	－	105	－	318		81
1 ～ 9 頭	245	197	－	30	－	167		48
10 ～ 19	62	53	－	13	－	40		9
20 ～ 29	41	37	－	7	－	30		4
30 ～ 49	52	47	－	18	－	29		5
50 ～ 99	52	42	－	17	－	25		10
100 ～ 199	31	29	－	15	－	14		2
200 ～ 499	13	12	－	3	－	9		1
500 頭 以 上	8	6	－	2	－	4		2
肥 育 用 牛 な し	2,450	2,260	2,140	84	11	22		194

エ　飼養状態別飼養頭数（肉用種の肥育用牛飼養頭数規模別）

単位：頭

| 区　分 | 計 | 肉　用　種　飼　養 | | | | | 乳用種飼養 |
		小　計	子牛生産	肥育用牛飼養	育成牛飼養	その他の飼養	
全　　　国	2,605,000	1,820,000	679,200	427,700	3,140	710,000	784,500
小　　　計	1,454,000	1,074,000	－	364,100	－	709,600	380,100
1 ～ 9 頭	367,400	227,500	－	17,800	－	209,800	139,900
10 ～ 19	111,200	57,700	－	9,280	－	48,400	53,600
20 ～ 29	73,000	48,400	－	9,790	－	38,600	24,600
30 ～ 49	88,300	62,400	－	17,600	－	44,800	25,800
50 ～ 99	165,400	121,500	－	41,100	－	80,500	43,900
100 ～ 199	162,000	141,200	－	69,800	－	71,400	20,800
200 ～ 499	195,700	165,500	－	87,500	－	78,000	30,200
500 頭 以 上	290,700	249,300	－	111,200	－	138,100	41,300
肥 育 用 牛 な し	1,151,000	746,400	679,200	63,600	3,140	430	404,400
北　海　道	536,200	199,800	76,100	35,000	230	88,400	336,500
小　　　計	264,300	119,700	－	31,400	－	88,400	144,600
1 ～ 9 頭	99,700	32,100	－	3,500	－	28,600	67,600
10 ～ 19	30,600	3,620	－	240	－	3,380	27,000
20 ～ 29	13,700	4,060	－	x	－	4,020	9,650
30 ～ 49	19,100	7,310	－	400	－	6,910	11,800
50 ～ 99	21,300	5,670	－	930	－	4,740	15,700
100 ～ 199	20,300	12,500	－	2,320	－	10,200	7,800
200 ～ 499	13,500	8,390	－	6,170	－	x	x
500 頭 以 上	46,100	46,100	－	17,800	－	28,300	－
肥 育 用 牛 な し	271,900	80,000	76,100	3,650	230	10	191,900
都　府　県	2,068,000	1,620,000	603,100	392,700	2,910	621,600	448,100
小　　　計	1,190,000	953,900	－	332,700	－	621,200	235,600
1 ～ 9 頭	267,800	195,500	－	14,300	－	181,200	72,300
10 ～ 19	80,700	54,100	－	9,040	－	45,000	26,600
20 ～ 29	59,300	44,400	－	9,750	－	34,600	15,000
30 ～ 49	69,100	55,100	－	17,200	－	37,900	14,000
50 ～ 99	144,100	115,900	－	40,100	－	75,700	28,200
100 ～ 199	141,700	128,700	－	67,500	－	61,200	13,000
200 ～ 499	182,200	157,100	－	81,400	－	75,800	25,100
500 頭 以 上	244,600	203,200	－	93,500	－	109,800	41,300
肥 育 用 牛 な し	878,800	666,300	603,100	60,000	2,910	420	212,500
東　　　北	335,100	262,500	114,800	47,900	210	99,600	72,600
小　　　計	171,600	136,700	－	37,200	－	99,500	34,900
1 ～ 9 頭	38,600	31,700	－	2,720	－	29,000	6,890
10 ～ 19	16,600	12,300	－	2,460	－	9,810	4,290
20 ～ 29	9,260	9,160	－	2,190	－	6,970	x
30 ～ 49	12,000	10,900	－	4,580	－	6,320	x
50 ～ 99	27,000	23,600	－	6,350	－	17,300	3,330
100 ～ 199	16,200	15,200	－	6,540	－	8,620	x
200 ～ 499	24,900	20,100	－	9,590	－	10,500	x
500 頭 以 上	27,100	13,700	－	2,780	－	10,900	x
肥 育 用 牛 な し	163,500	125,800	114,800	10,700	210	90	37,700
北　　　陸	21,100	12,500	3,450	4,510	260	4,230	8,630
小　　　計	13,200	8,650	－	4,440	－	4,220	4,530
1 ～ 9 頭	4,520	1,240	－	110	－	1,130	3,280
10 ～ 19	730	730	－	130	－	600	－
20 ～ 29	1,690	440	－	230	－	210	1,250
30 ～ 49	1,390	1,390	－	530	－	860	－
50 ～ 99	2,530	2,530	－	1,300	－	1,230	－
100 ～ 199	630	630	－	x	－	x	－
200 ～ 499	x	x	－	x	－	－	－
500 頭 以 上	x	x	－	x	－	－	－
肥 育 用 牛 な し	7,890	3,800	3,450	80	260	20	4,090

(3)　全国農業地域別・飼養頭数規模別（続き）

エ　飼養状態別飼養頭数（肉用種の肥育用牛飼養頭数規模別）（続き）

単位：頭

区　　分	計	肉　用　種　飼　養						乳用種飼養
		小　計	子牛生産	肥育用牛飼養	育成牛飼養	その他の飼養		
関 東 ・ 東 山	277,200	145,500	35,000	49,500	360	60,600		131,700
小　　　　計	179,300	107,300	-	46,700	-	60,500		72,000
1 ～ 9 頭	34,000	13,500	-	2,740	-	10,700		20,500
10 ～ 19	13,100	4,950	-	1,850	-	3,100		8,200
20 ～ 29	11,600	5,550	-	2,550	-	3,000		6,010
30 ～ 49	11,900	7,180	-	2,610	-	4,570		4,690
50 ～ 99	27,800	13,100	-	6,110	-	6,960		14,800
100 ～ 199	22,500	17,400	-	10,200	-	7,220		5,120
200 ～ 499	27,300	19,900	-	9,080	-	10,800		x
500 頭 以 上	31,000	25,700	-	11,600	-	14,100		x
肥 育 用 牛 な し	97,900	38,200	35,000	2,820	360	70		59,700
東　　　　　　海	122,200	75,700	15,900	32,500	240	27,100		46,600
小　　　　計	62,200	41,300	-	14,200	-	27,100		20,800
1 ～ 9 頭	17,500	6,110	-	360	-	5,750		11,300
10 ～ 19	5,940	2,000	-	840	-	1,160		3,940
20 ～ 29	4,740	1,900	-	560	-	1,340		2,840
30 ～ 49	5,310	3,980	-	1,660	-	2,330		1,320
50 ～ 99	11,600	11,000	-	2,560	-	8,480		x
100 ～ 199	9,370	8,500	-	5,040	-	3,460		x
200 ～ 499	6,830	6,830	-	3,240	-	3,590		-
500 頭 以 上	x	x	-	-	-	x		-
肥 育 用 牛 な し	60,100	34,400	15,900	18,200	240	10		25,700
近　　　　　　畿	90,400	79,700	18,400	26,800	130	34,400		10,700
小　　　　計	61,600	53,600	-	19,200	-	34,300		8,050
1 ～ 9 頭	9,200	7,290	-	550	-	6,740		1,910
10 ～ 19	3,460	2,710	-	530	-	2,180		750
20 ～ 29	5,170	5,100	-	1,380	-	3,720		x
30 ～ 49	5,940	3,510	-	900	-	2,610		2,440
50 ～ 99	8,790	7,950	-	2,960	-	4,990		x
100 ～ 199	6,880	6,140	-	2,740	-	3,390		x
200 ～ 499	12,400	11,100	-	4,010	-	7,100		x
500 頭 以 上	9,760	9,760	-	x	-	3,620		-
肥 育 用 牛 な し	28,800	26,100	18,400	7,560	130	20		2,670
中　　　　　　国	128,300	80,200	28,500	11,000	30	40,600		48,200
小　　　　計	75,000	48,400	-	7,880	-	40,500		26,600
1 ～ 9 頭	14,700	8,210	-	550	-	7,660		6,510
10 ～ 19	8,600	2,400	-	x	-	2,360		6,210
20 ～ 29	4,460	2,520	-	90	-	2,430		1,940
30 ～ 49	4,390	3,500	-	500	-	3,000		x
50 ～ 99	7,070	4,600	-	1,160	-	3,440		2,470
100 ～ 199	7,300	5,660	-	1,910	-	3,750		x
200 ～ 499	6,870	6,870	-	x	-	5,760		-
500 頭 以 上	21,600	14,700	-	x	-	12,100		x
肥 育 用 牛 な し	53,300	31,700	28,500	3,150	30	30		21,600
四　　　　　　国	59,600	26,400	6,080	5,940	x	14,300		33,200
小　　　　計	38,400	19,200	-	4,920	-	14,300		19,100
1 ～ 9 頭	7,260	2,630	-	740	-	1,890		4,630
10 ～ 19	1,970	1,640	-	510	-	1,130		x
20 ～ 29	3,470	2,260	-	270	-	1,990		x
30 ～ 49	3,290	2,350	-	610	-	1,730		950
50 ～ 99	7,800	4,750	-	910	-	3,840		3,060
100 ～ 199	4,240	3,030	-	1,570	-	1,460		x
200 ～ 499	6,340	2,590	-	x	-	2,290		x
500 頭 以 上	x	-	-	-	-	-		x
肥 育 用 牛 な し	21,200	7,160	6,080	1,030	x	10		14,100

単位：頭

区　　分	計	肉　用　種　飼　養					乳用種飼養
		小　計	子牛生産	肥育用牛飼養	育成牛飼養	その他の飼養	
九　　　　　　州	952,500	856,100	352,800	213,600	1,630	288,000	96,500
小　　　　　計	534,600	485,000	－	197,200	－	287,800	49,500
1 ～ 9 頭	106,900	89,700	－	6,440	－	83,300	17,200
10 ～ 19	23,300	20,400	－	2,640	－	17,800	2,890
20 ～ 29	15,900	14,400	－	2,470	－	11,900	1,560
30 ～ 49	22,100	19,600	－	5,840	－	13,700	2,580
50 ～ 99	49,900	46,700	－	18,800	－	27,900	3,210
100 ～ 199	73,300	70,900	－	38,600	－	32,300	2,410
200 ～ 499	96,300	88,400	－	53,000	－	35,300	7,980
500 頭 以 上	146,700	135,100	－	69,400	－	65,700	11,700
肥 育 用 牛 な し	418,000	371,000	352,800	16,400	1,630	170	46,900
沖　　　　　　縄	81,900	81,900	28,100	940	x	52,900	40
小　　　　　計	53,800	53,800	－	900	－	52,900	－
1 ～ 9 頭	35,100	35,100	－	70	－	35,000	－
10 ～ 19	6,960	6,960	－	x	－	6,910	－
20 ～ 29	3,060	3,060	－	－	－	3,060	－
30 ～ 49	2,750	2,750	－	－	－	2,750	－
50 ～ 99	1,630	1,630	－	－	－	1,630	－
100 ～ 199	1,310	1,310	－	x	－	830	－
200 ～ 499	x	x	－	x	－	x	－
500 頭 以 上	x	x	－	－	－	x	－
肥 育 用 牛 な し	28,200	28,100	28,100	40	x	10	40
関　東　農　政　局	296,300	152,900	35,600	53,800	360	63,200	143,400
小　　　　　計	188,200	112,400	－	49,300	－	63,100	75,800
1 ～ 9 頭	36,300	13,700	－	2,780	－	11,000	22,600
10 ～ 19	14,200	5,360	－	2,180	－	3,170	8,810
20 ～ 29	11,800	5,820	－	2,650	－	3,170	6,010
30 ～ 49	13,700	9,050	－	3,760	－	5,290	4,690
50 ～ 99	28,500	13,500	－	6,280	－	7,260	15,000
100 ～ 199	25,300	19,300	－	10,900	－	8,330	5,990
200 ～ 499	27,300	19,900	－	9,080	－	10,800	x
500 頭 以 上	31,000	25,700	－	11,600	－	14,100	x
肥 育 用 牛 な し	108,200	40,600	35,600	4,510	360	70	67,600
東　海　農　政　局	103,100	68,200	15,300	28,200	240	24,500	34,900
小　　　　　計	53,200	36,200	－	11,700	－	24,500	17,100
1 ～ 9 頭	15,100	5,870	－	320	－	5,550	9,280
10 ～ 19	4,920	1,590	－	500	－	1,090	3,330
20 ～ 29	4,460	1,620	－	460	－	1,160	2,840
30 ～ 49	3,430	2,110	－	510	－	1,600	1,320
50 ～ 99	10,900	10,600	－	2,390	－	8,170	x
100 ～ 199	6,630	6,630	－	4,280	－	2,350	－
200 ～ 499	6,830	6,830	－	3,240	－	3,590	－
500 頭 以 上	x	x	－	－	－	x	－
肥 育 用 牛 な し	49,800	32,100	15,300	16,500	240	10	17,800
中 国 四 国 農 政 局	187,900	106,600	34,600	17,000	90	54,900	81,300
小　　　　　計	113,400	67,700	－	12,800	－	54,900	45,700
1 ～ 9 頭	22,000	10,800	－	1,290	－	9,550	11,100
10 ～ 19	10,600	4,040	－	550	－	3,490	6,530
20 ～ 29	7,930	4,780	－	360	－	4,420	3,150
30 ～ 49	7,690	5,850	－	1,110	－	4,740	1,840
50 ～ 99	14,900	9,350	－	2,060	－	7,290	5,530
100 ～ 199	11,500	8,680	－	3,480	－	5,210	x
200 ～ 499	13,200	9,460	－	1,410	－	8,050	x
500 頭 以 上	25,600	14,700	－	x	－	12,100	x
肥 育 用 牛 な し	74,500	38,900	34,600	4,170	90	30	35,600

(3) 全国農業地域別・飼養頭数規模別（続き）

　　オ　飼養状態別飼養戸数（乳用種飼養頭数規模別）

単位：戸

区　　　分	計	肉用種飼養	乳　用　種　飼　養			
			小　計	育成牛飼養	肥育牛飼養	その他の飼養
全　　　　国	42,100	39,900	2,110	319	495	1,300
小　　　計	4,390	2,280	2,110	319	495	1,300
1 ～ 4 頭	1,730	1,430	303	168	117	18
5 ～ 19	767	493	274	111	67	96
20 ～ 29	187	87	100	14	33	53
30 ～ 49	200	84	116	11	35	70
50 ～ 99	308	75	233	6	75	152
100 ～ 199	386	59	327	6	83	238
200 ～ 499	442	27	415	3	63	349
500 頭 以 上	364	21	343	－	22	321
乳 用 種 な し	37,700	37,700	－	－	－	－
北　海　道	2,270	1,880	392	36	58	298
小　　　計	871	479	392	36	58	298
1 ～ 4 頭	346	305	41	25	14	2
5 ～ 19	137	111	26	7	10	9
20 ～ 29	29	17	12	－	5	7
30 ～ 49	28	14	14	－	8	6
50 ～ 99	37	11	26	1	6	19
100 ～ 199	45	12	33	3	4	26
200 ～ 499	87	2	85	－	7	78
500 頭 以 上	162	7	155	－	4	151
乳 用 種 な し	1,400	1,400	－	－	－	－
都　府　県	39,800	38,100	1,720	283	437	999
小　　　計	3,520	1,800	1,720	283	437	999
1 ～ 4 頭	1,390	1,130	262	143	103	16
5 ～ 19	630	382	248	104	57	87
20 ～ 29	158	70	88	14	28	46
30 ～ 49	172	70	102	11	27	64
50 ～ 99	271	64	207	5	69	133
100 ～ 199	341	47	294	3	79	212
200 ～ 499	355	25	330	3	56	271
500 頭 以 上	202	14	188	－	18	170
乳 用 種 な し	36,300	36,300	－	－	－	－
東　　　　北	10,500	10,300	229	23	81	125
小　　　計	606	377	229	23	81	125
1 ～ 4 頭	301	266	35	16	16	3
5 ～ 19	99	72	27	5	9	13
20 ～ 29	23	14	9	1	3	5
30 ～ 49	16	12	4	1	1	2
50 ～ 99	39	6	33	－	13	20
100 ～ 199	59	3	56	－	24	32
200 ～ 499	40	4	36	－	9	27
500 頭 以 上	29	－	29	－	6	23
乳 用 種 な し	9,940	9,940	－	－	－	－
北　　　　陸	339	288	51	11	14	26
小　　　計	113	62	51	11	14	26
1 ～ 4 頭	51	42	9	7	2	－
5 ～ 19	24	13	11	4	1	6
20 ～ 29	9	4	5	－	2	3
30 ～ 49	5	2	3	－	－	3
50 ～ 99	10	1	9	－	6	3
100 ～ 199	2	－	2	－	1	1
200 ～ 499	10	－	10	－	2	8
500 頭 以 上	2	－	2	－	－	2
乳 用 種 な し	226	226	－	－	－	－

単位：戸

区　　分	計	肉用種飼養	乳　用　種　飼　養			
			小　計	育成牛飼養	肥育牛飼養	その他の飼養
関東・東山	2,660	2,170	494	55	140	299
小　　　　計	903	409	494	55	140	299
1 ～ 4 頭	325	253	72	32	36	4
5 ～ 19	144	85	59	14	23	22
20 ～ 29	39	11	28	4	10	14
30 ～ 49	55	18	37	1	11	25
50 ～ 99	100	20	80	3	26	51
100 ～ 199	86	16	70	1	16	53
200 ～ 499	87	4	83	-	13	70
500 頭 以 上	67	2	65	-	5	60
乳 用 種 な し	1,760	1,760	-	-	-	-
東　　　　海	1,060	797	267	53	63	151
小　　　　計	387	120	267	53	63	151
1 ～ 4 頭	99	63	36	22	14	-
5 ～ 19	78	38	40	27	3	10
20 ～ 29	23	10	13	2	4	7
30 ～ 49	22	2	20	2	6	12
50 ～ 99	41	4	37	-	9	28
100 ～ 199	52	2	50	-	17	33
200 ～ 499	54	1	53	-	9	44
500 頭 以 上	18	-	18	-	1	17
乳 用 種 な し	677	677	-	-	-	-
近　　　　畿	1,450	1,370	76	16	15	45
小　　　　計	148	72	76	16	15	45
1 ～ 4 頭	59	43	16	10	6	-
5 ～ 19	31	12	19	5	6	8
20 ～ 29	5	3	2	-	-	2
30 ～ 49	9	6	3	-	1	2
50 ～ 99	13	2	11	1	-	10
100 ～ 199	11	2	9	-	-	9
200 ～ 499	15	1	14	-	2	12
500 頭 以 上	5	3	2	-	-	2
乳 用 種 な し	1,300	1,300	-	-	-	-
中　　　　国	2,310	2,180	128	22	24	82
小　　　　計	277	149	128	22	24	82
1 ～ 4 頭	125	98	27	14	9	4
5 ～ 19	38	27	11	1	3	7
20 ～ 29	16	8	8	2	3	3
30 ～ 49	16	7	9	1	3	5
50 ～ 99	11	2	9	1	1	7
100 ～ 199	18	3	15	-	2	13
200 ～ 499	30	1	29	3	2	24
500 頭 以 上	23	3	20	-	1	19
乳 用 種 な し	2,030	2,030	-	-	-	-
四　　　　国	644	497	147	43	27	77
小　　　　計	206	59	147	43	27	77
1 ～ 4 頭	64	30	34	22	8	4
5 ～ 19	44	15	29	17	5	7
20 ～ 29	10	3	7	2	1	4
30 ～ 49	12	3	9	1	2	6
50 ～ 99	15	5	10	-	6	4
100 ～ 199	28	3	25	1	3	21
200 ～ 499	20	-	20	-	-	20
500 頭 以 上	13	-	13	-	2	11
乳 用 種 な し	438	438	-	-	-	-

(3) 全国農業地域別・飼養頭数規模別（続き）

　　オ　飼養状態別飼養戸数（乳用種飼養頭数規模別）（続き）

単位：戸

区　　　分	計	肉用種飼養	乳　用　種　飼　養			
			小　計	育成牛飼養	肥育牛飼養	その他の飼養
九　　　　州	18,500	18,200	324	60	71	193
小　　　　計	830	506	324	60	71	193
1 〜 4 頭	327	295	32	20	11	1
5 〜 19	164	114	50	31	6	13
20 〜 29	32	16	16	3	5	8
30 〜 49	37	20	17	5	3	9
50 〜 99	42	24	18	−	8	10
100 〜 199	84	17	67	1	16	50
200 〜 499	99	14	85	−	19	66
500 頭 以 上	45	6	39	−	3	36
乳 用 種 な し	17,700	17,700	−	−	−	−
沖　　　　縄	2,250	2,240	3	−	2	1
小　　　　計	46	43	3	−	2	1
1 〜 4 頭	36	35	1	−	1	−
5 〜 19	8	6	2	−	1	1
20 〜 29	1	1	−	−	−	−
30 〜 49	−	−	−	−	−	−
50 〜 99	−	−	−	−	−	−
100 〜 199	1	1	−	−	−	−
200 〜 499	−	−	−	−	−	−
500 頭 以 上	−	−	−	−	−	−
乳 用 種 な し	2,200	2,200	−	−	−	−
関 東 農 政 局	2,770	2,230	541	56	152	333
小　　　　計	964	423	541	56	152	333
1 〜 4 頭	337	261	76	33	39	4
5 〜 19	150	89	61	14	23	24
20 〜 29	41	12	29	4	11	14
30 〜 49	57	18	39	1	12	26
50 〜 99	105	20	85	3	27	55
100 〜 199	102	17	85	1	21	63
200 〜 499	101	4	97	−	14	83
500 頭 以 上	71	2	69	−	5	64
乳 用 種 な し	1,810	1,810	−	−	−	−
東 海 農 政 局	952	732	220	52	51	117
小　　　　計	326	106	220	52	51	117
1 〜 4 頭	87	55	32	21	11	−
5 〜 19	72	34	38	27	3	8
20 〜 29	21	9	12	2	3	7
30 〜 49	20	2	18	2	5	11
50 〜 99	36	4	32	−	8	24
100 〜 199	36	1	35	−	12	23
200 〜 499	40	1	39	−	8	31
500 頭 以 上	14	−	14	−	1	13
乳 用 種 な し	626	626	−	−	−	−
中 国 四 国 農 政 局	2,950	2,680	275	65	51	159
小　　　　計	483	208	275	65	51	159
1 〜 4 頭	189	128	61	36	17	8
5 〜 19	82	42	40	18	8	14
20 〜 29	26	11	15	4	4	7
30 〜 49	28	10	18	2	5	11
50 〜 99	26	7	19	1	7	11
100 〜 199	46	6	40	1	5	34
200 〜 499	50	1	49	3	2	44
500 頭 以 上	36	3	33	−	3	30
乳 用 種 な し	2,470	2,470	−	−	−	−

カ　飼養状態別飼養頭数（乳用種飼養頭数規模別）

単位：頭

区　　　分	計	肉用種飼養	乳　用　種　飼　養			
			小　計	育成牛飼養	肥育牛飼養	その他の飼養
全　　　　国	2,605,000	1,820,000	784,500	5,300	65,800	713,400
小　　　　計	1,162,000	377,600	784,500	5,300	65,800	713,400
1 ～ 4 頭	89,000	88,200	770	470	230	70
5 ～ 19	76,500	73,000	3,500	1,220	880	1,410
20 ～ 29	26,600	23,600	2,990	360	1,060	1,580
30 ～ 49	28,300	22,700	5,590	410	1,550	3,630
50 ～ 99	53,600	33,000	20,600	590	6,560	13,500
100 ～ 199	92,800	38,400	54,400	1,000	13,700	39,700
200 ～ 499	182,500	32,100	150,400	1,260	20,600	128,500
500 頭 以 上	612,800	66,500	546,300	-	21,300	525,000
乳 用 種 な し	1,442,000	1,442,000	-	-	-	-
北　海　道	536,200	199,800	336,500	700	8,220	327,500
小　　　　計	422,700	86,300	336,500	700	8,220	327,500
1 ～ 4 頭	19,200	19,100	100	70	20	x
5 ～ 19	11,000	10,700	350	60	140	150
20 ～ 29	5,180	4,830	350	-	160	190
30 ～ 49	3,730	3,110	610	-	350	260
50 ～ 99	6,170	4,030	2,140	x	420	1,620
100 ～ 199	15,200	9,410	5,800	470	780	4,550
200 ～ 499	36,500	x	33,000	-	2,230	30,800
500 頭 以 上	325,700	31,600	294,100	-	4,110	290,000
乳 用 種 な し	113,500	113,500	-	-	-	-
都　府　県	2,068,000	1,620,000	448,100	4,600	57,600	385,800
小　　　　計	739,400	291,300	448,100	4,600	57,600	385,800
1 ～ 4 頭	69,800	69,100	670	400	210	60
5 ～ 19	65,500	62,400	3,150	1,150	730	1,260
20 ～ 29	21,400	18,700	2,650	360	900	1,380
30 ～ 49	24,600	19,600	4,970	410	1,200	3,370
50 ～ 99	47,400	28,900	18,500	490	6,140	11,900
100 ～ 199	77,600	29,000	48,600	540	13,000	35,100
200 ～ 499	146,000	28,700	117,300	1,260	18,300	97,700
500 頭 以 上	287,100	34,900	252,200	-	17,100	235,000
乳 用 種 な し	1,329,000	1,329,000	-	-	-	-
東　　　　北	335,100	262,500	72,600	140	13,200	59,300
小　　　　計	114,300	41,700	72,600	140	13,200	59,300
1 ～ 4 頭	14,100	14,000	70	40	30	10
5 ～ 19	14,600	14,200	360	40	110	210
20 ～ 29	3,150	2,860	300	x	130	140
30 ～ 49	2,470	2,260	220	x	x	x
50 ～ 99	4,120	1,160	2,960	-	1,290	1,670
100 ～ 199	9,760	980	8,780	-	3,870	4,910
200 ～ 499	19,600	6,150	13,500	-	2,840	10,600
500 頭 以 上	46,500	-	46,500	-	4,850	41,600
乳 用 種 な し	220,800	220,800	-	-	-	-
北　　　　陸	21,100	12,500	8,630	70	1,580	6,980
小　　　　計	12,200	3,580	8,630	70	1,580	6,980
1 ～ 4 頭	990	960	30	30	x	-
5 ～ 19	1,140	1,010	130	50	x	80
20 ～ 29	990	850	140	-	x	80
30 ～ 49	660	x	150	-	-	150
50 ～ 99	1,070	x	820	-	470	360
100 ～ 199	x	-	x	-	x	x
200 ～ 499	3,530	-	3,530	-	x	2,680
500 頭 以 上	x	-	x	-	-	x
乳 用 種 な し	8,870	8,870	-	-	-	-

(3) 全国農業地域別・飼養頭数規模別 (続き)

　　カ　飼養状態別飼養頭数 (乳用種飼養頭数規模別) (続き)

単位:頭

区　　分	計	肉用種飼養	乳　用　種　飼　養			
			小　計	育成牛飼養	肥育牛飼養	その他の飼養
関 東 ・ 東 山	277,200	145,500	131,700	930	15,700	115,000
小　　　　計	184,900	53,200	131,700	930	15,700	115,000
1 ～ 4 頭	10,400	10,200	180	80	80	20
5 ～ 19	8,570	7,780	790	190	280	330
20 ～ 29	3,080	2,250	830	90	300	440
30 ～ 49	8,290	6,480	1,810	x	470	1,310
50 ～ 99	16,900	9,830	7,090	300	2,240	4,550
100 ～ 199	20,900	9,140	11,800	x	2,530	8,980
200 ～ 499	32,400	3,620	28,800	-	4,550	24,200
500 頭 以 上	84,400	x	80,500	-	5,280	75,200
乳 用 種 な し	92,300	92,300	-	-	-	-
東　　　　海	122,200	75,700	46,600	460	6,890	39,200
小　　　　計	60,600	14,000	46,600	460	6,890	39,200
1 ～ 4 頭	3,550	3,440	110	70	40	-
5 ～ 19	4,630	4,160	470	270	40	160
20 ～ 29	2,600	2,250	350	x	110	190
30 ～ 49	1,340	x	930	x	240	610
50 ～ 99	4,810	1,670	3,140	-	680	2,460
100 ～ 199	8,360	x	7,750	-	2,560	5,200
200 ～ 499	20,000	x	18,500	-	2,650	15,900
500 頭 以 上	15,300	-	15,300	-	x	14,700
乳 用 種 な し	61,700	61,700	-	-	-	-
近　　　　畿	90,400	79,700	10,700	140	580	10,000
小　　　　計	28,400	17,700	10,700	140	580	10,000
1 ～ 4 頭	2,110	2,060	40	30	10	-
5 ～ 19	1,700	1,460	230	40	70	130
20 ～ 29	940	870	x	-	-	x
30 ～ 49	1,500	1,320	180	-	x	x
50 ～ 99	3,240	x	910	x	-	830
100 ～ 199	2,550	x	1,370	-	-	1,370
200 ～ 499	6,440	x	5,570	-	x	5,110
500 頭 以 上	9,940	7,600	x	-	-	x
乳 用 種 な し	62,000	62,000	-	-	-	-
中　　　　国	128,300	80,200	48,200	1,520	2,600	44,000
小　　　　計	73,200	25,000	48,200	1,520	2,600	44,000
1 ～ 4 頭	5,420	5,370	50	30	10	10
5 ～ 19	3,320	3,150	170	x	50	110
20 ～ 29	1,530	1,280	240	x	100	90
30 ～ 49	1,290	830	470	x	150	270
50 ～ 99	1,420	x	860	x	x	660
100 ～ 199	3,990	1,520	2,480	-	x	2,100
200 ～ 499	12,100	x	10,700	1,260	x	8,600
500 頭 以 上	44,100	10,900	33,200	-	x	32,200
乳 用 種 な し	55,200	55,200	-	-	-	-
四　　　　国	59,600	26,400	33,200	460	4,670	28,000
小　　　　計	41,400	8,220	33,200	460	4,670	28,000
1 ～ 4 頭	2,690	2,590	90	60	10	20
5 ～ 19	2,030	1,700	330	160	80	90
20 ～ 29	600	410	190	x	x	110
30 ～ 49	990	570	420	x	x	280
50 ～ 99	2,190	1,250	940	-	570	370
100 ～ 199	6,240	1,710	4,540	x	360	4,020
200 ～ 499	6,470	-	6,470	-	-	6,470
500 頭 以 上	20,200	-	20,200	-	x	16,700
乳 用 種 な し	18,200	18,200	-	-	-	-

単位:頭

区　　分	計	肉用種飼養	乳　用　種　飼　養			
			小　計	育成牛飼養	肥育牛飼養	その他の飼養
九　　　　　州	952,500	856,100	96,500	880	12,400	83,200
小　　　　計	220,100	123,600	96,500	880	12,400	83,200
1 ～ 4 頭	27,400	27,300	100	70	20	x
5 ～ 19	29,000	28,300	630	400	90	150
20 ～ 29	8,430	7,900	530	90	170	270
30 ～ 49	8,040	7,230	800	180	120	500
50 ～ 99	13,700	11,900	1,790	-	820	980
100 ～ 199	24,900	13,300	11,600	x	3,080	8,370
200 ～ 499	45,500	15,200	30,300	-	6,180	24,200
500 頭 以 上	63,200	12,500	50,700	-	1,910	48,800
乳 用 種 な し	732,400	732,400	-	-	-	-
沖　　　　　縄	81,900	81,900	40	-	x	x
小　　　　計	4,400	4,350	40	-	x	x
1 ～ 4 頭	3,230	3,230	x	-	x	-
5 ～ 19	560	510	x	-	x	x
20 ～ 29	x	x	-	-	-	-
30 ～ 49	-	-	-	-	-	-
50 ～ 99	-	-	-	-	-	-
100 ～ 199	x	x	-	-	-	-
200 ～ 499	-	-	-	-	-	-
500 頭 以 上	-	-	-	-	-	-
乳 用 種 な し	77,500	77,500	-	-	-	-
関 東 農 政 局	296,300	152,900	143,400	940	16,900	125,600
小　　　　計	198,700	55,300	143,400	940	16,900	125,600
1 ～ 4 頭	10,700	10,500	190	80	90	20
5 ～ 19	9,590	8,770	820	190	280	360
20 ～ 29	3,610	2,750	850	90	320	440
30 ～ 49	8,380	6,480	1,900	x	510	1,360
50 ～ 99	17,300	9,830	7,470	300	2,300	4,870
100 ～ 199	23,700	9,460	14,200	x	3,310	10,700
200 ～ 499	36,600	3,620	33,000	-	4,780	28,200
500 頭 以 上	88,900	x	84,900	-	5,280	79,700
乳 用 種 な し	97,600	97,600	-	-	-	-
東 海 農 政 局	103,100	68,200	34,900	460	5,750	28,600
小　　　　計	46,700	11,800	34,900	460	5,750	28,600
1 ～ 4 頭	3,180	3,090	90	70	30	-
5 ～ 19	3,610	3,170	440	270	40	130
20 ～ 29	2,070	1,740	320	x	90	190
30 ～ 49	1,250	x	840	x	200	560
50 ～ 99	4,430	1,670	2,760	-	620	2,140
100 ～ 199	5,570	x	5,270	-	1,790	3,480
200 ～ 499	15,800	x	14,300	-	2,420	11,900
500 頭 以 上	10,800	-	10,800	-	x	10,200
乳 用 種 な し	56,400	56,400	-	-	-	-
中 国 四 国 農 政 局	187,900	106,600	81,300	1,980	7,270	72,100
小　　　　計	114,500	33,200	81,300	1,980	7,270	72,100
1 ～ 4 頭	8,110	7,960	150	90	30	30
5 ～ 19	5,350	4,850	490	170	130	200
20 ～ 29	2,120	1,690	430	100	130	200
30 ～ 49	2,280	1,390	890	x	250	550
50 ～ 99	3,610	1,810	1,800	x	640	1,040
100 ～ 199	10,200	3,220	7,010	- x	740	6,120
200 ～ 499	18,500	x	17,100	1,260	x	15,100
500 頭 以 上	64,300	10,900	53,400	-	4,540	48,900
乳 用 種 な し	73,300	73,300	-	-	-	-

(3)　全国農業地域別・飼養頭数規模別（続き）

キ　飼養状態別飼養戸数（肉用種の肥育用牛及び乳用種飼養頭数規模別）

単位：戸

区　分	計	肉　用　種　飼　養					乳　用　種　飼　養			
		小　計	子牛生産	肥育用牛飼養	育成牛飼養	その他の飼養	小　計	育成牛飼養	肥育牛飼養	その他の飼養
全　　　国	42,100	39,900	32,300	3,010	135	4,530	2,110	319	495	1,300
小　　　計	9,740	7,630	1,280	1,980	66	4,310	2,110	319	495	1,300
1 ～ 9 頭	4,730	4,290	1,130	463	58	2,640	441	246	147	48
10 ～ 19	866	735	92	221	3	419	131	33	36	62
20 ～ 29	538	439	24	148	2	265	99	13	30	56
30 ～ 49	658	545	21	246	2	276	113	12	38	63
50 ～ 99	899	670	12	347	－	311	229	6	72	151
100 ～ 199	855	532	6	312	1	213	323	6	83	234
200 ～ 499	719	297	－	180	－	117	422	3	65	354
500 頭 以 上	480	127	－	64	－	63	353	－	24	329
肉用種の肥育用牛及び乳用種なし	32,300	32,300	31,000	1,030	69	225	－	－	－	－
北　海　道	2,270	1,880	1,430	74	16	362	392	36	58	298
小　　　計	1,130	736	317	57	8	354	392	36	58	298
1 ～ 9 頭	566	514	279	19	8	208	52	31	17	4
10 ～ 19	83	70	23	5	－	42	13	1	6	6
20 ～ 29	49	35	6	1	－	28	14	－	6	8
30 ～ 49	46	32	4	5	－	23	14	－	8	6
50 ～ 99	58	33	3	8	－	22	25	1	6	18
100 ～ 199	62	28	2	6	－	20	34	3	4	27
200 ～ 499	92	8	－	6	－	2	84	－	7	77
500 頭 以 上	172	16	－	7	－	9	156	－	4	152
肉用種の肥育用牛及び乳用種なし	1,140	1,140	1,110	17	8	8	－	－	－	－
都　府　県	39,800	38,100	30,800	2,930	119	4,170	1,720	283	437	999
小　　　計	8,620	6,900	963	1,920	58	3,950	1,720	283	437	999
1 ～ 9 頭	4,160	3,770	846	444	50	2,430	389	215	130	44
10 ～ 19	783	665	69	216	3	377	118	32	30	56
20 ～ 29	489	404	18	147	2	237	85	13	24	48
30 ～ 49	612	513	17	241	2	253	99	12	30	57
50 ～ 99	841	637	9	339	－	289	204	5	66	133
100 ～ 199	793	504	4	306	1	193	289	3	79	207
200 ～ 499	627	289	－	174	－	115	338	3	58	277
500 頭 以 上	308	111	－	57	－	54	197	－	20	177
肉用種の肥育用牛及び乳用種なし	31,200	31,200	29,900	1,010	61	217	－	－	－	－
東　　　北	10,500	10,300	8,610	840	19	845	229	23	81	125
小　　　計	1,720	1,490	228	476	9	781	229	23	81	125
1 ～ 9 頭	870	822	214	148	8	452	48	20	20	8
10 ～ 19	199	186	10	76	－	100	13	1	5	7
20 ～ 29	129	120	1	62	－	57	9	1	2	6
30 ～ 49	131	127	1	69	1	56	4	1	1	2
50 ～ 99	167	133	2	61	－	70	34	－	14	20
100 ～ 199	117	64	－	37	－	27	53	－	22	31
200 ～ 499	74	35	－	20	－	15	39	－	11	28
500 頭 以 上	36	7	－	3	－	4	29	－	6	23
肉用種の肥育用牛及び乳用種なし	8,820	8,820	8,380	364	10	64	－	－	－	－
北　　　陸	339	288	144	58	23	63	51	11	14	26
小　　　計	195	144	25	49	14	56	51	11	14	26
1 ～ 9 頭	91	76	21	14	13	28	15	9	3	3
10 ～ 19	17	12	3	4	－	5	5	2	－	3
20 ～ 29	16	12	－	5	1	6	4	－	1	3
30 ～ 49	20	17	1	9	－	7	3	－	1	2
50 ～ 99	28	19	－	11	－	8	9	－	6	3
100 ～ 199	8	5	－	3	－	2	3	－	1	2
200 ～ 499	12	2	－	2	－	－	10	－	2	8
500 頭 以 上	3	1	－	1	－	－	2	－	－	2
肉用種の肥育用牛及び乳用種なし	144	144	119	9	9	7	－	－	－	－

単位:戸

区　　　分	計	肉　用　種　飼　養					乳　用　種　飼　養			
		小　計	子牛生産	肥育用牛飼養	育成牛飼養	その他の飼養	小　計	育成牛飼養	肥育牛飼養	その他の飼養
関 東 ・ 東 山	2,660	2,170	1,380	396	17	377	494	55	140	299
小　　　　　計	1,430	938	225	334	11	368	494	55	140	299
1 ～ 9 頭	552	455	202	76	11	166	97	42	47	8
10 ～ 19	143	110	11	51	－	48	33	4	12	17
20 ～ 29	101	74	4	30	－	40	27	4	9	14
30 ～ 49	119	82	4	44	－	34	37	1	12	24
50 ～ 99	166	91	3	60	－	28	75	3	24	48
100 ～ 199	132	61	1	37	－	23	71	1	18	52
200 ～ 499	126	42	－	24	－	18	84	－	11	73
500 頭 以 上	93	23	－	12	－	11	70	－	7	63
肉用種の肥育用牛 及び乳用種なし	1,230	1,230	1,150	62	6	9	－	－	－	－
東　　　　　　海	1,060	797	395	234	15	153	267	53	63	151
小　　　　　計	582	315	62	94	11	148	267	53	63	151
1 ～ 9 頭	187	127	48	7	9	63	60	41	16	3
10 ～ 19	55	40	10	12	2	16	15	8	1	6
20 ～ 29	31	17	3	5	－	9	14	2	4	8
30 ～ 49	45	26	1	13	－	12	19	2	6	11
50 ～ 99	87	51	－	22	－	29	36	－	9	27
100 ～ 199	88	38	－	26	－	12	50	－	16	34
200 ～ 499	68	14	－	9	－	5	54	－	10	44
500 頭 以 上	21	2	－	－	－	2	19	－	1	18
肉用種の肥育用牛 及び乳用種なし	482	482	333	140	4	5	－	－	－	－
近　　　　　　畿	1,450	1,370	1,030	171	3	168	76	16	15	45
小　　　　　計	373	297	35	97	1	164	76	16	15	45
1 ～ 9 頭	152	127	29	21	－	77	25	14	9	2
10 ～ 19	49	39	4	14	－	21	10	1	3	6
20 ～ 29	17	15	－	4	－	11	2	－	－	2
30 ～ 49	32	30	2	6	1	21	2	－	1	1
50 ～ 99	54	42	－	29	－	13	12	1	－	11
100 ～ 199	31	23	－	14	－	9	8	－	－	8
200 ～ 499	28	14	－	6	－	8	14	－	2	12
500 頭 以 上	10	7	－	3	－	4	3	－	－	3
肉用種の肥育用牛 及び乳用種なし	1,080	1,080	997	74	2	4	－	－	－	－
中　　　　　　国	2,310	2,180	1,840	109	9	221	128	22	24	82
小　　　　　計	471	343	85	52	3	203	128	22	24	82
1 ～ 9 頭	232	202	74	18	3	107	30	15	10	5
10 ～ 19	39	31	4	2	－	25	8	－	2	6
20 ～ 29	27	19	2	3	－	14	8	2	3	3
30 ～ 49	34	26	3	5	－	18	8	1	3	4
50 ～ 99	40	30	－	11	－	19	10	1	1	8
100 ～ 199	35	20	2	9	－	9	15	－	2	13
200 ～ 499	36	8	－	2	－	6	28	3	2	23
500 頭 以 上	28	7	－	2	－	5	21	－	1	20
肉用種の肥育用牛 及び乳用種なし	1,840	1,840	1,760	57	6	18	－	－	－	－
四　　　　　　国	644	497	296	80	2	119	147	43	27	77
小　　　　　計	348	201	25	58	1	117	147	43	27	77
1 ～ 9 頭	139	89	22	16	－	51	50	35	9	6
10 ～ 19	45	32	2	12	－	18	13	4	4	5
20 ～ 29	28	21	－	4	1	16	7	2	1	4
30 ～ 49	27	18	－	11	－	7	9	1	2	6
50 ～ 99	30	21	1	7	－	13	9	－	5	4
100 ～ 199	37	15	－	7	－	8	22	1	4	17
200 ～ 499	29	5	－	1	－	4	24	－	－	24
500 頭 以 上	13	－	－	－	－	－	13	－	2	11
肉用種の肥育用牛 及び乳用種なし	296	296	271	22	1	2	－	－	－	－

(3) 全国農業地域別・飼養頭数規模別 (続き)

　キ　飼養状態別飼養戸数 (肉用種の肥育用牛及び乳用種飼養頭数規模別) (続き)

単位:戸

区　　分	計	肉　用　種　飼　養					乳　用　種　飼　養			
		小　計	子牛生産	肥育用牛飼養	育成牛飼養	その他の飼養	小　計	育成牛飼養	肥育牛飼養	その他の飼養
九　　　　　州	18,500	18,200	15,700	991	29	1,490	324	60	71	193
小　　　　計	2,720	2,400	267	738	8	1,390	324	60	71	193
1 ～ 9 頭	1,260	1,200	226	123	6	846	63	39	15	9
10 ～ 19	181	162	24	43	1	94	19	12	2	5
20 ～ 29	129	115	8	34	－	73	14	2	4	8
30 ～ 49	191	174	5	84	－	85	17	6	4	7
50 ～ 99	264	245	3	138	－	104	19	－	7	12
100 ～ 199	339	272	1	171	1	99	67	1	16	50
200 ～ 499	252	167	－	109	－	58	85	－	20	65
500 頭 以 上	103	63	－	36	－	27	40	－	3	37
肉用種の肥育用牛及び乳用種なし	15,800	15,800	15,400	253	21	101	－	－	－	－
沖　　　　　縄	2,250	2,240	1,450	54	2	735	3	－	2	1
小　　　　計	768	765	11	26	－	728	3	－	2	1
1 ～ 9 頭	675	674	10	21	－	643	1	－	1	－
10 ～ 19	55	53	1	2	－	50	2	－	1	1
20 ～ 29	11	11	－	－	－	11	－	－	－	－
30 ～ 49	13	13	－	－	－	13	－	－	－	－
50 ～ 99	5	5	－	－	－	5	－	－	－	－
100 ～ 199	6	6	－	2	－	4	－	－	－	－
200 ～ 499	2	2	－	1	－	1	－	－	－	－
500 頭 以 上	1	1	－	－	－	1	－	－	－	－
肉用種の肥育用牛及び乳用種なし	1,480	1,480	1,440	28	2	7	－	－	－	－
関 東 農 政 局	2,770	2,230	1,400	424	17	393	541	56	152	333
小　　　　計	1,510	972	231	347	11	383	541	56	152	333
1 ～ 9 頭	569	467	208	78	11	170	102	43	50	9
10 ～ 19	148	114	11	53	－	50	34	4	12	18
20 ～ 29	105	77	4	31	－	42	28	4	10	14
30 ～ 49	129	90	4	49	－	37	39	1	13	25
50 ～ 99	173	93	3	61	－	29	80	3	25	52
100 ～ 199	151	66	1	39	－	26	85	1	23	61
200 ～ 499	141	42	－	24	－	18	99	－	12	87
500 頭 以 上	97	23	－	12	－	11	74	－	7	67
肉用種の肥育用牛及び乳用種なし	1,260	1,260	1,170	77	6	10	－	－	－	－
東 海 農 政 局	952	732	374	206	15	137	220	52	51	117
小　　　　計	501	281	56	81	11	133	220	52	51	117
1 ～ 9 頭	170	115	42	5	9	59	55	40	13	2
10 ～ 19	50	36	10	10	2	14	14	8	1	5
20 ～ 29	27	14	3	4	－	7	13	2	3	8
30 ～ 49	35	18	1	8	－	9	17	2	5	10
50 ～ 99	80	49	－	21	－	28	31	－	8	23
100 ～ 199	69	33	－	24	－	9	36	－	11	25
200 ～ 499	53	14	－	9	－	5	39	－	9	30
500 頭 以 上	17	2	－	－	－	2	15	－	1	14
肉用種の肥育用牛及び乳用種なし	451	451	318	125	4	4	－	－	－	－
中 国 四 国 農 政 局	2,950	2,680	2,140	189	11	340	275	65	51	159
小　　　　計	819	544	110	110	4	320	275	65	51	159
1 ～ 9 頭	371	291	96	34	3	158	80	50	19	11
10 ～ 19	84	63	6	14	－	43	21	4	6	11
20 ～ 29	55	40	2	7	1	30	15	4	4	7
30 ～ 49	61	44	3	16	－	25	17	2	5	10
50 ～ 99	70	51	1	18	－	32	19	1	6	12
100 ～ 199	72	35	2	16	－	17	37	1	6	30
200 ～ 499	65	13	－	3	－	10	52	3	2	47
500 頭 以 上	41	7	－	2	－	5	34	－	3	31
肉用種の肥育用牛及び乳用種なし	2,140	2,140	2,030	79	7	20	－	－	－	－

ク　飼養状態別飼養頭数（肉用種の肥育用牛及び乳用種飼養頭数規模別）

単位：頭

区　　分	計	肉　用　種　飼　養					乳　用　種　飼　養			
		小　計	子牛生産	肥育用牛飼養	育成牛飼養	その他の飼養	小　計	育成牛飼養	肥育牛飼養	その他の飼養
全　　　　　国	2,605,000	1,820,000	679,200	427,700	3,140	710,000	784,500	5,300	65,800	713,400
小　　　　計	1,928,000	1,144,000	65,800	366,600	1,580	709,700	784,500	5,300	65,800	713,400
1 ～ 9 頭	240,600	238,800	44,600	13,400	650	180,100	1,880	1,090	490	300
10 ～ 19	67,400	65,100	7,090	9,180	160	48,700	2,270	600	600	1,080
20 ～ 29	54,400	51,500	3,210	7,680	x	40,500	2,870	320	920	1,630
30 ～ 49	74,100	68,900	4,220	17,600	x	46,900	5,170	450	1,640	3,080
50 ～ 99	141,800	122,300	2,860	40,500	－	78,900	19,500	590	6,030	12,900
100 ～ 199	199,900	148,500	3,910	65,200	x	78,900	51,400	1,000	13,100	37,200
200 ～ 499	319,600	171,400	－	87,400	－	84,000	148,300	1,260	20,600	126,400
500 頭 以 上	830,400	277,200	－	125,600	－	151,600	553,200	－	22,400	530,800
肉用種の肥育用牛及び乳用種なし	676,300	676,300	613,400	61,100	1,570	310	－	－	－	－
北　海　道	536,200	199,800	76,100	35,000	230	88,400	336,500	700	8,220	327,500
小　　　　計	478,500	142,100	22,200	31,400	80	88,400	336,500	700	8,220	327,500
1 ～ 9 頭	36,000	35,900	16,000	760	80	19,000	180	110	50	20
10 ～ 19	7,470	7,250	1,950	290	－	5,010	220	x	90	110
20 ～ 29	6,660	6,260	1,360	x	－	4,870	400	－	180	220
30 ～ 49	8,830	8,210	520	430	－	7,260	610	－	350	260
50 ～ 99	9,980	7,970	940	810	－	6,220	2,010	x	420	1,500
100 ～ 199	23,300	17,400	x	1,230	－	14,700	5,920	470	780	4,680
200 ～ 499	39,300	6,920	－	5,230	－	x	32,400	－	2,230	30,200
500 頭 以 上	346,900	52,200	－	22,600	－	29,600	294,700	－	4,110	290,600
肉用種の肥育用牛及び乳用種なし	57,700	57,700	53,900	3,620	150	10	－	－	－	－
都　府　県	2,068,000	1,620,000	603,100	392,700	2,910	621,600	448,100	4,600	57,600	385,800
小　　　　計	1,450,000	1,002,000	43,600	335,200	1,500	621,300	448,100	4,600	57,600	385,800
1 ～ 9 頭	204,600	202,900	28,600	12,700	570	161,100	1,700	980	440	270
10 ～ 19	59,900	57,900	5,140	8,890	160	43,700	2,050	580	510	970
20 ～ 29	47,700	45,300	1,850	7,640	x	35,600	2,470	320	740	1,410
30 ～ 49	65,300	60,700	3,700	17,200	x	39,600	4,560	450	1,290	2,820
50 ～ 99	131,800	114,400	1,920	39,700	－	72,700	17,500	490	5,620	11,400
100 ～ 199	176,500	131,100	2,420	64,000	x	64,300	45,400	540	12,300	32,600
200 ～ 499	280,300	164,500	－	82,100	－	82,300	115,900	1,260	18,400	96,200
500 頭 以 上	483,500	225,000	－	103,000	－	122,000	258,500	－	18,300	240,200
肉用種の肥育用牛及び乳用種なし	618,600	618,600	559,400	57,400	1,410	300	－	－	－	－
東　　　　北	335,100	262,500	114,800	47,900	210	99,600	72,600	140	13,200	59,300
小　　　　計	218,000	145,400	8,530	37,200	140	99,500	72,600	140	13,200	59,300
1 ～ 9 頭	33,300	33,100	7,090	2,540	60	23,400	170	60	60	50
10 ～ 19	13,300	13,000	770	2,490	－	9,770	240	x	70	150
20 ～ 29	11,400	11,100	x	2,260	－	8,680	280	x	x	170
30 ～ 49	12,600	12,400	x	4,320	x	7,870	180	x	x	x
50 ～ 99	27,800	24,700	x	6,140	－	18,200	3,030	－	1,360	1,670
100 ～ 199	22,500	14,600	－	6,700	－	7,860	7,960	－	3,310	4,650
200 ～ 499	37,100	22,800	－	10,000	－	12,800	14,300	－	3,400	10,900
500 頭 以 上	60,200	13,700	－	2,780	－	10,900	46,500	－	4,850	41,600
肉用種の肥育用牛及び乳用種なし	117,100	117,100	106,300	10,700	80	90	－	－	－	－
北　　　　陸	21,100	12,500	3,450	4,510	260	4,230	8,630	70	1,580	6,980
小　　　　計	18,400	9,750	850	4,470	210	4,220	8,630	70	1,580	6,980
1 ～ 9 頭	1,250	1,180	290	120	120	650	70	40	10	20
10 ～ 19	700	610	130	150	－	330	90	x	－	60
20 ～ 29	1,060	960	－	230	x	640	100	－	x	80
30 ～ 49	2,260	2,140	x	530	－	1,180	120	－	x	x
50 ～ 99	2,800	2,050	－	1,060	－	990	750	－	470	280
100 ～ 199	1,610	1,110	－	680	－	x	500	－	x	x
200 ～ 499	4,220	x	－	x	－	－	3,530	－	x	2,680
500 頭 以 上	4,480	x	－	x	－	－	x	－	－	x
肉用種の肥育用牛及び乳用種なし	2,700	2,700	2,600	40	50	10	－	－	－	－

(3)　全国農業地域別・飼養頭数規模別（続き）

　　ク　飼養状態別飼養頭数（肉用種の肥育用牛及び乳用種飼養頭数規模別）（続き）

単位：頭

区　　分	計	肉　用　種　飼　養					乳　用　種　飼　養			
		小　計	子牛生産	肥育用牛飼養	育成牛飼養	その他の飼養	小　計	育成牛飼養	肥育牛飼養	その他の飼養
関東・東山	277,200	145,500	35,000	49,500	360	60,600	131,700	930	15,700	115,000
小　　　計	249,100	117,400	8,770	47,800	220	60,600	131,700	930	15,700	115,000
1 ～ 9 頭	16,000	15,600	5,710	1,710	220	7,930	390	170	170	50
10 ～ 19	6,920	6,360	880	1,960	–	3,520	560	90	190	280
20 ～ 29	6,080	5,320	240	1,120	–	3,970	760	90	260	410
30 ～ 49	9,950	8,200	1,030	2,530	–	4,630	1,750	x	510	1,210
50 ～ 99	20,000	13,800	630	7,680	–	5,500	6,250	300	1,950	4,000
100 ～ 199	26,300	15,100	x	7,920	–	6,920	11,200	x	2,820	8,080
200 ～ 499	45,800	18,700	–	8,010	–	10,600	27,200	–	3,400	23,800
500 頭 以 上	118,000	34,400	–	16,900	–	17,500	83,600	–	6,430	77,200
肉用種の肥育用牛及び乳用種なし	28,100	28,100	26,200	1,710	140	10	–	–	–	–
東　　　　海	122,200	75,700	15,900	32,500	240	27,100	46,600	460	6,890	39,200
小　　　計	90,700	44,100	2,600	14,200	220	27,100	46,600	460	6,890	39,200
1 ～ 9 頭	7,590	7,300	1,640	70	90	5,490	300	210	60	20
10 ～ 19	2,980	2,730	640	790	x	1,180	240	130	x	100
20 ～ 29	2,080	1,700	180	590	–	930	380	x	110	220
30 ～ 49	4,730	3,860	x	1,960	–	1,760	870	x	240	550
50 ～ 99	11,900	8,990	–	2,270	–	6,730	2,920	–	680	2,240
100 ～ 199	17,700	10,300	–	5,330	–	4,990	7,390	–	2,250	5,140
200 ～ 499	25,100	6,830	–	3,240	–	3,590	18,300	–	2,960	15,300
500 頭 以 上	18,600	x	–	–	–	x	16,200	–	x	15,600
肉用種の肥育用牛及び乳用種なし	31,600	31,600	13,300	18,200	20	10	–	–	–	–
近　　　　畿	90,400	79,700	18,400	26,800	130	34,400	10,700	140	580	10,000
小　　　計	66,800	56,100	1,750	19,900	x	34,400	10,700	140	580	10,000
1 ～ 9 頭	7,100	7,000	840	500	–	5,650	110	60	40	x
10 ～ 19	3,420	3,240	660	570	–	2,010	170	x	40	120
20 ～ 29	4,590	4,520	–	1,280	–	3,240	x	–	–	x
30 ～ 49	4,850	4,740	x	900	x	3,490	x	–	x	x
50 ～ 99	8,610	7,640	–	3,760	–	3,880	980	x	–	910
100 ～ 199	8,090	6,990	–	2,740	–	4,250	1,100	–	–	1,100
200 ～ 499	14,500	9,410	–	2,680	–	6,740	5,100	–	x	4,640
500 頭 以 上	15,700	12,600	–	7,480	–	5,100	3,090	–	–	3,090
肉用種の肥育用牛及び乳用種なし	23,600	23,600	16,700	6,850	x	10	–	–	–	–
中　　　　国	128,300	80,200	28,500	11,000	30	40,600	48,200	1,520	2,600	44,000
小　　　計	100,700	52,600	4,020	7,990	20	40,500	48,200	1,520	2,600	44,000
1 ～ 9 頭	9,720	9,650	2,290	570	20	6,770	70	40	20	20
10 ～ 19	3,100	2,960	160	x	–	2,670	140	–	x	100
20 ～ 29	2,980	2,730	x	90	–	2,460	250	x	100	90
30 ～ 49	3,530	3,150	370	240	–	2,540	380	x	150	190
50 ～ 99	6,810	5,870	–	1,410	–	4,460	940	x	x	740
100 ～ 199	8,660	6,190	x	1,910	–	3,260	2,480	–	x	2,100
200 ～ 499	15,900	5,880	–	x	–	4,770	10,100	1,260	x	7,990
500 頭 以 上	50,000	16,100	–	x	–	13,600	33,800	–	x	32,800
肉用種の肥育用牛及び乳用種なし	27,600	27,600	24,500	3,040	20	20	–	–	–	–
四　　　　国	59,600	26,400	6,080	5,940	x	14,300	33,200	460	4,670	28,000
小　　　計	53,400	20,200	890	4,920	x	14,300	33,200	460	4,670	28,000
1 ～ 9 頭	3,130	2,930	520	750	–	1,660	200	150	20	30
10 ～ 19	1,970	1,750	x	510	–	1,090	220	70	80	70
20 ～ 29	2,300	2,110	–	270	x	1,790	190	x	x	110
30 ～ 49	2,010	1,590	–	610	–	970	420	x	x	280
50 ～ 99	4,440	3,650	x	700	–	2,730	790	–	420	370
100 ～ 199	8,560	5,100	–	1,780	–	3,320	3,470	x	510	2,810
200 ～ 499	10,700	3,060	–	x	–	2,760	7,680	–	–	7,680
500 頭 以 上	20,200	–	–	–	–	–	20,200	–	x	16,700
肉用種の肥育用牛及び乳用種なし	6,220	6,220	5,190	1,020	x	x	–	–	–	–

単位:頭

区　分	計	肉　用　種　飼　養					乳　用　種　飼　養			
		小　計	子牛生産	肥育用牛飼養	育成牛飼養	その他の飼養	小　計	育成牛飼養	肥育牛飼養	その他の飼養
九　　州	952,500	856,100	352,800	213,600	1,630	288,000	96,500	880	12,400	83,200
小　　計	598,400	501,900	15,800	197,700	560	287,900	96,500	880	12,400	83,200
1 ～ 9 頭	91,500	91,100	9,820	6,310	60	74,900	380	250	60	70
10 ～ 19	20,800	20,400	1,720	2,240	x	16,400	350	220	x	80
20 ～ 29	14,200	13,800	1,100	1,820	–	10,900	450	x	120	270
30 ～ 49	22,500	21,800	1,390	6,120	–	14,300	710	220	170	320
50 ～ 99	47,800	46,000	660	16,700	–	28,600	1,800	–	650	1,150
100 ～ 199	81,300	69,900	x	36,500	x	31,900	11,400	x	2,880	8,370
200 ～ 499	126,200	96,500	–	55,800	–	40,700	29,700	–	6,540	23,200
500 頭 以 上	194,100	142,400	–	72,300	–	70,100	51,700	–	1,910	49,800
肉用種の肥育用牛及び乳用種なし	354,100	354,100	337,000	15,900	1,070	140	–	–	–	–
沖　　縄	81,900	81,900	28,100	940	x	52,900	40	–	x	x
小　　計	54,200	54,200	420	900	–	52,900	40	–	x	x
1 ～ 9 頭	35,100	35,100	390	70	–	34,600	x	–	x	–
10 ～ 19	6,810	6,770	x	x	–	6,690	x	–	x	x
20 ～ 29	3,060	3,060	–	–	–	3,060	–	–	–	–
30 ～ 49	2,830	2,830	–	–	–	2,830	–	–	–	–
50 ～ 99	1,630	1,630	–	–	–	1,630	–	–	–	–
100 ～ 199	1,840	1,840	–	x	–	1,360	–	–	–	–
200 ～ 499	x	x	–	x	–	x	–	–	–	–
500 頭 以 上	x	x	–	–	–	x	–	–	–	–
肉用種の肥育用牛及び乳用種なし	27,700	27,700	27,600	40	x	10	–	–	–	–
関 東 農 政 局	296,300	152,900	35,600	53,800	360	63,200	143,400	940	16,900	125,600
小　　計	266,200	122,800	9,040	50,400	220	63,200	143,400	940	16,900	125,600
1 ～ 9 頭	16,400	16,000	5,980	1,740	220	8,020	410	180	180	60
10 ～ 19	7,430	6,850	880	2,300	–	3,670	580	90	190	300
20 ～ 29	6,390	5,600	240	1,180	–	4,190	780	90	280	410
30 ～ 49	11,600	9,790	1,030	3,720	–	5,040	1,840	x	550	1,260
50 ～ 99	20,900	14,300	630	7,850	–	5,800	6,630	300	2,010	4,320
100 ～ 199	30,600	17,300	x	8,680	–	8,340	13,300	x	3,590	9,470
200 ～ 499	50,400	18,700	–	8,010	–	10,600	31,700	–	3,630	28,100
500 頭 以 上	122,500	34,400	–	16,900	–	17,500	88,100	–	6,430	81,700
肉用種の肥育用牛及び乳用種なし	30,100	30,100	26,600	3,400	140	10	–	–	–	–
東 海 農 政 局	103,100	68,200	15,300	28,200	240	24,500	34,900	460	5,750	28,600
小　　計	73,600	38,700	2,330	11,700	220	24,500	34,900	460	5,750	28,600
1 ～ 9 頭	7,190	6,910	1,370	50	90	5,400	280	210	50	x
10 ～ 19	2,460	2,240	640	440	x	1,040	220	130	x	80
20 ～ 29	1,770	1,410	180	530	–	700	360	x	90	220
30 ～ 49	3,040	2,260	x	780	–	1,340	780	x	200	500
50 ～ 99	11,100	8,520	–	2,100	–	6,420	2,540	–	620	1,920
100 ～ 199	13,400	8,130	–	4,570	–	3,560	5,230	–	1,480	3,760
200 ～ 499	20,600	6,830	–	3,240	–	3,590	13,800	–	2,730	11,000
500 頭 以 上	14,100	x	–	–	–	x	11,700	–	x	11,100
肉用種の肥育用牛及び乳用種なし	29,500	29,500	13,000	16,500	20	10	–	–	–	–
中 国 四 国 農 政 局	187,900	106,600	34,600	17,000	90	54,900	81,300	1,980	7,270	72,100
小　　計	154,100	72,800	4,910	12,900	70	54,900	81,300	1,980	7,270	72,100
1 ～ 9 頭	12,900	12,600	2,820	1,320	20	8,430	280	190	40	50
10 ～ 19	5,070	4,710	300	640	–	3,770	360	70	120	170
20 ～ 29	5,280	4,840	x	360	x	4,260	430	100	130	200
30 ～ 49	5,540	4,740	370	850	–	3,520	810	x	250	470
50 ～ 99	11,300	9,510	x	2,110	–	7,180	1,740	x	500	1,120
100 ～ 199	17,200	11,300	x	3,680	–	6,580	5,940	x	890	4,900
200 ～ 499	26,700	8,940	–	1,410	–	7,530	17,700	1,260	x	15,700
500 頭 以 上	70,200	16,100	–	x	–	13,600	54,000	–	4,540	49,500
肉用種の肥育用牛及び乳用種なし	33,800	33,800	29,700	4,060	20	30	–	–	–	–

(3) 全国農業地域別・飼養頭数規模別（続き）

ケ 飼養状態別飼養戸数（交雑種飼養頭数規模別）

単位：戸

区　　　分	計	肉用種飼養	乳　　用　　種　　飼　　養			
			小　計	育成牛飼養	肥育牛飼養	その他の飼養
全　　　　　国	42,100	39,900	2,110	319	495	1,300
小　　　　　計	3,840	1,990	1,850	295	416	1,140
1 ～ 4 頭	1,570	1,250	314	169	95	50
5 ～ 19	684	419	265	96	55	114
20 ～ 29	177	81	96	11	31	54
30 ～ 49	179	74	105	6	28	71
50 ～ 99	288	65	223	6	65	152
100 ～ 199	352	54	298	5	70	223
200 ～ 499	344	28	316	2	51	263
500 頭 以 上	252	18	234	-	21	213
交 雑 種 な し	38,200	38,000	260	24	79	157
北　海　道	2,270	1,880	392	36	58	298
小　　　　　計	672	383	289	25	39	225
1 ～ 4 頭	284	238	46	21	11	14
5 ～ 19	122	93	29	2	8	19
20 ～ 29	26	16	10	-	4	6
30 ～ 49	23	9	14	-	5	9
50 ～ 99	31	8	23	1	1	21
100 ～ 199	47	10	37	1	3	33
200 ～ 499	50	2	48	-	4	44
500 頭 以 上	89	7	82	-	3	79
交 雑 種 な し	1,600	1,500	103	11	19	73
都　府　県	39,800	38,100	1,720	283	437	999
小　　　　　計	3,170	1,610	1,560	270	377	915
1 ～ 4 頭	1,280	1,010	268	148	84	36
5 ～ 19	562	326	236	94	47	95
20 ～ 29	151	65	86	11	27	48
30 ～ 49	156	65	91	6	23	62
50 ～ 99	257	57	200	5	64	131
100 ～ 199	305	44	261	4	67	190
200 ～ 499	294	26	268	2	47	219
500 頭 以 上	163	11	152	-	18	134
交 雑 種 な し	36,600	36,500	157	13	60	84
東　　　　　北	10,500	10,300	229	23	81	125
小　　　　　計	522	330	192	23	67	102
1 ～ 4 頭	269	233	36	16	14	6
5 ～ 19	84	59	25	5	7	13
20 ～ 29	23	13	10	1	3	6
30 ～ 49	20	12	8	1	1	6
50 ～ 99	31	6	25	-	11	14
100 ～ 199	45	3	42	-	18	24
200 ～ 499	28	4	24	-	7	17
500 頭 以 上	22	-	22	-	6	16
交 雑 種 な し	10,000	9,980	37	-	14	23
北　　　　　陸	339	288	51	11	14	26
小　　　　　計	106	57	49	11	13	25
1 ～ 4 頭	49	38	11	7	2	2
5 ～ 19	22	12	10	4	1	5
20 ～ 29	8	4	4	-	2	2
30 ～ 49	4	2	2	-	-	2
50 ～ 99	11	1	10	-	6	4
100 ～ 199	2	-	2	-	1	1
200 ～ 499	8	-	8	-	1	7
500 頭 以 上	2	-	2	-	-	2
交 雑 種 な し	233	231	2	-	1	1

単位：戸

| 区　　　分 | 計 | 肉用種飼養 | 乳　用　種　飼　養 | | | |
			小　計	育成牛飼養	肥育牛飼養	その他の飼養
関 東 ・ 東 山	**2,660**	**2,170**	**494**	**55**	**140**	**299**
小　　　　　計	816	364	452	49	125	278
1 ～ 4 頭	300	225	75	32	32	11
5 ～ 19	126	72	54	10	19	25
20 ～ 29	42	12	30	3	11	16
30 ～ 49	43	15	28	－	9	19
50 ～ 99	95	18	77	3	23	51
100 ～ 199	81	16	65	1	14	50
200 ～ 499	79	4	75	－	12	63
500 頭 以 上	50	2	48	－	5	43
交 雑 種 な し	1,840	1,800	42	6	15	21
東　　　　　海	**1,060**	**797**	**267**	**53**	**63**	**151**
小　　　　　計	368	113	255	52	59	144
1 ～ 4 頭	97	61	36	25	11	－
5 ～ 19	76	34	42	26	3	13
20 ～ 29	22	9	13	－	5	8
30 ～ 49	18	2	16	1	5	10
50 ～ 99	43	4	39	－	9	30
100 ～ 199	45	2	43	－	16	27
200 ～ 499	50	1	49	－	9	40
500 頭 以 上	17	－	17	－	1	16
交 雑 種 な し	696	684	12	1	4	7
近　　　　　畿	**1,450**	**1,370**	**76**	**16**	**15**	**45**
小　　　　　計	133	63	70	13	12	45
1 ～ 4 頭	51	37	14	8	5	1
5 ～ 19	27	11	16	4	4	8
20 ～ 29	5	2	3	－	－	3
30 ～ 49	9	6	3	－	1	2
50 ～ 99	12	1	11	1	－	10
100 ～ 199	12	2	10	－	1	9
200 ～ 499	12	1	11	－	1	10
500 頭 以 上	5	3	2	－	－	2
交 雑 種 な し	1,320	1,310	6	3	3	－
中　　　　　国	**2,310**	**2,180**	**128**	**22**	**24**	**82**
小　　　　　計	240	125	115	21	18	76
1 ～ 4 頭	106	82	24	13	5	6
5 ～ 19	38	23	15	1	3	11
20 ～ 29	13	7	6	2	2	2
30 ～ 49	13	4	9	1	2	6
50 ～ 99	12	2	10	1	1	8
100 ～ 199	21	3	18	1	3	14
200 ～ 499	19	2	17	2	1	14
500 頭 以 上	18	2	16	－	1	15
交 雑 種 な し	2,070	2,060	13	1	6	6
四　　　　　国	**644**	**497**	**147**	**43**	**27**	**77**
小　　　　　計	191	59	132	42	24	66
1 ～ 4 頭	66	30	36	23	7	6
5 ～ 19	40	16	24	15	4	5
20 ～ 29	10	3	7	2	1	4
30 ～ 49	13	5	8	1	1	6
50 ～ 99	13	3	10	－	6	4
100 ～ 199	24	2	22	1	3	18
200 ～ 499	13	－	13	－	－	13
500 頭 以 上	12	－	12	－	2	10
交 雑 種 な し	453	438	15	1	3	11

(3) 全国農業地域別・飼養頭数規模別（続き）

ケ 飼養状態別飼養戸数（交雑種飼養頭数規模別）（続き）

単位：戸

区　　分	計	肉用種飼養	乳　用　種　飼　養			
			小　計	育成牛飼養	肥育牛飼養	その他の飼養
九　　　　　州	18,500	18,200	324	60	71	193
小　　　　計	754	459	295	59	58	178
1 ～ 4 頭	313	277	36	24	8	4
5 ～ 19	142	94	48	29	5	14
20 ～ 29	27	14	13	3	3	7
30 ～ 49	36	19	17	2	4	11
50 ～ 99	40	22	18	-	8	10
100 ～ 199	74	15	59	1	11	47
200 ～ 499	85	14	71	-	16	55
500 頭 以 上	37	4	33	-	3	30
交 雑 種 な し	17,800	17,700	29	1	13	15
沖　　　　　縄	2,250	2,240	3	-	2	1
小　　　　計	39	37	2	-	1	1
1 ～ 4 頭	30	30	-	-	-	-
5 ～ 19	7	5	2	-	1	1
20 ～ 29	1	1	-	-	-	-
30 ～ 49	-	-	-	-	-	-
50 ～ 99	-	-	-	-	-	-
100 ～ 199	1	1	-	-	-	-
200 ～ 499	-	-	-	-	-	-
500 頭 以 上	-	-	-	-	-	-
交 雑 種 な し	2,210	2,210	1	-	1	-
関 東 農 政 局	2,770	2,230	541	56	152	333
小　　　　計	877	378	499	50	137	312
1 ～ 4 頭	312	233	79	33	35	11
5 ～ 19	133	76	57	10	19	28
20 ～ 29	45	13	32	3	13	16
30 ～ 49	45	15	30	-	10	20
50 ～ 99	100	18	82	3	24	55
100 ～ 199	96	17	79	1	18	60
200 ～ 499	92	4	88	-	13	75
500 頭 以 上	54	2	52	-	5	47
交 雑 種 な し	1,900	1,850	42	6	15	21
東 海 農 政 局	952	732	220	52	51	117
小　　　　計	307	99	208	51	47	110
1 ～ 4 頭	85	53	32	24	8	-
5 ～ 19	69	30	39	26	3	10
20 ～ 29	19	8	11	-	3	8
30 ～ 49	16	2	14	1	4	9
50 ～ 99	38	4	34	-	8	26
100 ～ 199	30	1	29	-	12	17
200 ～ 499	37	1	36	-	8	28
500 頭 以 上	13	-	13	-	1	12
交 雑 種 な し	645	633	12	1	4	7
中 国 四 国 農 政 局	2,950	2,680	275	65	51	159
小　　　　計	431	184	247	63	42	142
1 ～ 4 頭	172	112	60	36	12	12
5 ～ 19	78	39	39	16	7	16
20 ～ 29	23	10	13	4	3	6
30 ～ 49	26	9	17	2	3	12
50 ～ 99	25	5	20	1	7	12
100 ～ 199	45	5	40	2	6	32
200 ～ 499	32	2	30	2	1	27
500 頭 以 上	30	2	28	-	3	25
交 雑 種 な し	2,520	2,500	28	2	9	17

コ 飼養状態別交雑種飼養頭数（交雑種飼養頭数規模別）

単位:頭

区　　分	計	肉用種飼養	乳　　用　　種　　飼　　養			
			小　計	育成牛飼養	肥育牛飼養	その他の飼養
全　　　国	525,700	55,500	470,200	3,710	52,800	413,800
1 ～ 4 頭	3,260	2,560	700	410	170	120
5 ～ 19	7,140	4,190	2,950	890	660	1,400
20 ～ 29	4,400	2,040	2,370	260	780	1,330
30 ～ 49	7,420	2,980	4,440	240	1,160	3,030
50 ～ 99	22,000	4,580	17,500	430	5,120	11,900
100 ～ 199	52,700	7,960	44,800	740	10,500	33,500
200 ～ 499	109,300	9,110	100,200	x	15,400	84,000
500 頭 以 上	319,500	22,100	297,400	-	18,900	278,500
北　海　道	165,100	15,800	149,300	330	4,610	144,300
1 ～ 4 頭	570	470	100	40	20	30
5 ～ 19	1,200	870	330	x	100	220
20 ～ 29	660	400	260	-	100	160
30 ～ 49	990	370	620	-	200	420
50 ～ 99	2,250	510	1,740	x	x	1,600
100 ～ 199	7,230	1,520	5,710	x	490	5,040
200 ～ 499	16,900	x	16,100	-	1,130	15,000
500 頭 以 上	135,300	10,900	124,400	-	2,530	121,900
都　府　県	360,700	39,700	321,000	3,390	48,100	269,400
1 ～ 4 頭	2,690	2,090	610	360	150	90
5 ～ 19	5,940	3,320	2,620	870	570	1,180
20 ～ 29	3,740	1,640	2,110	260	680	1,170
30 ～ 49	6,430	2,610	3,820	240	970	2,610
50 ～ 99	19,800	4,070	15,700	350	5,070	10,300
100 ～ 199	45,500	6,440	39,100	560	10,100	28,400
200 ～ 499	92,400	8,370	84,000	x	14,300	69,000
500 頭 以 上	184,200	11,200	173,000	-	16,300	156,700
東　　　北	47,700	3,870	43,900	150	10,800	32,900
1 ～ 4 頭	530	470	60	30	20	20
5 ～ 19	890	620	260	40	80	150
20 ～ 29	570	330	240	x	80	140
30 ～ 49	820	460	360	x	x	260
50 ～ 99	2,460	410	2,050	-	970	1,090
100 ～ 199	6,500	370	6,120	-	2,700	3,420
200 ～ 499	9,060	1,220	7,850	-	2,160	5,680
500 頭 以 上	26,900	-	26,900	-	4,750	22,200
北　　　陸	7,240	430	6,810	50	1,020	5,730
1 ～ 4 頭	110	80	30	20	x	x
5 ～ 19	230	110	110	30	x	70
20 ～ 29	190	100	90	-	x	x
30 ～ 49	170	x	x	-	-	x
50 ～ 99	800	x	750	-	460	290
100 ～ 199	x	-	x	-	x	x
200 ～ 499	2,500	-	2,500	-	x	2,160
500 頭 以 上	x	-	x	-	-	x

注：この統計表の飼養頭数は、各階層の飼養者が飼養している交雑種の頭数である。

(3) 全国農業地域別・飼養頭数規模別（続き）

コ 飼養状態別交雑種飼養頭数（交雑種飼養頭数規模別）（続き）

単位：頭

区 分	計	肉用種飼養	乳 用 種 飼 養			
			小 計	育成牛飼養	肥育牛飼養	その他の飼養
関 東 ・ 東 山	102,500	8,730	93,800	640	13,400	79,700
1 ～ 4 頭	660	490	180	90	60	30
5 ～ 19	1,340	720	630	100	220	310
20 ～ 29	1,030	280	750	70	280	400
30 ～ 49	1,800	590	1,210	-	380	830
50 ～ 99	7,310	1,290	6,020	200	1,790	4,020
100 ～ 199	12,300	2,410	9,900	x	2,150	7,580
200 ～ 499	24,600	1,280	23,300	-	3,880	19,400
500 頭 以 上	53,500	x	51,800	-	4,640	47,200
東 海	41,800	1,790	40,000	340	6,560	33,100
1 ～ 4 頭	210	120	90	60	30	-
5 ～ 19	780	350	430	230	40	160
20 ～ 29	550	230	320	-	130	200
30 ～ 49	780	x	700	x	210	450
50 ～ 99	3,320	250	3,070	-	690	2,380
100 ～ 199	6,450	x	6,170	-	2,300	3,870
200 ～ 499	16,100	x	15,600	-	2,610	13,000
500 頭 以 上	13,600	-	13,600	-	x	13,000
近 畿	11,700	3,650	8,040	120	550	7,370
1 ～ 4 頭	110	80	40	20	10	x
5 ～ 19	300	130	160	30	40	90
20 ～ 29	130	x	80	-	-	80
30 ～ 49	400	270	130	-	x	x
50 ～ 99	960	x	870	x	-	800
100 ～ 199	1,800	x	1,530	-	x	1,320
200 ～ 499	3,960	x	3,620	-	x	3,370
500 頭 以 上	4,040	2,430	x	-	-	x
中 国	38,700	5,770	32,900	1,050	2,030	29,800
1 ～ 4 頭	190	160	40	20	10	10
5 ～ 19	420	210	210	x	50	160
20 ～ 29	310	170	130	x	x	x
30 ～ 49	480	140	350	x	x	230
50 ～ 99	800	x	680	x	x	540
100 ～ 199	3,000	460	2,540	x	430	1,990
200 ～ 499	6,110	x	5,400	x	x	4,300
500 頭 以 上	27,400	x	23,600	-	x	22,500
四 国	27,400	1,100	26,300	400	4,500	21,400
1 ～ 4 頭	150	60	90	60	10	20
5 ～ 19	420	180	230	120	60	50
20 ～ 29	240	70	170	x	x	100
30 ～ 49	510	230	290	x	x	210
50 ～ 99	980	240	740	-	460	280
100 ～ 199	3,520	x	3,210	x	370	2,700
200 ～ 499	3,820	-	3,820	-	-	3,820
500 頭 以 上	17,700	-	17,700	-	x	14,200

単位:頭

区　　分	計	肉用種飼養	乳　用　種　飼　養			
			小　計	育成牛飼養	肥育牛飼養	その他の飼養
九　　　州	83,300	14,000	69,300	640	9,240	59,400
1 ～ 4 頭	650	550	100	70	20	10
5 ～ 19	1,460	940	530	310	60	160
20 ～ 29	700	370	330	70	90	170
30 ～ 49	1,470	770	700	x	170	460
50 ～ 99	3,170	1,630	1,550	-	640	910
100 ～ 199	11,400	2,170	9,210	x	1,730	7,360
200 ～ 499	26,300	4,330	22,000	-	4,710	17,200
500 頭 以 上	38,200	3,270	34,900	-	1,830	33,100
沖　　　縄	420	360	x	-	x	x
1 ～ 4 頭	80	80	-	-	-	-
5 ～ 19	120	60	x	-	x	x
20 ～ 29	x	x	-	-	-	-
30 ～ 49	-	-	-	-	-	-
50 ～ 99	-	-	-	-	-	-
100 ～ 199	x	x	-	-	-	-
200 ～ 499	-	-	-	-	-	-
500 頭 以 上	-	-	-	-	-	-
関 東 農 政 局	113,300	8,950	104,300	640	14,400	89,200
1 ～ 4 頭	690	500	190	90	70	30
5 ～ 19	1,420	760	660	100	220	340
20 ～ 29	1,100	300	800	70	330	400
30 ～ 49	1,890	590	1,310	-	420	880
50 ～ 99	7,670	1,290	6,380	200	1,850	4,320
100 ～ 199	14,600	2,550	12,000	x	2,770	9,090
200 ～ 499	28,500	1,280	27,300	-	4,120	23,100
500 頭 以 上	57,300	x	55,700	-	4,640	51,000
東 海 農 政 局	31,000	1,570	29,400	330	5,540	23,600
1 ～ 4 頭	180	110	80	60	20	-
5 ～ 19	700	310	390	230	40	130
20 ～ 29	470	200	270	-	80	200
30 ～ 49	680	x	600	x	170	400
50 ～ 99	2,960	250	2,710	-	630	2,080
100 ～ 199	4,170	x	4,030	-	1,680	2,350
200 ～ 499	12,100	x	11,600	-	2,380	9,270
500 頭 以 上	9,710	-	9,710	-	x	9,150
中 国 四 国 農 政 局	66,000	6,870	59,200	1,460	6,540	51,200
1 ～ 4 頭	340	220	120	80	20	30
5 ～ 19	830	390	440	130	100	210
20 ～ 29	540	250	300	90	70	140
30 ～ 49	1,000	370	630	x	120	440
50 ～ 99	1,780	360	1,410	x	520	820
100 ～ 199	6,520	770	5,750	x	800	4,690
200 ～ 499	9,930	x	9,220	x	x	8,110
500 頭 以 上	45,100	x	41,300	-	4,560	36,700

(3) 全国農業地域別・飼養頭数規模別（続き）

　サ　飼養状態別飼養戸数（ホルスタイン種他飼養頭数規模別）

単位：戸

区　　　分	計	肉用種飼養	乳　用　種　飼　養			
			小　計	育成牛飼養	肥育牛飼養	その他の飼養
全　　　　　国	42,100	39,900	2,110	319	495	1,300
小　　　　計	1,530	662	865	128	130	607
1 ～ 4 頭	820	542	278	108	58	112
5 ～ 19	203	81	122	14	23	85
20 ～ 29	39	12	27	2	4	21
30 ～ 49	50	13	37	1	9	·27
50 ～ 99	61	8	53	－	10	43
100 ～ 199	109	3	106	2	15	89
200 ～ 499	125	2	123	1	10	112
500 頭 以 上	120	1	119	－	1	118
ホルスタイン種他なし	40,500	39,300	1,250	191	365	690
北　　海　　道	2,270	1,880	392	36	58	298
小　　　　計	476	186	290	22	30	238
1 ～ 4 頭	211	158	53	19	11	23
5 ～ 19	41	16	25	1	5	19
20 ～ 29	12	4	8	－	1	7
30 ～ 49	16	4	12	－	5	7
50 ～ 99	17	2	15	－	3	12
100 ～ 199	35	2	33	2	1	30
200 ～ 499	59	－	59	－	3	56
500 頭 以 上	85	－	85	－	1	84
ホルスタイン種他なし	1,800	1,690	102	14	28	60
都　　府　　県	39,800	38,100	1,720	283	437	999
小　　　　計	1,050	476	575	106	100	369
1 ～ 4 頭	609	384	225	89	47	89
5 ～ 19	162	65	97	13	18	66
20 ～ 29	27	8	19	2	3	14
30 ～ 49	34	9	25	1	4	20
50 ～ 99	44	6	38	－	7	31
100 ～ 199	74	1	73	－	14	59
200 ～ 499	66	2	64	1	7	56
500 頭 以 上	35	1	34	－	－	34
ホルスタイン種他なし	38,700	37,600	1,140	177	337	630
東　　　　　北	10,500	10,300	229	23	81	125
小　　　　計	181	94	87	6	20	61
1 ～ 4 頭	107	83	24	5	9	10
5 ～ 19	22	9	13	1	1	11
20 ～ 29	2	1	1	－	－	1
30 ～ 49	3	1	2	－	－	2
50 ～ 99	12	－	12	－	2	10
100 ～ 199	16	－	16	－	6	10
200 ～ 499	12	－	12	－	2	10
500 頭 以 上	7	－	7	－	－	7
ホルスタイン種他なし	10,400	10,200	142	17	61	64
北　　　　　陸	339	288	51	11	14	26
小　　　　計	34	16	18	1	3	14
1 ～ 4 頭	19	14	5	1	1	3
5 ～ 19	8	2	6	－	1	5
20 ～ 29	－	－	－	－	－	－
30 ～ 49	3	－	3	－	－	3
50 ～ 99	－	－	－	－	－	－
100 ～ 199	2	－	2	－	－	2
200 ～ 499	2	－	2	－	1	1
500 頭 以 上	－	－	－	－	－	－
ホルスタイン種他なし	305	272	33	10	11	12

注：「ホルスタイン種他」とは、交雑種を除く肉用目的に飼養している乳用種のおす牛及び未経産のめす牛をいう（以下シにおいて同じ。）。

単位：戸

区　　分	計	肉用種飼養	乳　用　種　飼　養			
			小　計	育成牛飼養	肥育牛飼養	その他の飼養
関　東　・　東　山	**2,660**	**2,170**	**494**	**55**	**140**	**299**
小　　　　計	259	110	149	21	27	101
1 ～ 4 頭	143	84	59	18	14	27
5 ～ 19	47	22	25	1	6	18
20 ～ 29	11	2	9	2	1	6
30 ～ 49	10	2	8	-	1	7
50 ～ 99	7	-	7	-	3	4
100 ～ 199	11	-	11	-	1	10
200 ～ 499	15	-	15	-	1	14
500 頭 以 上	15	-	15	-	-	15
ホ ル ス タ イ ン 種 他 な し	2,400	2,060	345	34	113	198
東　　　　　　海	**1,060**	**797**	**267**	**53**	**63**	**151**
小　　　　計	90	28	62	22	8	32
1 ～ 4 頭	58	25	33	17	5	11
5 ～ 19	14	3	11	4	2	5
20 ～ 29	1	-	1	-	-	1
30 ～ 49	2	-	2	1	-	1
50 ～ 99	2	-	2	-	-	2
100 ～ 199	8	-	8	-	1	7
200 ～ 499	4	-	4	-	-	4
500 頭 以 上	1	-	1	-	-	1
ホ ル ス タ イ ン 種 他 な し	974	769	205	31	55	119
近　　　　　　畿	**1,450**	**1,370**	**76**	**16**	**15**	**45**
小　　　　計	45	20	25	7	5	13
1 ～ 4 頭	28	15	13	6	2	5
5 ～ 19	10	3	7	1	3	3
20 ～ 29	1	-	1	-	-	1
30 ～ 49	2	1	1	-	-	1
50 ～ 99	3	1	2	-	-	2
100 ～ 199	-	-	-	-	-	-
200 ～ 499	1	-	1	-	-	1
500 頭 以 上	-	-	-	-	-	-
ホ ル ス タ イ ン 種 他 な し	1,410	1,350	51	9	10	32
中　　　　　　国	**2,310**	**2,180**	**128**	**22**	**24**	**82**
小　　　　計	108	50	58	5	9	44
1 ～ 4 頭	58	41	17	4	5	8
5 ～ 19	16	5	11	-	2	9
20 ～ 29	3	1	2	-	1	1
30 ～ 49	2	2	-	-	-	-
50 ～ 99	6	-	6	-	-	6
100 ～ 199	6	-	6	-	-	6
200 ～ 499	11	1	10	1	1	8
500 頭 以 上	6	-	6	-	-	6
ホ ル ス タ イ ン 種 他 な し	2,200	2,130	70	17	15	38
四　　　　　　国	**644**	**497**	**147**	**43**	**27**	**77**
小　　　　計	77	13	64	17	6	41
1 ～ 4 頭	40	8	32	16	4	12
5 ～ 19	15	3	12	1	1	10
20 ～ 29	2	1	1	-	-	1
30 ～ 49	1	-	1	-	1	-
50 ～ 99	4	1	3	-	-	3
100 ～ 199	8	-	8	-	-	8
200 ～ 499	7	-	7	-	-	7
500 頭 以 上	-	-	-	-	-	-
ホ ル ス タ イ ン 種 他 な し	567	484	83	26	21	36

(3)　全国農業地域別・飼養頭数規模別（続き）

　サ　飼養状態別飼養戸数（ホルスタイン種他飼養頭数規模別）（続き）

単位：戸

区　　　分	計	肉用種飼養	乳　用　種　飼　養			
			小　計	育成牛飼養	肥育牛飼養	その他の飼養
九　　　　　　州	18,500	18,200	324	60	71	193
小　　　　　　計	245	134	111	27	21	63
1 ～ 4 頭	144	103	41	22	6	13
5 ～ 19	30	18	12	5	2	5
20 ～ 29	7	3	4	－	1	3
30 ～ 49	11	3	8	－	2	6
50 ～ 99	10	4	6	－	2	4
100 ～ 199	23	1	22	－	6	16
200 ～ 499	14	1	13	－	2	11
500 頭 以 上	6	1	5	－	－	5
ホルスタイン種他なし	18,300	18,100	213	33	50	130
沖　　　　　　縄	2,250	2,240	3	－	2	1
小　　　　　　計	12	11	1	－	1	－
1 ～ 4 頭	12	11	1	－	1	－
5 ～ 19	－	－	－	－	－	－
20 ～ 29	－	－	－	－	－	－
30 ～ 49	－	－	－	－	－	－
50 ～ 99	－	－	－	－	－	－
100 ～ 199	－	－	－	－	－	－
200 ～ 499	－	－	－	－	－	－
500 頭 以 上	－	－	－	－	－	－
ホルスタイン種他なし	2,230	2,230	2	－	1	1
関 東 農 政 局	2,770	2,230	541	56	152	333
小　　　　　　計	266	112	154	21	28	105
1 ～ 4 頭	146	86	60	18	14	28
5 ～ 19	47	22	25	1	6	18
20 ～ 29	11	2	9	2	1	6
30 ～ 49	10	2	8	－	1	7
50 ～ 99	8	－	8	－	3	5
100 ～ 199	13	－	13	－	2	11
200 ～ 499	16	－	16	－	1	15
500 頭 以 上	15	－	15	－	－	15
ホルスタイン種他なし	2,510	2,120	387	35	124	228
東 海 農 政 局	952	732	220	52	51	117
小　　　　　　計	83	26	57	22	7	28
1 ～ 4 頭	55	23	32	17	5	10
5 ～ 19	14	3	11	4	2	5
20 ～ 29	1	－	1	－	－	1
30 ～ 49	2	－	2	1	－	1
50 ～ 99	1	－	1	－	－	1
100 ～ 199	6	－	6	－	－	6
200 ～ 499	3	－	3	－	－	3
500 頭 以 上	1	－	1	－	－	1
ホルスタイン種他なし	869	706	163	30	44	89
中 国 四 国 農 政 局	2,950	2,680	275	65	51	159
小　　　　　　計	185	63	122	22	15	85
1 ～ 4 頭	98	49	49	20	9	20
5 ～ 19	31	8	23	1	3	19
20 ～ 29	5	2	3	－	1	2
30 ～ 49	3	2	1	－	1	－
50 ～ 99	10	1	9	－	－	9
100 ～ 199	14	－	14	－	－	14
200 ～ 499	18	1	17	1	1	15
500 頭 以 上	6	－	6	－	－	6
ホルスタイン種他なし	2,770	2,620	153	43	36	74

シ　飼養状態別ホルスタイン種他飼養頭数（ホルスタイン種他飼養頭数規模別）

単位：頭

区　　分	計	肉用種飼養	乳　用　種　飼　養			
			小　計	育成牛飼養	肥育牛飼養	その他の飼養
全　　　国	250,000	4,760	245,300	930	7,710	236,600
1 〜 4 頭	1,620	1,020	600	220	140	240
5 〜 19	2,060	760	1,300	130	230	940
20 〜 29	1,020	320	700	x	90	550
30 〜 49	2,180	550	1,640	x	410	1,200
50 〜 99	4,830	650	4,180	−	910	3,280
100 〜 199	16,600	430	16,100	x	2,320	13,500
200 〜 499	43,700	x	43,200	x	2,950	40,100
500 頭 以 上	178,000	x	177,500	−	x	176,800
北　海　道	171,600	1,110	170,500	330	2,220	168,000
1 〜 4 頭	400	290	120	40	20	60
5 〜 19	390	140	250	x	40	210
20 〜 29	290	100	200	−	x	170
30 〜 49	660	170	490	−	220	270
50 〜 99	1,170	x	1,020	−	220	800
100 〜 199	5,310	x	5,040	x	x	4,560
200 〜 499	21,600	−	21,600		850	20,800
500 頭 以 上	141,800	−	141,800		x	141,100
都　府　県	78,400	3,650	74,700	590	5,490	68,600
1 〜 4 頭	1,210	730	480	180	120	180
5 〜 19	1,670	620	1,050	120	200	730
20 〜 29	730	230	500	x	70	380
30 〜 49	1,530	380	1,150	x	180	930
50 〜 99	3,660	500	3,160	−	690	2,470
100 〜 199	11,200	x	11,100		2,120	8,970
200 〜 499	22,100	x	21,600	x	2,110	19,300
500 頭 以 上	36,200	x	35,700	−	−	35,700
東　　　北	16,700	300	16,400	20	1,820	14,600
1 〜 4 頭	210	160	50	10	20	20
5 〜 19	200	60	150	x	x	130
20 〜 29	x	x	x	−	−	x
30 〜 49	170	x	x	−	−	x
50 〜 99	1,020	−	1,020	−	x	780
100 〜 199	2,470	−	2,470	−	870	1,600
200 〜 499	4,260	−	4,260	−	x	3,560
500 頭 以 上	8,330	−	8,330	−	−	8,330
北　　　陸	1,390	40	1,340	x	480	870
1 〜 4 頭	30	20	10	x	x	10
5 〜 19	70	x	40	x	x	40
20 〜 29	−	−	−	−	−	−
30 〜 49	140	−	140	−	−	140
50 〜 99	−	−	−	−	−	−
100 〜 199	x	−	x	−	−	x
200 〜 499	x	−	x	−	x	x
500 頭 以 上	−	−	−	−	−	−

注：この統計表の飼養頭数は、各階層の飼養者が飼養しているホルスタイン種他の頭数である。

(3) 全国農業地域別・飼養頭数規模別（続き）

　　シ　飼養状態別ホルスタイン種他飼養頭数（ホルスタイン種他飼養頭数規模別）（続き）

単位:頭

区　　　分	計	肉用種飼養	乳　用　種　飼　養			
			小　計	育成牛飼養	肥育牛飼養	その他の飼養
関 東 ・ 東 山	25,200	530	24,600	100	860	23,700
1 ～ 4 頭	280	150	130	40	30	50
5 ～ 19	560	240	320	x	80	240
20 ～ 29	280	x	230	x	x	150
30 ～ 49	420	x	330	-	x	290
50 ～ 99	640	-	640	-	280	360
100 ～ 199	1,730	-	1,730	-	x	1,580
200 ～ 499	4,690	-	4,690	-	x	4,440
500 頭 以 上	16,600	-	16,600	-	-	16,600
東 　　　 海	4,510	80	4,430	90	180	4,160
1 ～ 4 頭	110	50	70	30	20	20
5 ～ 19	130	30	100	30	x	50
20 ～ 29	x	-	x	-	-	x
30 ～ 49	x	-	x	x	-	x
50 ～ 99	x	-	x	-	-	x
100 ～ 199	1,210	-	1,210	-	x	1,070
200 ～ 499	1,770	-	1,770	-	-	1,770
500 頭 以 上	x	-	x	-	-	x
近 　　　 畿	990	190	810	30	50	740
1 ～ 4 頭	80	40	40	20	x	10
5 ～ 19	110	20	90	x	40	40
20 ～ 29	x	-	x	-	-	x
30 ～ 49	x	-	x	-	-	x
50 ～ 99	270	x	x	-	-	x
100 ～ 199	-	-	-	-	-	-
200 ～ 499	x	-	x	-	-	x
500 頭 以 上	-	-	-	-	-	-
中 　　　 国	9,620	450	9,170	220	270	8,680
1 ～ 4 頭	90	60	30	10	10	10
5 ～ 19	170	50	120	-	x	100
20 ～ 29	70	x	x	-	x	x
30 ～ 49	x	x	-	-	-	-
50 ～ 99	420	-	420	-	-	420
100 ～ 199	730	-	730	-	-	730
200 ～ 499	3,180	x	2,940	x	x	2,520
500 頭 以 上	4,880	-	4,880	-	-	4,880
四 　　　 国	3,770	140	3,620	30	60	3,540
1 ～ 4 頭	60	10	50	20	10	20
5 ～ 19	130	30	100	x	x	90
20 ～ 29	x	x	x	-	-	x
30 ～ 49	x	-	x	-	x	-
50 ～ 99	290	x	220	-	-	220
100 ～ 199	1,190	-	1,190	-	-	1,190
200 ～ 499	2,000	-	2,000	-	-	2,000
500 頭 以 上	-	-	-	-	-	-

単位：頭

区　　分	計	肉用種飼養	乳　用　種　飼　養			
			小　計	育成牛飼養	肥育牛飼養	その他の飼養
九　　　　　州	16,200	1,880	14,300	120	1,770	12,400
1 ～ 4 頭	310	200	110	60	20	40
5 ～ 19	300	170	130	60	x	50
20 ～ 29	210	90	120	-	x	100
30 ～ 49	500	130	370	-	x	280
50 ～ 99	840	340	500	-	x	320
100 ～ 199	3,670	x	3,510	-	960	2,560
200 ～ 499	4,870	x	4,620	-	x	4,140
500 頭 以 上	5,470	x	4,940	-	-	4,940
沖　　　　　縄	50	50	x	-	x	-
1 ～ 4 頭	50	50	x	-	x	-
5 ～ 19	-	-	-	-	-	-
20 ～ 29	-	-	-	-	-	-
30 ～ 49	-	-	-	-	-	-
50 ～ 99	-	-	-	-	-	-
100 ～ 199	-	-	-	-	-	-
200 ～ 499	-	-	-	-	-	-
500 頭 以 上	-	-	-	-	-	-
関 東 農 政 局	26,000	530	25,500	100	1,000	24,400
1 ～ 4 頭	280	150	130	40	30	60
5 ～ 19	560	240	320	x	80	240
20 ～ 29	280	x	230	x	x	150
30 ～ 49	420	x	330	-	x	290
50 ～ 99	710	-	710	-	280	440
100 ～ 199	2,050	-	2,050	-	x	1,760
200 ～ 499	5,170	-	5,170	-	x	4,920
500 頭 以 上	16,600	-	16,600	-	-	16,600
東 海 農 政 局	3,630	80	3,550	90	30	3,430
1 ～ 4 頭	110	40	70	30	20	20
5 ～ 19	130	30	100	30	x	50
20 ～ 29	x	-	x	-	-	x
30 ～ 49	x	-	x	x	-	x
50 ～ 99	x	-	x	-	-	x
100 ～ 199	890	-	890	-	-	890
200 ～ 499	1,290	-	1,290	-	-	1,290
500 頭 以 上	x	-	x	-	-	x
中 国 四 国 農 政 局	13,400	590	12,800	240	330	12,200
1 ～ 4 頭	150	70	80	30	20	30
5 ～ 19	290	70	220	x	30	180
20 ～ 29	120	x	70	-	x	x
30 ～ 49	120	x	x	-	x	-
50 ～ 99	710	x	640	-	-	640
100 ～ 199	1,930	-	1,930	-	-	1,930
200 ～ 499	5,180	x	4,930	x	x	4,510
500 頭 以 上	4,880	-	4,880	-	-	4,880

3　　　　豚
（令和3年2月1日現在）

(1) 全国農業地域・都道府県別

ア 飼養戸数・頭数

全国農業地域 ・ 都 道 府 県		飼 養 戸 数	子取り用めす 豚のいる戸数	飼 養		
				計	子取り用めす豚	種おす豚
		(1)	(2)	(3)	(4)	(5)
		戸	戸	頭	頭	頭
全 国	(1)	3,850	3,040	9,290,000	823,200	32,000
(全国農業地域)						
北 海 道	(2)	199	148	724,900	60,500	2,380
都 府 県	(3)	3,650	2,890	8,565,000	762,600	29,700
東 北	(4)	469	375	1,608,000	146,800	4,400
北 陸	(5)	127	110	226,800	19,200	920
関 東 ・ 東 山	(6)	1,020	823	2,429,000	211,600	8,110
東 海	(7)	297	262	563,400	49,600	2,600
近 畿	(8)	60	42	46,700	3,520	200
中 国	(9)	76	61	290,700	26,800	790
四 国	(10)	128	108	304,600	25,600	1,040
九 州	(11)	1,250	941	2,892,000	261,000	10,200
沖 縄	(12)	225	168	203,400	18,400	1,440
(都道府県)						
北 海 道	(13)	199	148	724,900	60,500	2,380
青 森	(14)	63	46	352,700	29,100	590
岩 手	(15)	85	72	485,100	46,100	1,370
宮 城	(16)	109	86	198,900	19,300	900
秋 田	(17)	72	54	278,500	26,900	570
山 形	(18)	78	68	166,600	14,000	490
福 島	(19)	62	49	126,000	11,300	470
茨 城	(20)	285	231	513,400	40,400	2,260
栃 木	(21)	92	79	427,300	39,700	1,100
群 馬	(22)	201	177	643,500	55,300	1,810
埼 玉	(23)	65	50	80,600	6,520	350
千 葉	(24)	250	197	614,700	56,600	1,850
東 京	(25)	10	4	2,950	100	30
神 奈 川	(26)	44	30	68,700	4,980	260
新 潟	(27)	98	88	182,100	15,300	670
富 山	(28)	14	9	23,300	1,880	140
石 川	(29)	12	11	20,100	1,970	110
福 井	(30)	3	2	1,410	x	0
山 梨	(31)	16	14	16,500	2,020	180
長 野	(32)	58	41	61,400	5,980	270
岐 阜	(33)	27	20	79,800	6,030	230
静 岡	(34)	84	77	91,800	9,440	550
愛 知	(35)	140	124	291,900	25,600	1,540
三 重	(36)	46	41	100,000	8,590	270
滋 賀	(37)	7	5	5,390	520	40
京 都	(38)	8	6	12,000	950	30
大 阪	(39)	6	2	3,190	x	10
兵 庫	(40)	21	14	20,200	1,150	60
奈 良	(41)	11	9	4,700	590	50
和 歌 山	(42)	7	6	1,310	210	10
鳥 取	(43)	18	17	63,500	5,280	90
島 根	(44)	5	5	36,100	3,740	90
岡 山	(45)	19	13	42,700	3,590	260
広 島	(46)	26	20	113,000	11,500	220
山 口	(47)	8	6	35,400	2,670	140
徳 島	(48)	21	18	42,100	3,580	150
香 川	(49)	22	17	33,000	3,120	150
愛 媛	(50)	70	58	203,400	16,400	640
高 知	(51)	15	15	26,000	2,490	100
福 岡	(52)	46	29	80,300	6,540	220
佐 賀	(53)	35	32	82,900	7,160	360
長 崎	(54)	88	71	200,900	15,900	620
熊 本	(55)	156	128	349,500	29,400	1,080
大 分	(56)	39	30	148,000	12,600	310
宮 崎	(57)	404	321	796,900	69,100	1,930
鹿 児 島	(58)	477	330	1,234,000	120,200	5,670
沖 縄	(59)	225	168	203,400	18,400	1,440
関 東 農 政 局	(60)	1,110	900	2,521,000	221,100	8,670
東 海 農 政 局	(61)	213	185	471,600	40,200	2,050
中国四国農政局	(62)	204	169	595,300	52,500	1,830

頭　　　　　数		子取り用めす豚 頭数割合	1戸当たり 飼養頭数	1戸当たり飼養頭数 (子取り用めす豚)	対前回比 (令和3年/平成31年)		
肥育豚	その他	(4)/(3)	(3)/(1)	(4)/(2)	飼養戸数	飼養頭数	
(6)	(7)	(8)	(9)	(10)	(11)	(12)	
頭	頭	%	頭	頭	%	%	
7,676,000	758,800	8.9	2,413.0	270.8	89.1	101.5	(1)
598,000	64,000	8.3	3,642.7	408.8	99.0	104.8	(2)
7,078,000	694,800	8.9	2,346.6	263.9	88.6	101.2	(3)
1,315,000	141,300	9.1	3,428.6	391.5	89.8	107.8	(4)
194,200	12,500	8.5	1,785.8	174.5	81.9	96.3	(5)
2,025,000	183,900	8.7	2,381.4	257.1	87.9	103.3	(6)
493,900	17,300	8.8	1,897.0	189.3	79.2	83.8	(7)
37,100	5,910	7.5	778.3	83.8	84.5	97.9	(8)
250,500	12,600	9.2	3,825.0	439.3	87.4	103.7	(9)
269,800	8,150	8.4	2,379.7	237.0	94.1	102.9	(10)
2,352,000	269,500	9.0	2,313.6	277.4	91.2	100.5	(11)
139,900	43,600	9.0	904.0	109.5	94.9	96.9	(12)
598,000	64,000	8.3	3,642.7	408.8	99.0	104.8	(13)
306,100	16,900	8.3	5,598.4	632.6	86.3	100.3	(14)
390,300	47,300	9.5	5,707.1	640.3	81.0	120.6	(15)
163,200	15,500	9.7	1,824.8	224.4	94.0	106.9	(16)
210,400	40,600	9.7	3,868.1	498.1	96.0	102.4	(17)
144,500	7,590	8.4	2,135.9	205.9	82.1	107.8	(18)
100,700	13,400	9.0	2,032.3	230.6	106.9	101.2	(19)
457,300	13,400	7.9	1,801.4	174.9	89.6	110.1	(20)
340,100	46,400	9.3	4,644.6	502.5	87.6	105.2	(21)
573,800	12,700	8.6	3,201.5	312.4	94.8	102.2	(22)
67,500	6,250	8.1	1,240.0	130.4	69.9	84.9	(23)
457,400	98,900	9.2	2,458.8	287.3	88.0	101.8	(24)
2,620	200	3.4	295.0	25.0	90.9	108.5	(25)
61,700	1,760	7.2	1,561.4	166.0	88.0	100.0	(26)
157,700	8,400	8.4	1,858.2	173.9	88.3	100.8	(27)
18,500	2,690	8.1	1,664.3	208.9	66.7	74.7	(28)
16,600	1,360	9.8	1,675.0	179.1	75.0	94.4	(29)
1,240	40	x	470.0	x	42.9	57.8	(30)
13,100	1,260	12.2	1,031.3	144.3	84.2	104.4	(31)
52,000	3,150	9.7	1,058.6	145.9	84.1	95.0	(32)
72,300	1,180	7.6	2,955.6	301.5	84.4	80.0	(33)
72,400	9,480	10.3	1,092.9	122.6	87.5	84.1	(34)
260,600	4,110	8.8	2,085.0	206.5	71.1	82.8	(35)
88,600	2,510	8.6	2,173.9	209.5	92.0	90.1	(36)
4,830	-	9.6	770.0	104.0	100.0	135.4	(37)
6,360	4,640	7.9	1,500.0	158.3	66.7	121.5	(38)
2,670	400	x	531.7	x	100.0	92.5	(39)
18,800	200	5.7	961.9	82.1	80.8	91.4	(40)
3,390	680	12.6	427.3	65.6	100.0	71.3	(41)
1,090	-	16.0	187.1	35.0	77.8	75.7	(42)
56,900	1,290	8.3	3,527.8	310.6	85.7	95.5	(43)
32,300	-	10.4	7,220.0	748.0	55.6	91.2	(44)
38,800	140	8.4	2,247.4	276.2	95.0	106.5	(45)
92,400	8,900	10.2	4,346.2	575.0	104.0	102.0	(46)
30,300	2,280	7.5	4,425.0	445.0	66.7	151.9	(47)
38,400	0	8.5	2,004.8	198.9	100.0	110.5	(48)
25,000	4,770	9.5	1,500.0	183.5	81.5	85.7	(49)
183,100	3,250	8.1	2,905.7	282.8	97.2	105.4	(50)
23,300	130	9.6	1,733.3	166.0	93.8	98.9	(51)
65,200	8,360	8.1	1,745.7	225.5	100.0	97.6	(52)
71,900	3,540	8.6	2,368.6	223.8	81.4	101.6	(53)
171,000	13,400	7.9	2,283.0	223.9	96.7	99.9	(54)
301,100	17,900	8.4	2,240.4	229.7	82.1	126.1	(55)
131,200	3,880	8.5	3,794.9	420.0	83.0	111.9	(56)
661,200	64,600	8.7	1,972.5	215.3	91.6	95.4	(57)
950,000	157,900	9.7	2,587.0	364.2	92.8	97.2	(58)
139,900	43,600	9.0	904.0	109.5	94.9	96.9	(59)
2,098,000	193,400	8.8	2,271.2	245.7	88.1	102.4	(60)
421,500	7,800	8.5	2,214.1	217.3	76.3	83.7	(61)
520,300	20,800	8.8	2,918.1	310.7	91.5	103.3	(62)

124 豚

(1) 全国農業地域・都道府県別（続き）

イ 肥育豚飼養頭数規模別の飼養戸数

単位：戸

全国農業地域・都道府県	計	肥育豚飼養頭数規模								肥育豚なし
		小計	1～99頭	100～299	300～499	500～999	1,000～1,999	2,000頭以上	3,000頭以上	
全　　　　国	3,710	3,490	350	386	358	679	718	997	695	224
（全国農業地域）										
北　海　道	190	180	35	14	13	20	26	72	53	10
都　府　県	3,520	3,310	315	372	345	659	692	925	642	214
東　　北	455	424	37	63	47	68	60	149	118	31
北　　陸	119	113	2	13	14	27	31	26	14	6
関　東・東　山	991	947	62	94	114	204	218	255	159	44
東　　海	285	276	28	19	14	61	81	73	45	9
近　　畿	51	49	13	10	5	9	8	4	3	2
中　　国	70	65	8	6	6	10	7	28	25	5
四　　国	115	113	8	8	9	24	27	37	28	2
九　　州	1,220	1,120	85	133	114	226	233	333	237	93
沖　　縄	219	197	72	26	22	30	27	20	13	22
（都道府県）										
北　海　道	190	180	35	14	13	20	26	72	53	10
青　　森	62	61	7	4	6	10	12	22	20	1
岩　　手	83	78	2	3	8	10	10	45	35	5
宮　　城	107	97	19	18	14	9	12	25	17	10
秋　　田	70	61	1	5	4	16	8	27	22	9
山　　形	73	71	4	26	9	10	6	16	14	2
福　　島	60	56	4	7	6	13	12	14	10	4
茨　　城	277	265	23	26	25	71	60	60	35	12
栃　　木	86	81	4	4	6	13	20	34	23	5
群　　馬	199	198	3	16	20	46	58	55	44	1
埼　　玉	61	60	9	9	13	10	8	11	5	1
千　　葉	247	228	13	18	36	37	48	76	43	19
東　　京	8	8	3	1	2	2	-	-	-	-
神　奈　川	41	41	4	4	4	12	10	7	7	-
新　　潟	93	89	1	10	12	25	22	19	12	4
富　　山	13	11	1	1	1	1	3	4	2	2
石　　川	11	11	-	1	1	1	5	3	-	-
福　　井	2	2	-	1	-	-	1	-	-	-
山　　梨	15	13	-	5	2	2	-	4	-	2
長　　野	57	53	3	11	6	11	14	8	2	4
岐　　阜	27	27	-	1	1	12	4	9	8	-
静　　岡	81	75	22	8	4	14	14	13	5	6
愛　　知	135	133	2	8	6	25	54	38	21	1
三　　重	42	41	4	2	3	10	9	13	11	1
滋　　賀	6	6	1	1	1	-	3	-	-	-
京　　都	8	8	3	1	1	1	1	1	1	-
大　　阪	5	5	-	1	1	2	1	-	-	-
兵　　庫	17	16	4	4	-	3	2	3	2	1
奈　　良	9	9	3	1	2	2	1	-	-	-
和　歌　山	6	5	2	2	-	1	-	-	-	1
鳥　　取	16	15	1	2	3	4	-	5	4	1
島　　根	5	5	-	-	-	-	-	5	4	-
岡　　山	17	16	4	2	-	3	1	6	6	1
広　　島	25	23	2	2	3	3	5	8	7	2
山　　口	7	6	1	-	-	-	1	4	4	1
徳　　島	19	19	3	-	-	9	1	6	5	-
香　　川	17	16	2	2	1	3	6	2	2	1
愛　　媛	67	66	-	6	8	11	16	25	19	1
高　　知	12	12	3	-	-	1	4	4	2	-
福　　岡	45	42	5	5	5	8	9	10	6	3
佐　　賀	34	32	-	2	3	9	8	10	7	2
長　　崎	84	82	5	11	8	12	19	27	15	2
熊　　本	150	147	7	12	10	36	39	43	30	3
大　　分	38	38	3	2	2	5	11	15	15	-
宮　　崎	399	348	31	29	30	89	51	118	79	51
鹿　児　島	467	435	34	72	56	67	96	110	85	32
沖　　縄	219	197	72	26	22	30	27	20	13	22
関 東 農 政 局	1,070	1,020	84	102	118	218	232	268	164	50
東 海 農 政 局	204	201	6	11	10	47	67	60	40	3
中国四国農政局	185	178	16	14	15	34	34	65	53	7

注：この表には学校、試験場等の非営利的な飼養者は含まない（以下(1)において同じ。）。

ウ　肥育豚飼養頭数規模別の飼養頭数

単位：頭

全国農業地域・都道府県	計	肥育豚飼養頭数規模								肥育豚なし
		小計	1～99頭	100～299	300～499	500～999	1,000～1,999	2,000頭以上	3,000頭以上	
全国	9,255,000	8,841,000	44,300	92,400	179,000	570,400	1,075,000	6,880,000	6,095,000	414,200
（全国農業地域）										
北海道	724,000	660,100	2,270	2,780	5,330	16,400	47,600	585,700	535,400	63,900
都府県	8,531,000	8,180,000	42,000	89,600	173,700	554,000	1,027,000	6,294,000	5,560,000	350,300
東北	1,602,000	1,540,000	11,100	20,800	36,800	55,700	98,400	1,317,000	1,229,000	62,400
北陸	226,400	216,800	x	5,210	6,720	23,900	51,200	129,800	99,200	9,540
関東・東山	2,418,000	2,330,000	12,900	23,000	58,700	176,200	348,000	1,711,000	1,457,000	88,300
東海	561,100	555,000	6,350	3,230	6,220	49,000	124,400	365,800	291,000	6,050
近畿	46,500	46,300	830	2,130	2,630	12,000	10,400	18,300	x	x
中国	290,000	271,500	230	1,290	2,770	7,930	10,500	248,800	239,800	18,500
四国	302,800	299,000	520	3,940	3,790	21,900	41,800	226,900	203,500	x
九州	2,881,000	2,745,000	3,950	25,300	48,100	178,200	309,600	2,180,000	1,946,000	136,300
沖縄	202,700	177,500	6,130	4,720	7,970	29,100	32,800	96,800	78,800	25,200
（都道府県）										
北海道	724,000	660,100	2,270	2,780	5,330	16,400	47,600	585,700	535,400	63,900
青森	352,600	352,300	280	1,340	5,520	8,000	17,900	319,300	x	x
岩手	484,900	468,200	x	2,640	13,600	7,710	13,600	430,700	401,400	16,800
宮城	198,600	190,900	1,260	5,180	6,300	8,240	18,300	151,700	127,700	7,640
秋田	278,400	256,000	x	3,180	1,790	15,400	21,700	205,300	191,300	22,400
山形	161,900	158,900	280	6,770	5,770	8,040	8,800	129,200	x	x
福島	125,600	113,300	570	1,720	3,910	8,340	18,200	80,600	69,800	12,300
茨城	509,300	509,200	1,400	6,290	10,800	61,400	92,900	336,300	274,000	90
栃木	426,800	406,700	640	660	13,100	13,900	32,000	346,400	318,000	20,100
群馬	643,100	632,900	70	2,920	7,660	36,600	93,600	492,000	466,400	x
埼玉	80,200	78,700	600	5,010	5,980	7,610	13,100	46,400	29,300	x
千葉	614,200	560,100	9,570	3,780	15,800	36,100	79,400	415,500	323,100	54,000
東京	2,560	2,560	190	x	x	x	-	-	-	-
神奈川	68,200	68,200	150	510	2,180	8,680	17,000	39,700	39,700	-
新潟	181,900	174,700	x	2,180	5,880	22,100	35,900	108,600	90,200	7,240
富山	23,100	20,800	x	x	x	x	4,200	14,300	x	x
石川	20,000	20,000	-	x	x	x	9,800	6,850	-	x
福井	x	x	-	x	-	-	x			
山梨	16,200	14,600	-	1,070	x	x	-	11,200	-	x
長野	57,400	56,600	260	2,470	1,880	8,900	19,800	23,300	x	760
岐阜	79,800	79,800	-	x	x	8,860	5,870	64,500	x	-
静岡	91,100	86,400	6,120	1,070	2,180	10,600	19,800	46,600	24,200	4,720
愛知	290,400	290,300	x	1,570	2,340	20,400	82,900	183,000	138,800	x
三重	99,800	98,600	130	x	1,350	9,140	15,900	71,700	x	x
滋賀	5,390	5,390	x	x	x	-	4,720	-	-	x
京都	12,000	12,000	80	x	x	x	x	x	x	x
大阪	3,160	3,160	-	x	x	x	x			
兵庫	20,100	19,800	130	790	-	1,930	x	14,700	x	x
奈良	4,670	4,670	460	x	x	x	x			x
和歌山	1,270	1,260	x	x	-	x				x
鳥取	63,200	59,500	x	x	1,530	3,260	-	54,300	x	x
島根	36,100	36,100	-	-	-	-	-	36,100	x	x
岡山	42,500	42,300	150	x	-	2,390	x	37,500	37,500	x
広島	113,000	98,500	x	x	1,240	2,270	7,290	87,200	x	x
山口	35,200	35,200	x	-	-	-	x	33,800	33,800	x
徳島	41,500	41,500	70	-	-	6,880	x	33,100	x	x
香川	32,400	28,700	x	x	x	4,090	9,230	x	x	x
愛媛	203,100	203,000	-	1,840	3,490	9,700	25,300	162,600	147,600	x
高知	25,900	25,900	370	-	-	x	5,920	18,300	x	-
福岡	80,300	70,700	130	1,160	2,160	6,490	13,800	47,000	37,900	9,610
佐賀	82,600	82,500	-	x	1,510	7,680	12,200	60,700	52,600	x
長崎	200,500	200,500	500	2,510	3,530	9,190	27,600	157,200	121,500	x
熊本	349,200	339,500	360	2,050	4,820	38,100	56,900	237,200	205,800	9,740
大分	147,600	147,600	40	x	x	7,120	18,100	121,200	121,200	-
宮崎	793,400	738,400	460	5,020	10,200	55,000	58,000	609,600	522,600	55,000
鹿児島	1,228,000	1,166,000	2,470	13,700	25,300	54,500	122,900	947,100	884,200	61,800
沖縄	202,700	177,500	6,130	4,720	7,970	29,100	32,800	96,800	78,800	25,200
関東農政局	2,509,000	2,416,000	19,000	24,100	60,800	186,800	367,700	1,758,000	1,481,000	93,000
東海農政局	470,000	468,700	220	2,160	4,040	38,400	104,700	319,100	266,900	1,330
中国四国農政局	592,800	570,500	740	5,230	6,560	29,900	52,300	475,800	443,200	22,300

注：　この表の飼養頭数は、各階層の飼養者が飼っている全ての豚（子取り用めす豚、肥育豚、種おす豚及びその他（肥育用のもと豚等）を含む。）の頭数である（以下オにおいて同じ。）。

126 豚

(1) 全国農業地域・都道府県別（続き）

エ 子取り用めす豚飼養頭数規模別の飼養戸数

単位：戸

全国農業地域・都道府県	計	子取り用めす豚飼養頭数規模							子取り用めす豚なし
		小計	1～9頭	10～29	30～49	50～99	100～199	200頭以上	
全　　国	3,710	2,910	185	272	238	564	616	1,030	803
（全国農業地域）									
北　海　道	190	141	5	19	11	12	23	71	49
都　府　県	3,520	2,770	180	253	227	552	593	963	754
東　　北	455	364	17	45	28	51	57	166	91
北　　陸	119	102	1	6	10	29	26	30	17
関 東・東 山	991	794	28	55	67	147	234	263	197
東　　海	285	250	7	19	12	49	85	78	35
近　　畿	51	33	4	7	5	5	8	4	18
中　　国	70	55	4	3	7	10	2	29	15
四　　国	115	95	5	3	4	20	22	41	20
九　　州	1,220	913	69	96	75	222	135	316	304
沖　　縄	219	162	45	19	19	19	24	36	57
（都道府県）									
北　海　道	190	141	5	19	11	12	23	71	49
青　　森	62	45	–	3	3	6	7	26	17
岩　　手	83	71	–	3	2	8	9	49	12
宮　　城	107	84	10	13	11	8	12	30	23
秋　　田	70	52	1	3	1	7	8	32	18
山　　形	73	65	4	17	7	12	11	14	8
福　　島	60	47	2	6	4	10	10	15	13
茨　　城	277	224	13	19	23	35	69	65	53
栃　　木	86	73	–	3	8	8	19	35	13
群　　馬	199	175	3	6	10	37	60	59	24
埼　　玉	61	46	–	4	15	8	8	11	15
千　　葉	247	194	2	13	7	42	54	76	53
東　　京	8	2	–	2	–	–	–	–	6
神　奈　川	41	27	4	–	–	8	10	5	14
新　　潟	93	83	1	6	8	28	19	21	10
富　　山	13	8	–	–	1	–	3	4	5
石　　川	11	10	–	–	1	1	3	5	1
福　　井	2	1	–	–	–	–	1	–	1
山　　梨	15	13	2	2	–	3	1	5	2
長　　野	57	40	4	6	4	6	13	7	17
岐　　阜	27	20	–	–	–	6	5	9	7
静　　岡	81	74	5	13	6	17	16	17	7
愛　　知	135	119	1	3	3	21	54	37	16
三　　重	42	37	1	3	3	5	10	15	5
滋　　賀	6	4	1	–	–	–	2	1	2
京　　都	8	6	1	2	1	1	–	1	2
大　　阪	5	1	–	–	–	–	1	–	4
兵　　庫	17	10	–	3	2	1	3	1	7
奈　　良	9	7	1	1	1	1	2	1	2
和　歌　山	6	5	1	1	1	2	–	–	1
鳥　　取	16	15	–	3	2	4	1	5	1
島　　根	5	5	–	–	–	–	–	5	–
岡　　山	17	11	2	–	1	2	–	6	6
広　　島	25	19	2	–	4	4	–	9	6
山　　口	7	5	–	–	–	–	1	4	2
徳　　島	19	16	2	–	–	6	3	5	3
香　　川	17	12	2	–	–	1	3	6	5
愛　　媛	67	55	–	2	4	13	12	24	12
高　　知	12	12	1	1	–	–	4	6	–
福　　岡	45	28	1	4	2	5	5	11	17
佐　　賀	34	31	–	2	1	11	5	12	3
長　　崎	84	67	2	6	8	12	15	24	17
熊　　本	150	122	11	4	4	41	24	38	28
大　　分	38	29	2	–	1	4	5	17	9
宮　　崎	399	316	21	27	28	95	27	118	83
鹿　児　島	467	320	32	53	31	54	54	96	147
沖　　縄	219	162	45	19	19	19	24	36	57
関 東 農 政 局	1,070	868	33	68	73	164	250	280	204
東 海 農 政 局	204	176	2	6	6	32	69	61	28
中 国 四 国 農 政 局	185	150	9	6	11	30	24	70	35

オ　子取り用めす豚飼養頭数規模別の飼養頭数

単位：頭

全国農業地域・都道府県	計	子取り用めす豚飼養頭数規模							子取り用めす豚なし
		小　計	1〜9頭	10〜29	30〜49	50〜99	100〜199	200頭以上	
全　　　　国	9,255,000	7,976,000	8,040	40,900	82,900	387,500	833,700	6,623,000	1,279,000
（全国農業地域）									
北　海　道	724,000	602,600	530	2,340	4,380	8,590	35,000	551,800	121,400
都　府　県	8,531,000	7,373,000	7,520	38,600	78,600	378,900	798,700	6,071,000	1,157,000
東　　　北	1,602,000	1,427,000	1,180	10,900	9,760	33,500	74,900	1,297,000	174,800
北　　　陸	226,400	175,900	x	1,040	3,410	21,600	28,000	121,700	50,400
関 東・東 山	2,418,000	2,116,000	1,320	8,880	25,900	100,800	338,000	1,641,000	301,700
東　　　海	561,100	508,800	360	2,090	4,060	35,100	122,000	345,200	52,300
近　　　畿	46,500	30,800	140	710	1,480	3,020	10,600	14,900	15,700
中　　　国	290,000	211,800	120	380	3,330	9,020	x	196,600	78,200
四　　　国	302,800	275,600	150	560	1,670	16,600	30,800	225,800	27,200
九　　　州	2,881,000	2,475,000	2,980	13,200	26,600	147,400	171,200	2,114,000	406,400
沖　　　縄	202,700	151,900	1,210	880	2,400	12,000	20,800	114,600	50,800
（都道府県）									
北　海　道	724,000	602,600	530	2,340	4,380	8,590	35,000	551,800	121,400
青　　　森	352,600	304,200	−	1,130	1,080	5,140	9,050	287,800	48,300
岩　　　手	484,900	458,500	−	1,080	x	4,680	11,100	440,400	26,400
宮　　　城	198,600	184,300	310	1,890	3,770	4,520	14,900	158,800	14,300
秋　　　田	278,400	246,100	x	970	x	4,890	12,300	227,700	32,300
山　　　形	161,900	144,300	280	4,420	1,840	7,850	14,000	115,900	17,600
福　　　島	125,600	89,700	x	1,430	1,550	6,420	13,500	66,300	35,800
茨　　　城	509,300	447,000	170	2,460	10,100	28,300	87,100	318,900	62,300
栃　　　木	426,800	401,800	−	300	1,930	5,350	26,600	367,600	25,000
群　　　馬	643,100	608,500	70	910	3,370	25,000	95,200	483,900	34,600
埼　　　玉	80,200	63,800	−	750	5,830	4,900	10,500	41,800	16,500
千　　　葉	614,200	481,200	x	2,680	2,080	25,200	80,900	370,200	133,000
東　　　京	2,560	x	−	x	−	−	−	−	2,180
神　奈　川	68,200	52,300	150	−	−	5,250	17,000	29,900	15,900
新　　　潟	181,900	138,300	x	1,040	2,840	20,700	17,100	96,600	43,600
富　　　山	23,100	18,300	−	−	x	−	3,780	14,500	4,750
石　　　川	20,000	18,100	−	−	x	x	5,910	10,700	x
福　　　井	x	x	−	−	−	−	x	−	x
山　　　梨	16,200	15,600	x	x	−	1,330	x	12,800	x
長　　　野	57,400	45,700	540	1,030	2,600	5,350	19,800	16,400	11,700
岐　　　阜	79,800	63,700	−	−	−	4,040	4,900	54,700	16,100
静　　　岡	91,100	88,500	300	1,060	1,580	10,100	20,500	55,000	2,570
愛　　　知	290,400	261,500	x	380	830	16,500	83,700	160,100	28,900
三　　　重	99,800	95,100	x	650	1,650	4,410	12,900	75,500	4,690
滋　　　賀	5,390	4,720	x	−	−	−	x	x	x
京　　　都	12,000	7,140	x	x	x	x	−	x	x
大　　　阪	3,160	x	−	−	−	−	−	x	2,050
兵　　　庫	20,100	12,500	−	430	x	x	4,340	x	7,620
奈　　　良	4,670	4,180	x	x	x	x	x	x	x
和　歌　山	1,270	1,220	x	x	x	x	x	−	x
鳥　　　取	63,200	33,400	−	380	x	2,870	x	28,300	x
島　　　根	36,100	36,100	−	−	−	−	−	36,100	−
岡　　　山	42,500	39,700	x	−	x	x	−	37,500	2,760
広　　　島	113,000	67,400	x	−	2,070	4,310	−	61,000	45,600
山　　　口	35,200	35,200	−	−	−	−	x	33,800	x
徳　　　島	41,500	36,300	x	−	−	5,070	2,510	28,700	5,150
香　　　川	32,400	25,700	x	−	−	x	3,950	20,800	6,640
愛　　　媛	203,100	187,700	−	x	1,670	10,600	19,200	155,800	15,400
高　　　知	25,900	25,900	x	x	−	−	5,180	20,600	−
福　　　岡	80,300	64,700	x	730	x	4,080	6,640	52,500	15,600
佐　　　賀	82,600	81,200	−	x	x	8,820	7,040	64,600	1,470
長　　　崎	200,600	179,700	x	1,150	2,460	8,860	24,000	143,100	20,900
熊　　　本	349,200	310,800	1,040	1,470	1,010	36,200	40,200	231,000	38,400
大　　　分	147,600	136,400	x	−	x	2,810	8,510	124,800	11,200
宮　　　崎	793,400	688,100	430	3,460	9,600	55,500	27,500	591,600	105,300
鹿　児　島	1,228,000	1,014,000	1,280	6,100	12,100	31,100	57,400	906,000	213,600
沖　　　縄	202,700	151,900	1,210	880	2,400	12,000	20,800	114,600	50,800
関 東 農 政 局	2,509,000	2,205,000	1,610	9,940	27,500	110,800	358,600	1,696,000	304,200
東 海 農 政 局	470,000	420,300	x	1,030	2,480	25,000	101,500	290,300	49,700
中国四国農政局	592,800	487,400	270	940	5,000	25,600	33,100	422,400	105,400

(1) 全国農業地域・都道府県別（続き）

カ 経営タイプ別飼養戸数

単位：戸

全国農業地域・都道府県	計	経営タイプ				
		子取り経営	肥育豚のいる戸数	肥育経営	子取り用めす豚のいる戸数	一貫経営
全　　　　国	3,710	292	94	777	24	2,640
（全国農業地域）						
北　海　道	190	10	－	49	－	131
都　府　県	3,520	282	94	728	24	2,510
東　　　北	455	37	8	80	－	338
北　　　陸	119	7	1	19	2	93
関　東・東　山	991	24	1	175	12	792
東　　海	285	27	19	39	6	219
近　　畿	51	4	3	20	2	27
中　　国	70	6	1	13	－	51
四　　国	115	6	4	20	－	89
九　　州	1,220	140	48	305	2	772
沖　　縄	219	31	9	57	－	131
（都道府県）						
北　海　道	190	10	－	49	－	131
青　　森	62	3	2	17	－	42
岩　　手	83	5	－	10	－	68
宮　　城	107	12	2	19	－	76
秋　　田	70	11	2	15	－	44
山　　形	73	－	－	6	－	67
福　　島	60	6	2	13	－	41
茨　　城	277	12	－	63	10	202
栃　　木	86	3	－	12	－	71
群　　馬	199	1	－	24	－	174
埼　　玉	61	1	－	15	－	45
千　　葉	247	2	1	21	－	224
東　　京	8	－	－	6	－	2
神　奈　川	41			14		27
新　　潟	93	5	1	11	1	77
富　　山	13	2	－	6	1	5
石　　川	11	－	－	1	－	10
福　　井	2			1		1
山　　梨	15	1	－	1	－	13
長　　野	57	4	－	19	2	34
岐　　阜	27	－	－	11	4	16
静　　岡	81	25	19	7	2	49
愛　　知	135	1	－	16	－	118
三　　重	42	1	－	5	－	36
滋　　賀	6	－	－	2	－	4
京　　都	8	1	1	4	2	3
大　　阪	5	－	－	4	－	1
兵　　庫	17	2	1	7	－	8
奈　　良	9	1	1	2	－	6
和　歌　山	6	－	－	1	－	5
鳥　　取	16	2	1	1	－	13
島　　根	5	－	－	－	－	5
岡　　山	17	1	－	5	－	11
広　　島	25	2	－	6	－	17
山　　口	7	1	－	1	－	5
徳　　島	19	－	－	3	－	16
香　　川	17	4	3	5	－	8
愛　　媛	67	1	－	12	－	54
高　　知	12	1	1	－	－	11
福　　岡	45	3	－	17	－	25
佐　　賀	34	1	－	3	－	30
長　　崎	84	2	－	16	－	66
熊　　本	150	3	－	30	2	117
大　　分	38	－	－	9	－	29
宮　　崎	399	75	24	83	－	241
鹿　児　島	467	56	24	147	－	264
沖　　縄	219	31	9	57	－	131
関 東 農 政 局	1,070	49	20	182	14	841
東 海 農 政 局	204	2	－	32	4	170
中国四国農政局	185	12	5	33	－	140

キ　経営タイプ別飼養頭数

単位：頭

全国農業地域・都道府県	計	経営タイプ				
		子取り経営	肥育豚のいる飼養者の飼養頭数	肥育経営	子取り用めす豚のいる飼養者の飼養頭数	一貫経営
全　　　　国	9,255,000	414,900	79,300	1,227,000	77,500	7,613,000
（全国農業地域）						
北　海　道	724,000	63,900	-	121,400	-	538,700
都　府　県	8,531,000	351,000	79,300	1,105,000	77,500	7,074,000
東　　　　北	1,602,000	74,000	14,600	166,600	-	1,361,000
北　　　　陸	226,400	9,820	x	54,000	x	162,500
関東・東山	2,418,000	13,200	x	237,300	56,500	2,167,000
東　　　　海	561,100	12,100	6,140	58,300	6,320	490,700
近　　　　畿	46,500	1,390	x	15,700	x	29,400
中　　　　国	290,000	19,400	x	78,000	-	192,600
四　　　　国	302,800	7,090	x	27,200	-	268,500
九　　　　州	2,881,000	181,600	45,300	417,500	x	2,282,000
沖　　　　縄	202,700	32,400	7,280	50,800	-	119,400
（都道府県）						
北　海　道	724,000	63,900	-	121,400	-	538,700
青　　　森	352,600	1,120	x	48,300	-	303,100
岩　　　手	484,900	16,800	-	26,300	-	441,900
宮　　　城	198,600	7,880	x	13,800	-	176,900
秋　　　田	278,400	33,400	x	25,300	-	219,800
山　　　形	161,900	-	-	17,100	-	144,800
福　　　島	125,600	14,900	x	35,800	-	74,900
茨　　　城	509,300	90	-	118,600	56,300	390,600
栃　　　木	426,800	240	-	22,000	-	404,500
群　　　馬	643,100	x	-	34,600	-	598,300
埼　　　玉	80,200	x	-	16,500	-	62,300
千　　　葉	614,200	x	x	15,300	-	598,600
東　　　京	2,560	-	-	2,180	-	x
神　奈　川	68,200	-	-	15,900	-	52,300
新　　　潟	181,900	7,520	x	43,700	x	130,700
富　　　山	23,100	x	-	8,210	x	12,500
石　　　川	20,000	-	-	x	-	18,100
福　　　井	x	-	-	x	-	x
山　　　梨	16,200	x	-	x	-	15,800
長　　　野	57,400	760	-	12,000	x	44,700
岐　　　阜	79,800	-	-	22,300	6,230	57,400
静　　　岡	91,100	10,900	6,140	2,410	x	77,800
愛　　　知	290,400	x	-	28,900	-	261,500
三　　　重	99,800	x	-	4,690	-	93,900
滋　　　賀	5,390	-	-	x	-	4,720
京　　　都	12,000	x	x	4,860	x	7,060
大　　　阪	3,160	-	-	2,050	-	x
兵　　　庫	20,100	x	x	7,620	-	11,600
奈　　　良	4,670	x	x	x	-	3,740
和　歌　山	1,270	-	-	x	-	1,220
鳥　　　取	63,200	x	x	x	-	28,700
島　　　根	36,100	-	-	-	-	36,100
岡　　　山	42,500	x	-	2,610	-	39,700
広　　　島	113,000	x	-	45,600	-	52,900
山　　　口	35,200	x	-	x	-	35,200
徳　　　島	41,500	-	-	5,150	-	36,300
香　　　川	32,400	6,710	x	6,640	-	19,000
愛　　　媛	203,100	x	-	15,400	-	187,600
高　　　知	25,900	x	x	-	-	25,600
福　　　岡	80,300	9,610	-	15,600	-	55,100
佐　　　賀	82,600	x	-	1,470	-	81,100
長　　　崎	200,600	x	-	20,800	-	179,700
熊　　　本	349,200	9,740	-	49,400	x	290,000
大　　　分	147,600	-	-	11,200	-	136,400
宮　　　崎	793,400	84,900	29,900	105,300	-	603,100
鹿　児　島	1,228,000	77,200	15,400	213,600	-	936,900
沖　　　縄	202,700	32,400	7,280	50,800	-	119,400
関東農政局	2,509,000	24,000	6,410	239,700	56,600	2,245,000
東海農政局	470,000	x	-	55,900	6,230	412,900
中国四国農政局	592,800	26,500	4,260	105,200	-	461,100

(1) 全国農業地域・都道府県別（続き）

　　ク　経営組織別飼養戸数

単位：戸

全国農業地域・都道府県	計	経　営　組　織		
		農　家	会　社	そ　の　他
全　　　国	3,710	1,790	1,830	95
（全国農業地域）				
北　海　道	190	43	141	6
都　府　県	3,520	1,740	1,690	89
東　　北	455	184	254	17
北　　陸	119	51	68	－
関　東・東　山	991	499	473	19
東　　海	285	150	128	7
近　　畿	51	28	20	3
中　国	70	22	44	4
四　　国	115	44	69	2
九　　州	1,220	596	584	37
沖　　縄	219	170	49	－
（都道府県）				
北　海　道	190	43	141	6
青　　森	62	21	37	4
岩　　手	83	21	56	6
宮　　城	107	61	41	5
秋　　田	70	10	58	2
山　　形	73	51	22	－
福　　島	60	20	40	－
茨　　城	277	168	109	－
栃　　木	86	24	60	2
群　　馬	199	88	111	－
埼　　玉	61	35	23	3
千　　葉	247	117	124	6
東　　京	8	8	－	－
神　奈　川	41	19	17	5
新　　潟	93	48	45	－
富　　山	13	2	11	－
石　　川	11	－	11	－
福　　井	2	1	1	－
山　　梨	15	6	9	－
長　　野	57	34	20	3
岐　　阜	27	4	23	－
静　　岡	81	45	34	2
愛　　知	135	79	55	1
三　　重	42	22	16	4
滋　　賀	6	2	4	－
京　　都	8	3	2	3
大　　阪	5	3	2	－
兵　　庫	17	11	6	－
奈　　良	9	5	4	－
和　歌　山	6	4	2	－
鳥　　取	16	10	6	－
島　　根	5	－	5	－
岡　　山	17	6	11	－
広　　島	25	5	16	4
山　　口	7	1	6	－
徳　　島	19	5	13	1
香　　川	17	7	10	－
愛　　媛	67	25	42	－
高　　知	12	7	4	1
福　　岡	45	27	18	－
佐　　賀	34	21	12	1
長　　崎	84	52	30	2
熊　　本	150	67	83	－
大　　分	38	6	32	－
宮　　崎	399	211	183	5
鹿　児　島	467	212	226	29
沖　　縄	219	170	49	－
関 東 農 政 局	1,070	544	507	21
東 海 農 政 局	204	105	94	5
中国四国農政局	185	66	113	6

ケ　経営組織別飼養頭数

単位：頭

全国農業地域・都道府県	計	経営組織		
		農　家	会　社	そ の 他
全　　　国	9,255,000	1,334,000	7,619,000	301,100
（全国農業地域）				
北　海　道	724,000	17,000	705,100	1,940
都　府　県	8,531,000	1,317,000	6,914,000	299,200
東　　　北	1,602,000	103,700	1,376,000	122,300
北　　　陸	226,400	34,600	191,800	－
関 東 ・ 東 山	2,418,000	412,300	1,977,000	28,300
東　　　海	561,100	155,000	390,100	16,000
近　　　畿	46,500	11,900	33,400	1,280
中　　　国	290,000	11,600	248,300	30,100
四　　　国	302,800	36,400	260,500	x
九　　　州	2,881,000	469,200	2,317,000	95,400
沖　　　縄	202,700	82,600	120,100	－
（都道府県）				
北　海　道	724,000	17,000	705,100	1,940
青　　　森	352,600	20,800	325,900	5,900
岩　　　手	484,900	16,900	381,600	86,400
宮　　　城	198,600	20,100	165,600	12,900
秋　　　田	278,400	5,120	256,200	x
山　　　形	161,900	27,200	134,700	－
福　　　島	125,600	13,600	112,000	－
茨　　　城	509,300	160,700	348,600	－
栃　　　木	426,800	15,300	404,600	x
群　　　馬	643,100	69,100	574,000	－
埼　　　玉	80,200	15,300	62,200	2,770
千　　　葉	614,200	113,600	494,000	6,570
東　　　京	2,560	2,560	－	－
神 　奈 　川	68,200	12,100	49,300	6,830
新　　　潟	181,900	33,500	148,500	－
富　　　山	23,100	x	22,100	－
石　　　川	20,000	－	20,000	－
福　　　井	x	x	x	－
山　　　梨	16,200	1,250	14,900	－
長　　　野	57,400	22,500	29,700	5,220
岐　　　阜	79,800	2,350	77,400	－
静　　　岡	91,100	20,700	69,300	1,050
愛　　　知	290,400	110,800	179,600	x
三　　　重	99,800	21,100	63,700	x
滋　　　賀	5,390	x	4,060	－
京　　　都	12,000	1,220	x	1,280
大　　　阪	3,160	1,550	x	－
兵　　　庫	20,100	4,030	16,000	－
奈　　　良	4,670	2,770	1,900	－
和 　歌 　山	1,270	1,000	x	－
鳥　　　取	63,200	7,820	55,400	－
島　　　根	36,100	－	36,100	－
岡　　　山	42,500	1,980	40,500	－
広　　　島	113,000	1,820	81,000	30,100
山　　　口	35,200	x	35,200	－
徳　　　島	41,500	1,930	38,900	x
香　　　川	32,400	6,060	26,300	－
愛　　　媛	203,100	20,800	182,300	－
高　　　知	25,900	7,710	13,100	x
福　　　岡	80,300	25,100	55,300	－
佐　　　賀	82,600	22,200	47,100	x
長　　　崎	200,600	54,000	141,100	x
熊　　　本	349,200	51,400	297,800	－
大　　　分	147,600	8,470	139,100	－
宮　　　崎	793,400	183,300	607,300	2,820
鹿 　児 　島	1,228,000	124,700	1,029,000	73,900
沖　　　縄	202,700	82,600	120,100	－
関 東 農 政 局	2,509,000	433,000	2,047,000	29,300
東 海 農 政 局	470,000	134,200	320,800	15,000
中国四国農政局	592,800	48,100	508,800	35,900

(2) 全国農業地域別・飼養頭数規模別

　　ア　経営タイプ別飼養戸数（肥育豚飼養頭数規模別）

単位：戸

区　　　分	計	子取り経営	肥育経営	子取り用めす豚のいる戸数	一貫経営
全　　　　　国	3,710	292	777	24	2,640
小　　　　　計	3,490	94	776	24	2,620
1 ～　 99 頭	350	54	113	4	183
100 ～　299	386	14	83	3	289
300 ～　499	358	5	101	－	252
500 ～　999	679	11	162	9	506
1,000 ～ 1,999	718	5	162	－	551
2,000 頭　以　上	997	5	155	8	837
うち3,000 頭 以上	695	5	112	6	578
肥　育　豚　な　し	224	198	1	－	25
北　海　道	190	10	49	－	131
小　　　　　計	180	－	49	－	131
1 ～　 99 頭	35	－	21	－	14
100 ～　299	14	－	4	－	10
300 ～　499	13	－	2	－	11
500 ～　999	20	－	6	－	14
1,000 ～1,999	26	－	5	－	21
2,000 頭　以　上	72	－	11	－	61
肥　育　豚　な　し	10	10	－	－	－
都　府　県	3,520	282	728	24	2,510
小　　　　　計	3,310	94	727	24	2,490
1 ～　 99 頭	315	54	92	4	169
100 ～　299	372	14	79	3	279
300 ～　499	345	5	99	－	241
500 ～　999	659	11	156	9	492
1,000 ～1,999	692	5	157	－	530
2,000 頭　以　上	925	5	144	8	776
肥　育　豚　な　し	214	188	1	－	25
東　　　　　北	455	37	80	－	338
小　　　　　計	424	8	80	－	336
1 ～　 99 頭	37	4	17	－	16
100 ～　299	63	3	5	－	55
300 ～　499	47	－	7	－	40
500 ～　999	68	－	21	－	47
1,000 ～1,999	60	1	10	－	49
2,000 頭　以　上	149	－	20	－	129
肥　育　豚　な　し	31	29	－	－	2
北　　　　　陸	119	7	19	2	93
小　　　　　計	113	1	19	2	93
1 ～　 99 頭	2	－	1	－	1
100 ～　299	13	1	2	1	10
300 ～　499	14	－	2	－	12
500 ～　999	27	－	－	－	27
1,000 ～1,999	31	－	7	－	24
2,000 頭　以　上	26	－	7	1	19
肥　育　豚　な　し	6	6	－	－	－

注：この表には学校、試験場等の非営利的な飼養者は含まない（以下(2)において同じ。）。

単位:戸

区　　分	計	子取り経営	肥育経営	子取り用めす豚のいる戸数	一貫経営
関　東　・　東　山	991	24	175	12	792
小　　　　　計	947	1	175	12	771
1 ～　99 頭	62	1	21	-	40
100 ～ 299	94	-	36	2	58
300 ～ 499	114	-	36	-	78
500 ～ 999	204	-	42	4	162
1,000 ～1,999	218	-	9	-	209
2,000 頭 以 上	255	-	31	6	224
肥 育 豚 な し	44	23	-	-	21
東　　　　　海	285	27	39	6	219
小　　　　　計	276	19	39	6	218
1 ～　99 頭	28	17	6	2	5
100 ～ 299	19	2	6	-	11
300 ～ 499	14	-	3	-	11
500 ～ 999	61	-	14	3	47
1,000 ～1,999	81	-	3	-	78
2,000 頭 以 上	73	-	7	1	66
肥 育 豚 な し	9	8	-	-	1
近　　　　　畿	51	4	20	2	27
小　　　　　計	49	3	20	2	26
1 ～　99 頭	13	2	7	2	4
100 ～ 299	10	-	3	-	7
300 ～ 499	5	-	3	-	2
500 ～ 999	9	1	2	-	6
1,000 ～1,999	8	-	3	-	5
2,000 頭 以 上	4	-	2	-	2
肥 育 豚 な し	2	1	-	-	1
中　　　　　国	70	6	13	-	51
小　　　　　計	65	1	13	-	51
1 ～　99 頭	8	-	3	-	5
100 ～ 299	6	-	2	-	4
300 ～ 499	6	-	1	-	5
500 ～ 999	10	1	2	-	7
1,000 ～1,999	7	-	2	-	5
2,000 頭 以 上	28	-	3	-	25
肥 育 豚 な し	5	5	-	-	-
四　　　　　国	115	6	20	-	89
小　　　　　計	113	4	20	-	89
1 ～　99 頭	8	1	1	-	6
100 ～ 299	8	2	-	-	6
300 ～ 499	9	-	6	-	3
500 ～ 999	24	1	3	-	20
1,000 ～1,999	27	-	7	-	20
2,000 頭 以 上	37	-	3	-	34
肥 育 豚 な し	2	2	-	-	-
区　　分	計	子 取 り 経 営	肥 育 経 営	子取り用めす豚のいる戸数	一 貫 経 営

(2) 全国農業地域別・飼養頭数規模別（続き）

　　ア　経営タイプ別飼養戸数（肥育豚飼養頭数規模別）（続き）

単位：戸

区　　分	計	子 取 り 経 営	肥 育 経 営	子取り用めす豚のいる戸数	一 貫 経 営
九　　　　　州	1,220	140	305	2	772
小　　　　計	1,120	48	304	2	772
1 ～ 99 頭	85	23	20	－	42
100 ～ 299	133	4	19	－	110
300 ～ 499	114	5	32	－	77
500 ～ 999	226	8	61	2	157
1,000 ～1,999	233	4	105	－	124
2,000 頭 以 上	333	4	67	－	262
肥 育 豚 な し	93	92	1	－	－
沖　　　　　縄	219	31	57	－	131
小　　　　計	197	9	57	－	131
1 ～ 99 頭	72	6	16	－	50
100 ～ 299	26	2	6	－	18
300 ～ 499	22	－	9	－	13
500 ～ 999	30	－	11	－	19
1,000 ～1,999	27	－	11	－	16
2,000 頭 以 上	20	1	4	－	15
肥 育 豚 な し	22	22	－	－	－
関 東 農 政 局	1,070	49	182	14	841
小　　　　計	1,020	20	182	14	820
1 ～ 99 頭	84	18	24	2	42
100 ～ 299	102	2	36	2	64
300 ～ 499	118	－	36	－	82
500 ～ 999	218	－	46	4	172
1,000 ～1,999	232	－	9	－	223
2,000 頭 以 上	268	－	31	6	237
肥 育 豚 な し	50	29	－	－	21
東 海 農 政 局	204	2	32	4	170
小　　　　計	201	－	32	4	169
1 ～ 99 頭	6	－	3	－	3
100 ～ 299	11	－	6	－	5
300 ～ 499	10	－	3	－	7
500 ～ 999	47	－	10	3	37
1,000 ～1,999	67	－	3	－	64
2,000 頭 以 上	60	－	7	1	53
肥 育 豚 な し	3	2	－	－	1
中 国 四 国 農 政 局	185	12	33	－	140
小　　　　計	178	5	33	－	140
1 ～ 99 頭	16	1	4	－	11
100 ～ 299	14	2	2	－	10
300 ～ 499	15	－	7	－	8
500 ～ 999	34	2	5	－	27
1,000 ～1,999	34	－	9	－	25
2,000 頭 以 上	65	－	6	－	59
肥 育 豚 な し	7	7	－	－	－

イ　経営タイプ別飼養頭数（肥育豚飼養頭数規模別）

単位：頭

区　　　分	計	子 取 り 経 営	肥 育 経 営	子取り用めす豚のいる飼養者の飼養頭数	一 貫 経 営
全　　　　　国	9,255,000	414,900	1,227,000	77,500	7,613,000
小　　　　計	8,841,000	79,300	1,227,000	77,500	7,535,000
1 ～　　99 頭	44,300	20,600	4,570	120	19,100
100 ～　299	92,400	7,280	15,600	350	69,500
300 ～　499	179,000	2,140	37,600	－	139,300
500 ～　999	570,400	9,630	121,900	15,800	438,800
1,000 ～1,999	1,075,000	6,720	202,200	－	865,800
2,000 頭 以 上	6,880,000	32,900	844,800	61,200	6,002,000
うち3,000 頭以上	6,095,000	32,900	737,800	56,600	5,325,000
肥 育 豚 な し	414,200	335,600	x	－	78,500
北　　海　　道	724,000	63,900	121,400	－	538,700
小　　　　計	660,100	－	121,400	－	538,700
1 ～　　99 頭	2,270	－	810	－	1,460
100 ～　299	2,780	－	670	－	2,110
300 ～　499	5,330	－	x	－	4,710
500 ～　999	16,400	－	4,740	－	11,700
1,000 ～1,999	47,600	－	6,840	－	40,800
2,000 頭 以 上	585,700	－	107,800	－	478,000
肥 育 豚 な し	63,900	63,900	－	－	－
都　　府　　県	8,531,000	351,000	1,105,000	77,500	7,074,000
小　　　　計	8,180,000	79,300	1,105,000	77,500	6,996,000
1 ～　　99 頭	42,000	20,600	3,760	120	17,600
100 ～　299	89,600	7,280	14,900	350	67,400
300 ～　499	173,700	2,140	37,000	－	134,500
500 ～　999	554,000	9,630	117,200	15,800	427,200
1,000 ～1,999	1,027,000	6,720	195,400	－	825,000
2,000 頭 以 上	6,294,000	32,900	737,100	61,200	5,524,000
肥 育 豚 な し	350,300	271,700	x	－	78,500
東　　　　　北	1,602,000	74,000	166,600	－	1,361,000
小　　　　計	1,540,000	14,600	166,600	－	1,358,000
1 ～　　99 頭	11,100	9,390	720	－	990
100 ～　299	20,800	3,100	1,020	－	16,700
300 ～　499	36,800	－	2,620	－	34,200
500 ～　999	55,700	－	14,000	－	41,700
1,000 ～1,999	98,400	x	14,500	－	81,800
2,000 頭 以 上	1,317,000	－	133,600	－	1,183,000
肥 育 豚 な し	62,400	59,400	－	－	x
北　　　　　陸	226,400	9,820	54,000	x	162,500
小　　　　計	216,800	x	54,000	x	162,500
1 ～　　99 頭	x	－	x	－	x
100 ～　299	5,210	x	x	x	4,520
300 ～　499	6,720	－	x	－	5,890
500 ～　999	23,900	－	－	－	23,900
1,000 ～1,999	51,200	－	8,960	－	42,200
2,000 頭 以 上	129,800	－	43,800	x	86,000
肥 育 豚 な し	9,540	9,540	－	－	－

注：　この表の飼養頭数は、各階層の飼養者が飼っている全ての豚（子取り用めす豚、肥育豚、種おす豚及びその他（肥育用のもと豚等））の
　　頭数である（エ、カ及びクにおいて同じ。）。

(2) 全国農業地域別・飼養頭数規模別（続き）

　イ　経営タイプ別飼養頭数（肥育豚飼養頭数規模別）（続き）

単位：頭

区　　　分	計	子取り経営	肥育経営	子取り用めす豚のいる飼養者の飼養頭数	一貫経営
関　東　・　東　山	2,418,000	13,200	237,300	56,500	2,167,000
小　　　計	2,330,000	x	237,300	56,500	2,092,000
1 ～ 99 頭	12,900	x	920	-	11,700
100 ～ 299	23,000	-	5,870	x	17,100
300 ～ 499	58,700	-	12,900	-	45,700
500 ～ 999	176,200	-	28,600	3,020	147,600
1,000 ～1,999	348,000	-	11,100	-	336,900
2,000 頭 以 上	1,711,000	-	177,900	53,200	1,533,000
肥 育 豚 な し	88,300	12,900	-	-	75,400
東　　　　　海	561,100	12,100	58,300	6,320	490,700
小　　　計	555,000	6,140	58,300	6,320	490,600
1 ～ 99 頭	6,350	5,820	320	x	210
100 ～ 299	3,230	x	1,240	-	1,680
300 ～ 499	6,220	-	950	-	5,270
500 ～ 999	49,000	-	9,370	1,730	39,700
1,000 ～1,999	124,400	-	3,250	-	121,200
2,000 頭 以 上	365,800	-	43,200	x	322,600
肥 育 豚 な し	6,050	5,920	-	-	x
近　　　　　畿	46,500	1,390	15,700	x	29,400
小　　　計	46,300	1,150	15,700	x	29,400
1 ～ 99 頭	830	x	100	x	240
100 ～ 299	2,130	-	590	-	1,540
300 ～ 499	2,630	-	1,360	-	x
500 ～ 999	12,000	x	x	-	10,300
1,000 ～1,999	10,400	-	3,220	-	7,170
2,000 頭 以 上	18,300	-	x	-	x
肥 育 豚 な し	x	x	-	-	x
中　　　　　国	290,000	19,400	78,000	-	192,600
小　　　計	271,500	x	78,000	-	192,600
1 ～ 99 頭	230	-	40		190
100 ～ 299	1,290	-	x		890
300 ～ 499	2,770	-	x	-	2,370
500 ～ 999	7,930	x	x	-	5,900
1,000 ～1,999	10,500	-	x	-	7,420
2,000 頭 以 上	248,800	-	73,000	-	175,800
肥 育 豚 な し	18,500	18,500	-	-	-
四　　　　　国	302,800	7,090	27,200	-	268,500
小　　　計	299,000	3,300	27,200	-	268,500
1 ～ 99 頭	520	x	x	-	220
100 ～ 299	3,940	x	-	-	1,840
300 ～ 499	3,790	-	2,110	-	1,680
500 ～ 999	21,900	x	2,230	-	18,800
1,000 ～1,999	41,800	-	9,690	-	32,200
2,000 頭 以 上	226,900	-	13,100	-	213,800
肥 育 豚 な し	x	x	-	-	-

単位：頭

区　　　分	計	子 取 り 経 営	肥 育 経 営	子取り用めす豚のいる飼養者の飼　養　頭　数	一 貫 経 営
九　　　　　州	**2,881,000**	**181,600**	**417,500**	**x**	**2,282,000**
小　　　　　計	2,745,000	45,300	417,400	x	2,282,000
1 ～ 99 頭	3,950	570	860	－	2,520
100 ～ 299	25,300	1,030	4,320	－	20,000
300 ～ 499	48,100	2,140	12,500	－	33,400
500 ～ 999	178,200	7,090	50,700	x	120,300
1,000 ～1,999	309,600	4,600	126,400	－	178,600
2,000 頭 以 上	2,180,000	29,900	222,600	－	1,928,000
肥 育 豚 な し	136,300	136,300	x	－	－
沖　　　　　縄	**202,700**	**32,400**	**50,800**	**－**	**119,400**
小　　　　　計	177,500	7,280	50,800	－	119,400
1 ～ 99 頭	6,130	3,830	750	－	1,560
100 ～ 299	4,720	x	1,100	－	3,170
300 ～ 499	7,970	－	3,310	－	4,660
500 ～ 999	29,100	－	10,100	－	19,000
1,000 ～1,999	32,800	－	15,200	－	17,700
2,000 頭 以 上	96,800	x	20,400	－	73,400
肥 育 豚 な し	25,200	25,200	－	－	－
関 東 農 政 局	**2,509,000**	**24,000**	**239,700**	**56,600**	**2,245,000**
小　　　　　計	2,416,000	6,410	239,700	56,600	2,170,000
1 ～ 99 頭	19,000	6,090	1,140	x	11,800
100 ～ 299	24,100	x	5,870	x	17,900
300 ～ 499	60,800	－	12,900	－	47,900
500 ～ 999	186,800	－	30,800	3,020	156,000
1,000 ～1,999	367,700	－	11,100	－	356,600
2,000 頭 以 上	1,758,000	－	177,900	53,200	1,580,000
肥 育 豚 な し	93,000	17,600	－	－	75,400
東 海 農 政 局	**470,000**	**x**	**55,900**	**6,230**	**412,900**
小　　　　　計	468,700	－	55,900	6,230	412,700
1 ～ 99 頭	220	－	100	－	120
100 ～ 299	2,160	－	1,240	－	920
300 ～ 499	4,040	－	950	－	3,090
500 ～ 999	38,400	－	7,180	1,730	31,200
1,000 ～1,999	104,700	－	3,250	－	101,400
2,000 頭 以 上	319,100	－	43,200	x	275,900
肥 育 豚 な し	1,330	x	－	－	x
中 国 四 国 農 政 局	**592,800**	**26,500**	**105,200**	**－**	**461,100**
小　　　　　計	570,500	4,260	105,200	－	461,100
1 ～ 99 頭	740	x	70	－	400
100 ～ 299	5,230	x	x	－	2,740
300 ～ 499	6,560	－	2,510	－	4,050
500 ～ 999	29,900	x	3,310	－	24,700
1,000 ～1,999	52,300	－	12,800	－	39,600
2,000 頭 以 上	475,800	－	86,100	－	389,600
肥 育 豚 な し	22,300	22,300	－	－	－

(2) 全国農業地域別・飼養頭数規模別 (続き)

ウ 経営タイプ別飼養戸数(子取り用めす豚飼養頭数規模別)

単位:戸

区　　　分	計	子取り経営	肥育豚のいる戸数	肥育経営	一貫経営
全　　　　国	3,710	292	94	777	2,640
小　　　　計	2,910	283	94	24	2,600
1 ～ 9 頭	185	42	15	5	138
10 ～ 29	272	54	20	1	217
30 ～ 49	238	25	6	5	208
50 ～ 99	564	48	19	4	512
100 ～ 199	616	24	9	1	591
200 頭 以 上	1,030	90	25	8	936
子 取 り 用めす豚なし	803	9	－	753	41
北　海　道	190	10	－	49	131
小　　　　計	141	10	－	－	131
1 ～ 9 頭	5	－	－	－	5
10 ～ 29	19	4	－	－	15
30 ～ 49	11	－	－	－	11
50 ～ 99	12	－	－	－	12
100 ～ 199	23	－	－	－	23
200 頭 以 上	71	6	－	－	65
子 取 り 用めす豚なし	49	－	－	49	－
都　府　県	3,520	282	94	728	2,510
小　　　　計	2,770	273	94	24	2,470
1 ～ 9 頭	180	42	15	5	133
10 ～ 29	253	50	20	1	202
30 ～ 49	227	25	6	5	197
50 ～ 99	552	48	19	4	500
100 ～ 199	593	24	9	1	568
200 頭 以 上	963	84	25	8	871
子 取 り 用めす豚なし	754	9	－	704	41
東　　　　北	455	37	8	80	338
小　　　　計	364	31	8	－	333
1 ～ 9 頭	17	7	－	－	10
10 ～ 29	45	3	2	－	42
30 ～ 49	28	－	－	－	28
50 ～ 99	51	2	1	－	49
100 ～ 199	57	2	1	－	55
200 頭 以 上	166	17	4	－	149
子 取 り 用めす豚なし	91	6	－	80	5
北　　　　陸	119	7	1	19	93
小　　　　計	102	7	1	2	93
1 ～ 9 頭	1	－	－	－	1
10 ～ 29	6	－	－	－	6
30 ～ 49	10	2	－	1	7
50 ～ 99	29	1	1	－	28
100 ～ 199	26	2	－	－	24
200 頭 以 上	30	2	－	1	27
子 取 り 用めす豚なし	17	－	－	17	－

豚 139

単位:戸

区分	計	子取り経営	肥育豚のいる戸数	肥育経営	一貫経営
関東・東山	991	24	1	175	792
小計	794	24	1	12	758
1～9頭	28	9	－	2	17
10～29	55	9	－	－	46
30～49	67	4	1	4	59
50～99	147	－	－	2	145
100～199	234	－	－	－	234
200頭以上	263	2	－	4	257
子取り用	197	－	－	163	34
めす豚なし					
東海	285	27	19	39	219
小計	250	27	19	6	217
1～9頭	7	3	2	2	2
10～29	19	9	6	－	10
30～49	12	2	－	－	10
50～99	49	10	10	2	37
100～199	85	2	1	1	82
200頭以上	78	1	－	1	76
子取り用	35	－	－	33	2
めす豚なし					
近畿	51	4	3	20	27
小計	33	4	3	2	27
1～9頭	4	－	－	1	3
10～29	7	1	1	1	5
30～49	5	1	－	－	4
50～99	5	－	－	－	5
100～199	8	1	1	－	7
200頭以上	4	1	1	－	3
子取り用	18	－	－	18	－
めす豚なし					
中国	70	6	1	13	51
小計	55	4	1	－	51
1～9頭	4	－	－	－	4
10～29	3	－	－	－	3
30～49	7	－	－	－	7
50～99	10	－	－	－	10
100～199	2	1	1	－	1
200頭以上	29	3	－	－	26
子取り用	15	2	－	13	－
めす豚なし					
四国	115	6	4	20	89
小計	95	6	4	－	89
1～9頭	5	－	－	－	5
10～29	3	－	－	－	3
30～49	4	－	－	－	4
50～99	20	2	1	－	18
100～199	22	－	－	－	22
200頭以上	41	4	3	－	37
子取り用	20	－	－	20	－
めす豚なし					

(2) 全国農業地域別・飼養頭数規模別（続き）

　ウ　経営タイプ別飼養戸数(子取り用めす豚飼養頭数規模別)（続き）

単位：戸

区　　　分	計	子 取 り 経 営	肥育豚のいる戸数	肥 育 経 営	一 貫 経 営
九　　　　　州	1,220	140	48	305	772
小　　　　　計	913	139	48	2	772
1 ～ 9 頭	69	19	13	－	50
10 ～ 29	96	25	11	－	71
30 ～ 49	75	12	5	－	63
50 ～ 99	222	26	4	－	196
100 ～ 199	135	10	2	－	125
200 頭 以 上	316	47	13	2	267
子 取 り 用 めす豚なし	304	1	－	303	－
沖　　　　　縄	219	31	9	57	131
小　　　　　計	162	31	9	－	131
1 ～ 9 頭	45	4	－	－	41
10 ～ 29	19	3	－	－	16
30 ～ 49	19	4	－	－	15
50 ～ 99	19	7	2	－	12
100 ～ 199	24	6	3	－	18
200 頭 以 上	36	7	4	－	29
子 取 り 用 めす豚なし	57	－	－	57	－
関 東 農 政 局	1,070	49	20	182	841
小　　　　　計	868	49	20	14	805
1 ～ 9 頭	33	12	2	4	17
10 ～ 29	68	17	6	－	51
30 ～ 49	73	6	1	4	63
50 ～ 99	164	10	10	2	152
100 ～ 199	250	1	1	－	249
200 頭 以 上	280	3	－	4	273
子 取 り 用 めす豚なし	204	－	－	168	36
東 海 農 政 局	204	2	－	32	170
小　　　　　計	176	2	－	4	170
1 ～ 9 頭	2	－	－	－	2
10 ～ 29	6	1	－	－	5
30 ～ 49	6	－	－	－	6
50 ～ 99	32	－	－	2	30
100 ～ 199	69	1	－	1	67
200 頭 以 上	61	－	－	1	60
子 取 り 用 めす豚なし	28	－	－	28	－
中 国 四 国 農 政 局	185	12	5	33	140
小　　　　　計	150	10	5	－	140
1 ～ 9 頭	9	－	－	－	9
10 ～ 29	6	－	－	－	6
30 ～ 49	11	－	－	－	11
50 ～ 99	30	2	1	－	28
100 ～ 199	24	1	1	－	23
200 頭 以 上	70	7	3	－	63
子 取 り 用 めす豚なし	35	2	－	33	－

エ 経営タイプ別飼養頭数（子取り用めす豚飼養頭数規模別）

単位：頭

区　　分	計	子 取 り 経 営	肥育豚のいる飼養者の飼養頭数	肥 育 経 営	一 貫 経 営
全　　　　　国	9,255,000	414,900	79,300	1,227,000	7,613,000
小　　　　計	7,976,000	407,400	79,300	77,500	7,491,000
1 ～ 9 頭	8,040	880	230	340	6,820
10 ～ 29	40,900	3,270	1,760	x	37,700
30 ～ 49	82,900	4,330	1,830	3,130	75,500
50 ～ 99	387,500	18,900	7,850	5,670	363,000
100 ～ 199	833,700	20,600	9,070	x	812,500
200 頭 以 上	6,623,000	359,400	58,500	67,700	6,195,000
子 取 り 用 めす豚なし	1,279,000	7,460	－	1,149,000	122,100
北　海　道	724,000	63,900	－	121,400	538,700
小　　　　計	602,600	63,900	－	－	538,700
1 ～ 9 頭	530	－	－	－	530
10 ～ 29	2,340	120	－	－	2,220
30 ～ 49	4,380	－	－	－	4,380
50 ～ 99	8,590	－	－	－	8,590
100 ～ 199	35,000	－	－	－	35,000
200 頭 以 上	551,800	63,800	－	－	488,000
子 取 り 用 めす豚なし	121,400	－	－	121,400	－
都　府　県	8,531,000	351,000	79,300	1,105,000	7,074,000
小　　　　計	7,373,000	343,500	79,300	77,500	6,952,000
1 ～ 9 頭	7,520	880	230	340	6,300
10 ～ 29	38,600	3,150	1,760	x	35,400
30 ～ 49	78,600	4,330	1,830	3,130	71,100
50 ～ 99	378,900	18,900	7,850	5,670	354,400
100 ～ 199	798,700	20,600	9,070	x	777,500
200 頭 以 上	6,071,000	295,700	58,500	67,700	5,707,000
子 取 り 用 めす豚なし	1,157,000	7,460	－	1,028,000	122,100
東　　　　北	1,602,000	74,000	14,600	166,600	1,361,000
小　　　　計	1,427,000	66,800	14,600	－	1,360,000
1 ～ 9 頭	1,180	190	－	－	990
10 ～ 29	10,900	360	x	－	10,600
30 ～ 49	9,760	－	－	－	9,760
50 ～ 99	33,500	x	x	－	32,700
100 ～ 199	74,900	x	x	－	72,100
200 頭 以 上	1,297,000	62,700	11,800	－	1,234,000
子 取 り 用 めす豚なし	174,800	7,210	－	166,600	1,000
北　　　　陸	226,400	9,820	x	54,000	162,500
小　　　　計	175,900	9,820	x	x	162,500
1 ～ 9 頭	x	－	－	－	x
10 ～ 29	1,040	－	－	－	1,040
30 ～ 49	3,410	x	－	x	3,140
50 ～ 99	21,600	x	x	－	21,300
100 ～ 199	28,000	x	－	－	23,700
200 頭 以 上	121,700	x	－	x	113,200
子 取 り 用 めす豚なし	50,400	－	－	50,400	－

(2)　全国農業地域別・飼養頭数規模別（続き）

　　エ　経営タイプ別飼養頭数（子取り用めす豚飼養頭数規模別）（続き）

単位：頭

区　　分	計	子 取 り 経 営	肥育豚のいる飼養者の飼養頭数	肥 育 経 営	一 貫 経 営
関 東 ・ 東 山	2,418,000	13,200	x	237,300	2,167,000
小　　　　　計	2,116,000	13,200	x	56,500	2,047,000
1 ～ 9 頭	1,320	160	－	x	920
10 ～ 29	8,880	800	－	－	8,080
30 ～ 49	25,900	510	x	3,020	22,300
50 ～ 99	100,800	－	－	x	96,200
100 ～ 199	338,000	－	－	－	338,000
200 頭 以 上	1,641,000	x		48,700	1,581,000
子 取 り 用 めす豚なし	301,700	－	－	180,800	120,900
東 　　　　海	561,100	12,100	6,140	58,300	490,700
小　　　　　計	508,800	12,100	6,140	6,320	490,500
1 ～ 9 頭	360	210	x	x	x
10 ～ 29	2,090	810	780	－	1,280
30 ～ 49	4,060	x	－	－	3,620
50 ～ 99	35,100	4,600	4,600	x	29,400
100 ～ 199	122,000	x	x	x	119,600
200 頭 以 上	345,200	x	－	x	336,500
子 取 り 用 めす豚なし	52,300	－	－	52,000	x
近 　　　　畿	46,500	1,390	x	15,700	29,400
小　　　　　計	30,800	1,390	x	x	29,400
1 ～ 9 頭	140	－	－	x	130
10 ～ 29	710	x	x	x	640
30 ～ 49	1,480	x	－	－	1,230
50 ～ 99	3,020	－	－	－	3,020
100 ～ 199	10,600	x	x	－	9,910
200 頭 以 上	14,900	x	x	－	14,500
子 取 り 用 めす豚なし	15,700	－	－	15,700	－
中 　　　　国	290,000	19,400	x	78,000	192,600
小　　　　　計	211,800	19,200	x	－	192,600
1 ～ 9 頭	120	－	－	－	120
10 ～ 29	380	－	－	－	380
30 ～ 49	3,330	－	－	－	3,330
50 ～ 99	9,020	－	－	－	9,020
100 ～ 199	x	x	x	－	x
200 頭 以 上	196,600	18,300	－	－	178,300
子 取 り 用 めす豚なし	78,200	x	－	78,000	－
四 　　　　国	302,800	7,090	x	27,200	268,500
小　　　　　計	275,600	7,090	x	－	268,500
1 ～ 9 頭	150	－	－	－	150
10 ～ 29	560	－	－	－	560
30 ～ 49	1,670	－	－	－	1,670
50 ～ 99	16,600	x	x	－	15,500
100 ～ 199	30,800	－	－	－	30,800
200 頭 以 上	225,800	6,050	x	－	219,800
子 取 り 用 めす豚なし	27,200	－	－	27,200	－

単位：頭

区　　　分	計	子 取 り 経 営	肥育豚のいる飼養者の飼養頭数	肥 育 経 営	一 貫 経 営
九　　　　　　州	2,881,000	181,600	45,300	417,500	2,282,000
小　　　　　計	2,475,000	181,600	45,300	x	2,282,000
1 ～ 9 頭	2,980	300	70	-	2,680
10 ～ 29	13,200	1,060	680	-	12,100
30 ～ 49	26,600	2,790	1,560	-	23,800
50 ～ 99	147,400	11,500	1,350	-	135,900
100 ～ 199	171,200	8,950	x	-	162,300
200 頭 以 上	2,114,000	157,000	37,600	x	1,946,000
子 取 り 用	406,400	x	-	406,400	-
め す 豚 な し					
沖　　　　　　縄	202,700	32,400	7,280	50,800	119,400
小　　　　　計	151,900	32,400	7,280	-	119,400
1 ～ 9 頭	1,210	30	-	-	1,180
10 ～ 29	880	80	-	-	800
30 ～ 49	2,400	190	-	-	2,210
50 ～ 99	12,000	700	x	-	11,300
100 ～ 199	20,800	1,140	650	-	19,700
200 頭 以 上	114,600	30,300	6,400	-	84,300
子 取 り 用	50,800	-	-	50,800	-
め す 豚 な し					
関 東 農 政 局	2,509,000	24,000	6,410	239,700	2,245,000
小　　　　　計	2,205,000	24,000	6,410	56,600	2,124,000
1 ～ 9 頭	1,610	370	x	330	920
10 ～ 29	9,940	1,600	780	-	8,340
30 ～ 49	27,500	960	x	3,020	23,500
50 ～ 99	110,800	4,600	4,600	x	101,700
100 ～ 199	358,600	x	x	-	358,000
200 頭 以 上	1,696,000	15,900	-	48,700	1,632,000
子 取 り 用	304,200	-	-	183,100	121,100
め す 豚 な し					
東 海 農 政 局	470,000	x	-	55,900	412,900
小　　　　　計	420,300	x	-	6,230	412,900
1 ～ 9 頭	x	-	-	-	x
10 ～ 29	1,030	x	-	-	1,010
30 ～ 49	2,480	-	-	-	2,480
50 ～ 99	25,000	-	-	x	23,900
100 ～ 199	101,500	x	-	x	99,600
200 頭 以 上	290,300	-	-	x	285,800
子 取 り 用	49,700	-	-	49,700	-
め す 豚 な し					
中 国 四 国 農 政 局	592,800	26,500	4,260	105,200	461,100
小　　　　　計	487,400	26,300	4,260	-	461,100
1 ～ 9 頭	270	-	-	-	270
10 ～ 29	940	-	-	-	940
30 ～ 49	5,000	-	-	-	5,000
50 ～ 99	25,600	x	x	-	24,600
100 ～ 199	33,100	x	x	-	32,200
200 頭 以 上	422,400	24,300	2,370	-	398,100
子 取 り 用	105,400	x	-	105,200	-
め す 豚 な し					

(2) 全国農業地域別・飼養頭数規模別（続き）

オ　経営組織別飼養戸数（肥育豚飼養頭数規模別）

単位：戸

区　　分	計	農　家	会　社	その他
全　　　　　国	3,710	1,790	1,830	95
小　　　計	3,490	1,680	1,720	82
1 〜 99 頭	350	273	71	6
100 〜 299	386	304	71	11
300 〜 499	358	271	78	9
500 〜 999	679	430	241	8
1,000 〜1,999	718	307	399	12
2,000 頭 以 上	997	98	863	36
うち3,000 頭 以 上	695	43	622	30
肥 育 豚 な し	224	104	107	13
北　海　道	190	43	141	6
小　　　計	180	41	133	6
1 〜 99 頭	35	17	18	−
100 〜 299	14	4	6	4
300 〜 499	13	6	5	2
500 〜 999	20	10	10	−
1,000 〜1,999	26	4	22	−
2,000 頭 以 上	72	−	72	−
肥 育 豚 な し	10	2	8	−
都　府　県	3,520	1,740	1,690	89
小　　　計	3,310	1,640	1,590	76
1 〜 99 頭	315	256	53	6
100 〜 299	372	300	65	7
300 〜 499	345	265	73	7
500 〜 999	659	420	231	8
1,000 〜1,999	692	303	377	12
2,000 頭 以 上	925	98	791	36
肥 育 豚 な し	214	102	99	13
東　　　　北	455	184	254	17
小　　　計	424	174	233	17
1 〜 99 頭	37	30	6	1
100 〜 299	63	54	9	−
300 〜 499	47	31	13	3
500 〜 999	68	32	36	−
1,000 〜1,999	60	23	34	3
2,000 頭 以 上	149	4	135	10
肥 育 豚 な し	31	10	21	−
北　　　　陸	119	51	68	−
小　　　計	113	49	64	−
1 〜 99 頭	2	1	1	−
100 〜 299	13	11	2	−
300 〜 499	14	9	5	−
500 〜 999	27	19	8	−
1,000 〜1,999	31	8	23	−
2,000 頭 以 上	26	1	25	−
肥 育 豚 な し	6	2	4	−

単位:戸

区　　　分	計	農　家	会　社	その他
関　東　・　東　山	**991**	**499**	**473**	**19**
小　　　　　計	947	478	451	18
1　～　　99頭	62	52	9	1
100　～　299	94	75	12	7
300　～　499	114	92	22	－
500　～　999	204	125	77	2
1,000　～1,999	218	103	112	3
2,000　頭　以　上	255	31	219	5
肥　育　豚　な　し	44	21	22	1
東　　　　　　　海	**285**	**150**	**128**	**7**
小　　　　　計	276	145	126	5
1　～　　99頭	28	24	4	－
100　～　299	19	13	6	－
300　～　499	14	9	5	－
500　～　999	61	40	18	3
1,000　～1,999	81	46	35	－
2,000　頭　以　上	73	13	58	2
肥　育　豚　な　し	9	5	2	2
近　　　　　　　畿	**51**	**28**	**20**	**3**
小　　　　　計	49	26	20	3
1　～　　99頭	13	7	4	2
100　～　299	10	8	2	－
300　～　499	5	3	2	－
500　～　999	9	3	6	－
1,000　～1,999	8	5	2	1
2,000　頭　以　上	4	－	4	－
肥　育　豚　な　し	2	2	－	
中　　　　　　　国	**70**	**22**	**44**	**4**
小　　　　　計	65	22	39	4
1　～　　99頭	8	7	1	－
100　～　299	6	3	3	－
300　～　499	6	4	2	－
500　～　999	10	6	4	－
1,000　～1,999	7	1	6	－
2,000　頭　以　上	28	1	23	4
肥　育　豚　な　し	5	－	5	－
四　　　　　　　国	**115**	**44**	**69**	**2**
小　　　　　計	113	43	68	2
1　～　　99頭	8	6	2	－
100　～　299	8	7	1	－
300　～　499	9	6	3	－
500　～　999	24	14	9	1
1,000　～1,999	27	8	19	－
2,000　頭　以　上	37	2	34	1
肥　育　豚　な　し	2	1	1	－

区　　　分	計	農　家	会　社	その他

(2)　全国農業地域別・飼養頭数規模別（続き）

　　　オ　経営組織別飼養戸数（肥育豚飼養頭数規模別）（続き）

単位：戸

区　　　分	計	農　　家	会　　社	そ の 他
九　　　　州	1,220	596	584	37
小　　　　計	1,120	553	544	27
1 ～ 99 頭	85	64	19	2
100 ～ 299	133	108	25	－
300 ～ 499	114	94	16	4
500 ～ 999	226	158	66	2
1,000 ～1,999	233	89	139	5
2,000 頭 以 上	333	40	279	14
肥 育 豚 な し	93	43	40	10
沖　　　　縄	219	170	49	－
小　　　　計	197	152	45	－
1 ～ 99 頭	72	65	7	－
100 ～ 299	26	21	5	－
300 ～ 499	22	17	5	－
500 ～ 999	30	23	7	－
1,000 ～1,999	27	20	7	－
2,000 頭 以 上	20	6	14	－
肥 育 豚 な し	22	18	4	－
関 東 農 政 局	1,070	544	507	21
小　　　　計	1,020	518	484	20
1 ～ 99 頭	84	71	12	1
100 ～ 299	102	81	14	7
300 ～ 499	118	94	24	－
500 ～ 999	218	133	81	4
1,000 ～1,999	232	108	121	3
2,000 頭 以 上	268	31	232	5
肥 育 豚 な し	50	26	23	1
東 海 農 政 局	204	105	94	5
小　　　　計	201	105	93	3
1 ～ 99 頭	6	5	1	－
100 ～ 299	11	7	4	－
300 ～ 499	10	7	3	－
500 ～ 999	47	32	14	1
1,000 ～1,999	67	41	26	－
2,000 頭 以 上	60	13	45	2
肥 育 豚 な し	3	－	1	2
中 国 四 国 農 政 局	185	66	113	6
小　　　　計	178	65	107	6
1 ～ 99 頭	16	13	3	－
100 ～ 299	14	10	4	－
300 ～ 499	15	10	5	－
500 ～ 999	34	20	13	1
1,000 ～1,999	34	9	25	－
2,000 頭 以 上	65	3	57	5
肥 育 豚 な し	7	1	6	－

カ　経営組織別飼養頭数（肥育豚飼養頭数規模別）

単位：頭

区　　　分	計	農　家	会　社	そ の 他
全　　　　国	9,255,000	1,334,000	7,619,000	301,100
小　　　　計	8,841,000	1,316,000	7,243,000	281,400
1 ～ 99 頭	44,300	31,100	12,800	360
100 ～ 299	92,400	65,100	25,500	1,850
300 ～ 499	179,000	114,500	57,500	7,020
500 ～ 999	570,400	337,100	227,900	5,340
1,000 ～1,999	1,075,000	421,200	632,400	21,100
2,000 頭 以 上	6,880,000	347,200	6,287,000	245,700
うち3,000 頭以上	6,095,000	204,400	5,662,000	229,000
肥 育 豚 な し	414,200	18,000	376,400	19,700
北　海　道	724,000	17,000	705,100	1,940
小　　　　計	660,100	16,900	641,300	1,940
1 ～ 99 頭	2,270	1,190	1,090	－
100 ～ 299	2,780	990	950	840
300 ～ 499	5,330	2,250	1,980	x
500 ～ 999	16,400	8,010	8,390	－
1,000 ～1,999	47,600	4,440	43,200	－
2,000 頭 以 上	585,700	－	585,700	－
肥 育 豚 な し	63,900	x	63,800	－
都　府　県	8,531,000	1,317,000	6,914,000	299,200
小　　　　計	8,180,000	1,299,000	6,602,000	279,500
1 ～ 99 頭	42,000	29,900	11,800	360
100 ～ 299	89,600	64,100	24,500	1,010
300 ～ 499	173,700	112,300	55,500	5,920
500 ～ 999	554,000	329,100	219,600	5,340
1,000 ～1,999	1,027,000	416,800	589,200	21,100
2,000 頭 以 上	6,294,000	347,200	5,701,000	245,700
肥 育 豚 な し	350,300	18,000	312,600	19,700
東　　　　北	1,602,000	103,700	1,376,000	122,300
小　　　　計	1,540,000	103,100	1,314,000	122,300
1 ～ 99 頭	11,100	2,210	8,850	x
100 ～ 299	20,800	13,100	7,730	－
300 ～ 499	36,800	15,800	17,000	4,070
500 ～ 999	55,700	23,700	32,100	－
1,000 ～1,999	98,400	34,500	58,400	5,460
2,000 頭 以 上	1,317,000	13,800	1,190,000	112,700
肥 育 豚 な し	62,400	620	61,800	－
北　　　　陸	226,400	34,600	191,800	－
小　　　　計	216,800	34,500	182,300	－
1 ～ 99 頭	x	x	x	－
100 ～ 299	5,210	2,300	x	－
300 ～ 499	6,720	3,940	2,790	－
500 ～ 999	23,900	14,300	9,610	－
1,000 ～1,999	51,200	11,400	39,800	－
2,000 頭 以 上	129,800	x	127,200	－
肥 育 豚 な し	9,540	x	9,460	－

(2) 全国農業地域別・飼養頭数規模別（続き）

カ 経営組織別飼養頭数（肥育豚飼養頭数規模別）（続き）

単位:頭

区 分	計	農 家	会 社	その他
関 東 ・ 東 山	2,418,000	412,300	1,977,000	28,300
小 計	2,330,000	411,100	1,892,000	26,800
1 ～ 99 頭	12,900	12,400	260	x
100 ～ 299	23,000	16,600	5,360	1,010
300 ～ 499	58,700	37,700	20,900	–
500 ～ 999	176,200	101,000	73,900	x
1,000 ～1,999	348,000	152,300	190,400	5,220
2,000 頭 以 上	1,711,000	90,900	1,601,000	19,100
肥 育 豚 な し	88,300	1,200	85,600	x
東 海	561,100	155,000	390,100	16,000
小 計	555,000	154,600	385,600	14,800
1 ～ 99 頭	6,350	5,590	760	–
100 ～ 299	3,230	2,040	1,190	–
300 ～ 499	6,220	3,840	2,370	–
500 ～ 999	49,000	33,100	13,700	2,150
1,000 ～1,999	124,400	69,300	55,200	–
2,000 頭 以 上	365,800	40,700	312,400	x
肥 育 豚 な し	6,050	390	x	x
近 畿	46,500	11,900	33,400	1,280
小 計	46,300	11,600	33,400	1,280
1 ～ 99 頭	830	630	140	x
100 ～ 299	2,130	1,850	x	–
300 ～ 499	2,630	1,570	x	–
500 ～ 999	12,000	1,820	10,200	–
1,000 ～1,999	10,400	5,780	x	x
2,000 頭 以 上	18,300	–	18,300	–
肥 育 豚 な し	x	x	–	–
中 国	290,000	11,600	248,300	30,100
小 計	271,500	11,600	229,800	30,100
1 ～ 99 頭	230	170	x	–
100 ～ 299	1,290	610	680	–
300 ～ 499	2,770	1,930	x	–
500 ～ 999	7,930	5,100	2,820	–
1,000 ～1,999	10,500	x	9,390	–
2,000 頭 以 上	248,800	x	216,000	30,100
肥 育 豚 な し	18,500	–	18,500	–
四 国	302,800	36,400	260,500	x
小 計	299,000	36,300	256,900	x
1 ～ 99 頭	520	220	x	–
100 ～ 299	3,940	2,930	x	–
300 ～ 499	3,790	2,420	1,370	–
500 ～ 999	21,900	13,200	8,060	x
1,000 ～1,999	41,800	12,300	29,600	–
2,000 頭 以 上	226,900	x	216,600	x
肥 育 豚 な し	x	x	x	–

単位：頭

区　　分	計	農　家	会　社	そ　の　他
九　　　州	2,881,000	469,200	2,317,000	95,400
小　　　　　計	2,745,000	459,100	2,208,000	78,400
1 ～ 99 頭	3,950	2,990	870	x
100 ～ 299	25,300	20,800	4,510	-
300 ～ 499	48,100	39,500	6,810	1,840
500 ～ 999	178,200	114,700	62,200	x
1,000 ～1,999	309,600	107,000	193,300	9,180
2,000 頭 以 上	2,180,000	174,000	1,940,000	66,100
肥 育 豚 な し	136,300	10,200	109,100	17,000
沖　　　縄	202,700	82,600	120,100	-
小　　　　　計	177,500	77,500	100,100	
1 ～ 99 頭	6,130	5,640	490	
100 ～ 299	4,720	3,830	890	
300 ～ 499	7,970	5,570	2,410	
500 ～ 999	29,100	22,100	6,990	
1,000 ～1,999	32,800	23,000	9,800	
2,000 頭 以 上	96,800	17,300	79,500	
肥 育 豚 な し	25,200	5,120	20,000	
関 東 農 政 局	2,509,000	433,000	2,047,000	29,300
小　　　　　計	2,416,000	431,400	1,957,000	27,800
1 ～ 99 頭	19,000	17,900	960	x
100 ～ 299	24,100	17,400	5,610	1,010
300 ～ 499	60,800	38,500	22,300	-
500 ～ 999	186,800	107,800	76,600	2,340
1,000 ～1,999	367,700	158,800	203,700	5,220
2,000 頭 以 上	1,758,000	90,900	1,648,000	19,100
肥 育 豚 な し	93,000	1,600	89,900	x
東 海 農 政 局	470,000	134,200	320,800	15,000
小　　　　　計	468,700	134,200	320,600	13,800
1 ～ 99 頭	220	160	x	-
100 ～ 299	2,160	1,220	940	-
300 ～ 499	4,040	3,050	990	-
500 ～ 999	38,400	26,300	11,000	x
1,000 ～1,999	104,700	62,800	41,900	
2,000 頭 以 上	319,100	40,700	265,800	x
肥 育 豚 な し	1,330	-	x	x
中 国 四 国 農 政 局	592,800	48,100	508,800	35,900
小　　　　　計	570,500	48,000	486,700	35,900
1 ～ 99 頭	740	380	360	-
100 ～ 299	5,230	3,540	1,690	-
300 ～ 499	6,560	4,350	2,210	-
500 ～ 999	29,900	18,300	10,900	x
1,000 ～1,999	52,300	13,400	38,900	
2,000 頭 以 上	475,800	7,990	432,600	35,200
肥 育 豚 な し	22,300	x	22,200	-

(2) 全国農業地域別・飼養頭数規模別（続き）

キ 経営組織別飼養戸数（子取り用めす豚飼養頭数規模別）

単位：戸

区　　　　分	計	農　　家	会　　社	そ の 他
全　　　　　国	3,710	1,790	1,830	95
小　　　　　計	2,910	1,460	1,390	63
1 ～ 9 頭	185	148	34	3
10 ～ 29	272	247	19	6
30 ～ 49	238	204	33	1
50 ～ 99	564	434	124	6
100 ～ 199	616	288	322	6
200 頭 以 上	1,030	136	857	41
子 取 り 用 めす豚なし	803	330	441	32
北　海　道	190	43	141	6
小　　　　　計	141	33	104	4
1 ～ 9 頭	5	－	5	－
10 ～ 29	19	12	5	2
30 ～ 49	11	7	4	－
50 ～ 99	12	10	2	－
100 ～ 199	23	4	17	2
200 頭 以 上	71	－	71	－
子 取 り 用 めす豚なし	49	10	37	2
都　府　県	3,520	1,740	1,690	89
小　　　　　計	2,770	1,420	1,290	59
1 ～ 9 頭	180	148	29	3
10 ～ 29	253	235	14	4
30 ～ 49	227	197	29	1
50 ～ 99	552	424	122	6*
100 ～ 199	593	284	305	4
200 頭 以 上	963	136	786	41
子 取 り 用 めす豚なし	754	320	404	30
東　　　　　北	455	184	254	17
小　　　　　計	364	149	199	16
1 ～ 9 頭	17	15	1	1
10 ～ 29	45	41	2	2
30 ～ 49	28	27	1	－
50 ～ 99	51	39	12	－
100 ～ 199	57	21	35	1
200 頭 以 上	166	6	148	12
子 取 り 用 めす豚なし	91	35	55	1
北　　　　　陸	119	51	68	－
小　　　　　計	102	48	54	－
1 ～ 9 頭	1	1	－	－
10 ～ 29	6	6	－	－
30 ～ 49	10	7	3	－
50 ～ 99	29	23	6	－
100 ～ 199	26	9	17	－
200 頭 以 上	30	2	28	－
子 取 り 用 めす豚なし	17	3	14	－

単位:戸

区　　　分	計	農　家	会　　社	そ の 他
関 東 ・ 東 山	**991**	**499**	**473**	**19**
小　　　　計	794	413	369	12
1 ～ 9 頭	28	28	–	–
10 ～ 29	55	55	–	–
30 ～ 49	67	60	7	–
50 ～ 99	147	103	41	3
100 ～ 199	234	129	104	1
200 頭 以 上	263	38	217	8
子 取 り 用	197	86	104	7
め す 豚 な し				
東　　　　海	**285**	**150**	**128**	**7**
小　　　　計	250	142	103	5
1 ～ 9 頭	7	5	2	–
10 ～ 29	19	18	–	1
30 ～ 49	12	11	1	–
50 ～ 99	49	41	8	–
100 ～ 199	85	52	31	2
200 頭 以 上	78	15	61	2
子 取 り 用	35	8	25	2
め す 豚 な し				
近　　　　畿	**51**	**28**	**20**	**3**
小　　　　計	33	19	12	2
1 ～ 9 頭	4	1	2	1
10 ～ 29	7	6	–	1
30 ～ 49	5	5	–	–
50 ～ 99	5	3	2	–
100 ～ 199	8	3	5	–
200 頭 以 上	4	1	3	–
子 取 り 用	18	9	8	1
め す 豚 な し				
中　　　　国	**70**	**22**	**44**	**4**
小　　　　計	55	18	33	4
1 ～ 9 頭	4	4	–	–
10 ～ 29	3	2	1	–
30 ～ 49	7	3	4	–
50 ～ 99	10	7	3	–
100 ～ 199	2	1	1	–
200 頭 以 上	29	1	24	4
子 取 り 用	15	4	11	–
め す 豚 な し				
四　　　　国	**115**	**44**	**69**	**2**
小　　　　計	95	40	54	1
1 ～ 9 頭	5	5	–	–
10 ～ 29	3	3	–	–
30 ～ 49	4	4	–	–
50 ～ 99	20	16	4	–
100 ～ 199	22	6	16	–
200 頭 以 上	41	6	34	1
子 取 り 用	20	4	15	1
め す 豚 な し				

(2)　全国農業地域別・飼養頭数規模別（続き）

　　キ　経営組織別飼養戸数（子取り用めす豚飼養頭数規模別）（続き）

単位：戸

区　　　分	計	農　家	会　　社	そ の 他
九　　　　州	1,220	596	584	37
小　　　　計	913	470	424	19
1 ～ 9 頭	69	52	16	1
10 ～ 29	96	85	11	-
30 ～ 49	75	65	9	1
50 ～ 99	222	176	43	3
100 ～ 199	135	46	89	-
200 頭 以 上	316	46	256	14
子 取 り 用 めす豚なし	304	126	160	18
沖　　　　縄	219	170	49	-
小　　　　計	162	125	37	-
1 ～ 9 頭	45	37	8	-
10 ～ 29	19	19	-	-
30 ～ 49	19	15	4	-
50 ～ 99	19	16	3	-
100 ～ 199	24	17	7	-
200 頭 以 上	36	21	15	-
子 取 り 用 めす豚なし	57	45	12	-
関 東 農 政 局	1,070	544	507	21
小　　　　計	868	458	398	12
1 ～ 9 頭	33	31	2	-
10 ～ 29	68	68	-	-
30 ～ 49	73	66	7	-
50 ～ 99	164	118	43	3
100 ～ 199	250	137	112	1
200 頭 以 上	280	38	234	8
子 取 り 用 めす豚なし	204	86	109	9
東 海 農 政 局	204	105	94	5
小　　　　計	176	97	74	5
1 ～ 9 頭	2	2	-	-
10 ～ 29	6	5	-	1
30 ～ 49	6	5	1	-
50 ～ 99	32	26	6	-
100 ～ 199	69	44	23	2
200 頭 以 上	61	15	44	2
子 取 り 用 めす豚なし	28	8	20	-
中 国 四 国 農 政 局	185	66	113	6
小　　　　計	150	58	87	5
1 ～ 9 頭	9	9	-	-
10 ～ 29	6	5	1	-
30 ～ 49	11	7	4	-
50 ～ 99	30	23	7	-
100 ～ 199	24	7	17	-
200 頭 以 上	70	7	58	5
子 取 り 用 めす豚なし	35	8	26	1

ク　経営組織別飼養頭数（子取り用めす豚飼養頭数規模別）

単位：頭

区　　分	計	農　家	会　社	その他
全　　　国	9,255,000	1,334,000	7,619,000	301,100
小　　　計	7,976,000	1,128,000	6,574,000	273,800
1 ～ 9 頭	8,040	5,530	2,430	90
10 ～ 29	40,900	34,500	5,430	1,030
30 ～ 49	82,900	64,600	18,000	x
50 ～ 99	387,500	283,700	100,100	3,760
100 ～ 199	833,700	368,700	456,900	8,050
200 頭以上	6,623,000	371,300	5,991,000	260,600
子取り用めす豚なし	1,279,000	205,800	1,046,000	27,300
北　海　道	724,000	17,000	705,100	1,940
小　　　計	602,600	15,400	585,500	1,670
1 ～ 9 頭	530	–	530	–
10 ～ 29	2,340	1,200	570	x
30 ～ 49	4,380	2,200	2,180	–
50 ～ 99	8,590	7,810	x	–
100 ～ 199	35,000	4,190	29,700	x
200 頭以上	551,800	–	551,800	–
子取り用めす豚なし	121,400	1,560	119,600	x
都　府　県	8,531,000	1,317,000	6,914,000	299,200
小　　　計	7,373,000	1,113,000	5,988,000	272,100
1 ～ 9 頭	7,520	5,530	1,900	90
10 ～ 29	38,600	33,300	4,860	460
30 ～ 49	78,600	62,400	15,900	x
50 ～ 99	378,900	275,900	99,300	3,760
100 ～ 199	798,700	364,600	427,200	6,940
200 頭以上	6,071,000	371,300	5,439,000	260,600
子取り用めす豚なし	1,157,000	204,300	926,200	27,000
東　　　北	1,602,000	103,700	1,376,000	122,300
小　　　計	1,427,000	91,500	1,215,000	120,400
1 ～ 9 頭	1,180	590	x	x
10 ～ 29	10,900	9,290	x	x
30 ～ 49	9,760	9,340	x	–
50 ～ 99	33,500	25,100	8,400	–
100 ～ 199	74,900	29,400	43,700	x
200 頭以上	1,297,000	17,800	1,161,000	118,200
子取り用めす豚なし	174,800	12,200	160,700	x
北　　　陸	226,400	34,600	191,800	–
小　　　計	175,900	32,600	143,400	–
1 ～ 9 頭	x	x	–	–
10 ～ 29	1,040	1,040		–
30 ～ 49	3,410	2,120	1,290	–
50 ～ 99	21,600	14,600	7,060	–
100 ～ 199	28,000	8,160	19,900	–
200 頭以上	121,700	x	115,100	–
子取り用めす豚なし	50,400	1,990	48,400	–

(2) 全国農業地域別・飼養頭数規模別（続き）

　　ク　経営組織別飼養頭数（子取り用めす豚飼養頭数規模別）（続き）

単位：頭

区　　分	計	農　家	会　社	その他
関 東 ・ 東 山	2,418,000	412,300	1,977,000	28,300
小　　　　計	2,116,000	372,900	1,716,000	27,300
1 ～ 9 頭	1,320	1,320	－	－
10 ～ 29	8,880	8,880	－	－
30 ～ 49	25,900	21,300	4,580	－
50 ～ 99	100,800	67,600	31,700	1,470
100 ～ 199	338,000	174,300	160,900	x
200 頭 以 上	1,641,000	99,500	1,519,000	23,000
子 取 り 用 めす豚なし	301,700	39,400	261,200	1,010
東　　　　海	561,100	155,000	390,100	16,000
小　　　　計	508,800	152,100	341,800	15,000
1 ～ 9 頭	360	270	x	－
10 ～ 29	2,090	2,070	－	x
30 ～ 49	4,060	3,330	x	－
50 ～ 99	35,100	29,000	6,070	－
100 ～ 199	122,000	74,500	45,300	x
200 頭 以 上	345,200	42,900	289,600	x
子 取 り 用 めす豚なし	52,300	2,890	48,300	x
近　　　　畿	46,500	11,900	33,400	1,280
小　　　　計	30,800	8,490	22,300	x
1 ～ 9 頭	140	x	x	x
10 ～ 29	710	660	－	x
30 ～ 49	1,480	1,480	－	－
50 ～ 99	3,020	2,130	x	－
100 ～ 199	10,600	3,780	6,790	－
200 頭 以 上	14,900	x	14,500	－
子 取 り 用 めす豚なし	15,700	3,410	11,100	x
中　　　　国	290,000	11,600	248,300	30,100
小　　　　計	211,800	11,200	170,500	30,100
1 ～ 9 頭	120	120	－	－
10 ～ 29	380	x	x	－
30 ～ 49	3,330	1,270	2,060	－
50 ～ 99	9,020	5,810	3,200	－
100 ～ 199	x	x	x	－
200 頭 以 上	196,600	x	163,700	30,100
子 取 り 用 めす豚なし	78,200	440	77,800	－
四　　　　国	302,800	36,400	260,500	x
小　　　　計	275,600	35,100	235,500	x
1 ～ 9 頭	150	150	－	－
10 ～ 29	560	560	－	－
30 ～ 49	1,670	1,670	－	－
50 ～ 99	16,600	10,700	5,930	－
100 ～ 199	30,800	9,700	21,100	－
200 頭 以 上	225,800	12,300	208,400	x
子 取 り 用 めす豚なし	27,200	1,390	25,100	x

単位：頭

区　　　分	計	農　家	会　社	そ　の　他
九　　　　　州	2,881,000	469,200	2,317,000	95,400
小　　　　計	2,475,000	366,900	2,034,000	74,200
1 ～ 9 頭	2,980	1,940	1,000	x
10 ～ 29	13,200	9,590	3,580	－
30 ～ 49	26,600	21,100	5,210	x
50 ～ 99	147,400	114,400	30,700	2,290
100 ～ 199	171,200	52,100	119,100	－
200 頭 以 上	2,114,000	167,700	1,874,000	71,600
子 取 り 用	406,400	102,300	282,900	21,200
め す 豚 な し				
沖　　　　　縄	202,700	82,600	120,100	－
小　　　　計	151,900	42,400	109,500	－
1 ～ 9 頭	1,210	1,070	140	－
10 ～ 29	880	880	－	－
30 ～ 49	2,400	820	1,580	－
50 ～ 99	12,000	6,580	5,420	－
100 ～ 199	20,800	11,700	9,090	－
200 頭 以 上	114,600	21,300	93,200	－
子 取 り 用	50,800	40,200	10,600	－
め す 豚 な し				
関 東 農 政 局	2,509,000	433,000	2,047,000	29,300
小　　　　計	2,205,000	393,600	1,784,000	27,300
1 ～ 9 頭	1,610	1,520	x	－
10 ～ 29	9,940	9,940	－	－
30 ～ 49	27,500	22,900	4,580	－
50 ～ 99	110,800	76,300	33,100	1,470
100 ～ 199	358,600	183,400	172,300	x
200 頭 以 上	1,696,000	99,500	1,574,000	23,000
子 取 り 用	304,200	39,400	262,800	2,060
め す 豚 な し				
東 海 農 政 局	470,000	134,200	320,800	15,000
小　　　　計	420,300	131,400	274,000	15,000
1 ～ 9 頭	x	x	－	－
10 ～ 29	1,030	1,010	－	x
30 ～ 49	2,480	1,750	x	－
50 ～ 99	25,000	20,300	4,690	－
100 ～ 199	101,500	65,300	33,800	x
200 頭 以 上	290,300	42,900	234,700	x
子 取 り 用	49,700	2,890	46,800	－
め す 豚 な し				
中 国 四 国 農 政 局	592,800	48,100	508,800	35,900
小　　　　計	487,400	46,200	405,900	35,200
1 ～ 9 頭	270	270	－	－
10 ～ 29	940	870	x	－
30 ～ 49	5,000	2,940	2,060	－
50 ～ 99	25,600	16,500	9,130	－
100 ～ 199	33,100	10,600	22,500	－
200 頭 以 上	422,400	15,000	372,200	35,200
子 取 り 用	105,400	1,830	102,900	x
め す 豚 な し				

4　採　卵　鶏
（令和3年2月1日現在）

(1) 飼養戸数・羽数（全国農業地域・都道府県別）

全国農業地域 ・ 都 道 府 県	飼　　養　　戸　　数			飼　　　　　養	
	計 (2)＋(3)	採 卵 鶏	種 鶏 の み	計 (5)＋(8)	採　　卵
					小　　計
	(1)	(2)	(3)	(4)	(5)
	戸	戸	戸	千羽	千羽
全　　　国　(1)	1,960	1,880	75	183,373	180,918
（全国農業地域）					
北　海　道　(2)	56	56	-	6,679	6,652
都　府　県　(3)	1,900	1,820	75	176,694	174,266
東　　　北　(4)	161	153	8	24,795	24,628
北　　　陸　(5)	85	77	8	10,261	9,691
関 東 ・ 東 山　(6)	474	464	10	50,458	49,905
東　　　海　(7)	313	284	29	25,659	25,040
近　　　畿　(8)	146	145	1	8,659	8,635
中　　　国　(9)	160	159	1	23,105	23,049
四　　　国　(10)	122	121	1	7,700	7,688
九　　　州　(11)	397	381	16	24,799	24,379
沖　　　縄　(12)	41	40	1	1,258	1,251
（都道府県）					
北　海　道　(13)	56	56	-	6,679	6,652
青　　　森　(14)	27	27	-	7,734	7,734
岩　　　手　(15)	25	19	6	5,145	4,982
宮　　　城　(16)	37	37	-	3,754	3,754
秋　　　田　(17)	14	14	-	2,393	2,393
山　　　形　(18)	13	13	-	479	479
福　　　島　(19)	45	43	2	5,290	5,286
茨　　　城　(20)	102	96	6	18,005	17,756
栃　　　木　(21)	47	46	1	5,898	5,890
群　　　馬　(22)	52	52	-	8,651	8,449
埼　　　玉　(23)	65	65	-	3,972	3,972
千　　　葉　(24)	106	104	2	11,672	11,605
東　　　京　(25)	13	13	-	64	57
神　奈　川　(26)	47	47	-	1,049	1,049
新　　　潟　(27)	46	38	8	7,459	6,910
富　　　山　(28)	17	17	-	917	917
石　　　川　(29)	13	13	-	1,220	1,199
福　　　井　(30)	9	9	-	665	665
山　　　梨　(31)	22	22	-	534	534
長　　　野　(32)	20	19	1	613	593
岐　　　阜　(33)	68	50	18	5,018	4,669
静　　　岡　(34)	45	39	6	5,537	5,345
愛　　　知　(35)	129	124	5	8,912	8,854
三　　　重　(36)	71	71	-	6,192	6,172
滋　　　賀　(37)	19	19	-	262	262
京　　　都　(38)	28	28	-	1,474	1,474
大　　　阪　(39)	12	12	-	55	55
兵　　　庫　(40)	47	46	1	6,343	6,319
奈　　　良　(41)	22	22	-	243	243
和　歌　山　(42)	18	18	-	282	282
鳥　　　取　(43)	11	11	-	445	445
島　　　根　(44)	17	17	-	956	956
岡　　　山　(45)	68	68	-	9,767	9,767
広　　　島　(46)	50	49	1	10,045	9,989
山　　　口　(47)	14	14	-	1,892	1,892
徳　　　島　(48)	22	22	-	787	778
香　　　川　(49)	47	47	-	4,197	4,196
愛　　　媛　(50)	43	43	-	2,453	2,453
高　　　知　(51)	10	9	1	263	261
福　　　岡　(52)	71	66	5	3,417	3,364
佐　　　賀　(53)	26	26	-	319	319
長　　　崎　(54)	58	58	-	1,763	1,763
熊　　　本　(55)	39	39	-	1,876	1,844
大　　　分　(56)	22	22	-	1,266	1,265
宮　　　崎　(57)	58	54	4	3,925	3,816
鹿　児　島　(58)	123	116	7	12,233	12,008
沖　　　縄　(59)	41	40	1	1,258	1,251
関 東 農 政 局　(60)	519	503	16	55,995	55,250
東 海 農 政 局　(61)	268	245	23	20,122	19,695
中国四国農政局　(62)	282	280	2	30,805	30,737

注：採卵鶏の飼養戸数には、種鶏のみの飼養者及び成鶏めす1,000羽未満の飼養者を含まない。

羽		数	1戸当たり成鶏めす飼養羽数（採卵鶏）(7)/(2)	対前回比（令和3年/平成31年）	
鶏（種鶏を除く。）		種 鶏		飼養戸数（採卵鶏）	成鶏めす羽数（6か月以上）
ひな（6か月未満）	成鶏めす（6か月以上）				
(6)	(7)	(8)	(9)	(10)	(11)
千羽	千羽	千羽	千羽	%	%
40,221	140,697	2,455	74.8	88.7	99.2	(1)
1,403	5,249	27	93.7	93.3	100.3	(2)
38,818	135,448	2,428	74.4	88.3	99.2	(3)
6,323	18,305	167	119.6	87.9	98.6	(4)
1,878	7,813	570	101.5	91.7	104.0	(5)
11,348	38,557	553	83.1	88.9	103.0	(6)
4,665	20,375	619	71.7	82.8	99.2	(7)
1,664	6,971	24	48.1	85.8	92.3	(8)
6,000	17,049	56	107.2	92.4	101.7	(9)
1,359	6,329	12	52.3	91.0	86.5	(10)
5,340	19,039	420	50.0	91.8	96.4	(11)
241	1,010	7	25.3	87.0	91.4	(12)
1,403	5,249	27	93.7	93.3	100.3	(13)
2,402	5,332	–	197.5	100.0	102.8	(14)
1,357	3,625	163	190.8	82.6	100.4	(15)
375	3,379	–	91.3	86.0	90.4	(16)
269	2,124	–	151.7	82.4	101.4	(17)
17	462	–	35.5	65.0	96.9	(18)
1,903	3,383	4	78.7	97.7	97.9	(19)
3,602	14,154	249	147.4	88.9	114.2	(20)
772	5,118	8	111.3	82.1	99.5	(21)
3,130	5,319	202	102.3	98.1	101.2	(22)
1,816	2,156	–	33.2	90.3	81.8	(23)
1,747	9,858	67	94.8	83.2	99.7	(24)
4	53	7	4.1	92.9	74.6	(25)
35	1,014	–	21.6	97.9	89.3	(26)
1,631	5,279	549	138.9	90.5	104.2	(27)
92	825	–	48.5	100.0	86.6	(28)
153	1,046	21	80.5	92.9	129.1	(29)
2	663	–	73.7	81.8	96.9	(30)
155	379	–	17.2	84.6	88.8	(31)
87	506	20	26.6	95.0	101.2	(32)
809	3,860	349	77.2	72.5	100.6	(33)
918	4,427	192	113.5	68.4	109.8	(34)
1,630	7,224	58	58.3	86.7	102.9	(35)
1,308	4,864	20	68.5	95.9	85.9	(36)
23	239	–	12.6	90.5	72.0	(37)
6	1,468	–	52.4	90.3	89.6	(38)
6	49	–	4.1	92.3	94.2	(39)
1,582	4,737	24	103.0	83.6	98.7	(40)
33	210	–	9.5	78.6	55.1	(41)
14	268	–	14.9	85.7	77.2	(42)
15	430	–	39.1	100.0	88.5	(43)
176	780	–	45.9	89.5	99.7	(44)
2,421	7,346	–	108.0	87.2	98.0	(45)
2,870	7,119	56	145.3	100.0	105.8	(46)
518	1,374	–	98.1	93.3	107.3	(47)
161	617	9	28.0	146.7	100.3	(48)
593	3,603	1	76.7	87.0	84.3	(49)
583	1,870	–	43.5	86.0	86.8	(50)
22	239	2	26.6	64.3	88.2	(51)
444	2,920	53	44.2	89.2	104.3	(52)
36	283	–	10.9	86.7	78.0	(53)
268	1,495	–	25.8	89.2	102.0	(54)
220	1,624	32	41.6	88.6	97.7	(55)
147	1,118	1	50.8	100.0	102.1	(56)
867	2,949	109	54.6	88.5	77.7	(57)
3,358	8,650	225	74.6	97.5	101.0	(58)
241	1,010	7	25.3	87.0	91.4	(59)
12,266	42,984	745	85.5	86.9	103.6	(60)
3,747	15,948	427	65.1	85.7	96.6	(61)
7,359	23,378	68	83.5	91.8	97.1	(62)

(2) 成鶏めす飼養羽数規模別の飼養戸数（全国農業地域・都道府県別）

単位：戸

全国農業地域・都道府県	計	成 鶏 め す 飼 養 羽 数 規 模						ひなのみ
		小　計	1,000～4,999羽	5,000～9,999	10,000～49,999	50,000～99,999	100,000羽以上	
全　　国	1,850	1,700	429	250	499	192	334	150
（全国農業地域）								
北　海　道	51	45	16	2	9	4	14	6
都　府　県	1,800	1,660	413	248	490	188	320	144
東　　北	153	125	25	20	27	7	46	28
北　　陸	76	65	10	6	22	6	21	11
関 東 ・ 東 山	458	418	126	69	99	44	80	40
東　　海	281	259	56	47	70	39	47	22
近　　畿	142	140	57	24	36	3	20	2
中　　国	156	134	34	13	30	12	45	22
四　　国	118	108	24	17	39	8	20	10
九　　州	379	371	72	47	147	65	40	8
沖　　縄	40	39	9	5	20	4	1	1
（都道府県）								
北　海　道	51	45	16	2	9	4	14	6
青　　森	27	21	-	3	3	-	15	6
岩　　手	19	12	5	-	-	2	5	7
宮　　城	37	35	6	9	14	-	6	2
秋　　田	14	13	1	1	2	2	7	1
山　　形	13	12	3	2	3	2	2	1
福　　島	43	32	10	5	5	1	11	11
茨　　城	94	84	16	20	17	4	27	10
栃　　木	46	44	14	7	11	4	8	2
群　　馬	51	42	6	6	9	8	13	9
埼　　玉	65	56	21	14	12	1	8	9
千　　葉	103	95	30	8	18	18	21	8
東　　京	13	13	8	5	-	-	-	-
神　奈　川	47	47	21	3	17	5	1	-
新　　潟	38	30	3	1	11	4	11	8
富　　山	16	13	2	1	6	1	3	3
石　　川	13	13	2	3	2	1	5	-
福　　井	9	9	3	1	3	-	2	-
山　　梨	22	20	6	2	9	2	1	2
長　　野	17	17	4	4	6	2	1	-
岐　　阜	50	45	12	10	10	3	10	5
静　　岡	39	39	13	11	4	4	7	-
愛　　知	122	114	21	20	36	15	22	8
三　　重	70	61	10	6	20	17	8	9
滋　　賀	18	18	6	4	8	-	-	-
京　　都	27	27	16	1	3	-	7	-
大　　阪	12	12	8	4	-	-	-	-
兵　　庫	45	44	13	8	8	3	12	1
奈　　良	22	21	5	5	11	-	-	1
和　歌　山	18	18	9	2	6	-	1	-
鳥　　取	11	11	1	4	4	1	1	-
島　　根	17	17	5	3	6	1	2	-
岡　　山	66	55	16	-	15	7	17	11
広　　島	48	39	10	5	2	2	20	9
山　　口	14	12	2	1	3	1	5	2
徳　　島	21	21	6	7	6	1	1	-
香　　川	46	42	8	2	16	6	10	4
愛　　媛	42	36	5	7	15	1	8	6
高　　知	9	9	5	1	2	-	1	-
福　　岡	66	66	19	16	20	5	6	-
佐　　賀	26	26	12	4	10	-	-	-
長　　崎	57	57	13	7	29	6	2	-
熊　　本	38	38	9	5	13	4	7	-
大　　分	22	22	3	1	9	5	4	-
宮　　崎	54	52	8	5	20	13	6	2
鹿　児　島	116	110	8	9	46	32	15	6
沖　　縄	40	39	9	5	20	4	1	1
関 東 農 政 局	497	457	139	80	103	48	87	40
東 海 農 政 局	242	220	43	36	66	35	40	22
中国四国農政局	274	242	58	30	69	20	65	32

注：1　この表には学校、試験場等の非営利的な飼養者は含まない（以下(3)において同じ。）。
　　2　この表には種鶏のみの飼養者は含まない（以下(3)において同じ。）。

(3) 成鶏めす飼養羽数規模別の成鶏めす飼養羽数（全国農業地域・都道府県別）

単位：千羽

全国農業地域・都道府県	成 鶏 め す 飼 養 羽 数 規 模					
	計	1,000 ～ 4,999羽	5,000 ～ 9,999	10,000 ～49,999	50,000 ～99,999	100,000羽以上
全　　　　　国	140,648	1,067	1,769	12,036	13,241	112,535
（全国農業地域）						
北　海　道	5,236	x	x	215	293	4,676
都　府　県	135,412	x	x	11,821	12,948	107,859
東　　　北	18,305	63	143	597	476	17,026
北　　　陸	7,809	20	37	x	347	x
関 東・東 山	38,542	303	476	2,238	2,768	32,757
東　　　海	20,370	147	347	1,614	2,650	15,612
近　　　畿	6,970	134	155	736	178	5,767
中　　　国	17,047	111	x	x	980	14,997
四　　　国	6,322	44	124	1,242	653	4,259
九　　　州	19,037	191	342	3,528	4,611	10,365
沖　　　縄	1,010	x	41	547	285	x
（都道府県）						
北　海　道	5,236	x	x	215	293	4,676
青　　　森	5,332	–	x	x	–	5,190
岩　　　手	3,625	x	–	–	x	3,459
宮　　　城	3,379	x	62	304	–	x
秋　　　田	2,124	x	x	x	x	1,950
山　　　形	462	11	x	33	x	x
福　　　島	3,383	19	x	104	x	3,165
茨　　　城	14,150	31	140	395	270	13,314
栃　　　木	5,118	22	50	238	218	4,590
群　　　馬	5,317	16	37	146	501	4,617
埼　　　玉	2,156	62	x	257	x	1,689
千　　　葉	9,856	77	59	429	1,204	8,087
東　　　京	53	19	34	–	–	–
神　奈　川	1,014	52	x	524	250	x
新　　　潟	5,279	x	x	240	202	4,825
富　　　山	821	x	x	134	x	610
石　　　川	1,046	x	19	x	x	915
福　　　井	663	6	x	45	–	x
山　　　梨	379	16	x	121	x	x
長　　　野	499	8	35	128	x	x
岐　　　阜	3,860	48	95	116	237	3,364
静　　　岡	4,427	21	67	82	239	4,018
愛　　　知	7,221	54	142	851	1,050	5,124
三　　　重	4,862	24	43	565	1,124	3,106
滋　　　賀	239	19	32	188	–	–
京　　　都	1,468	35	x	57	–	x
大　　　阪	49	23	26	–	–	–
兵　　　庫	4,736	25	50	186	178	4,297
奈　　　良	210	11	29	170	–	–
和　歌　山	268	21	x	135	–	–
鳥　　　取	430	x	28	124	x	x
島　　　根	780	12	17	147	x	x
岡　　　山	7,344	66	–	446	551	6,281
広　　　島	7,119	27	36	x	x	6,823
山　　　口	1,374	x	x	72	x	1,199
徳　　　島	616	8	52	x	x	x
香　　　川	3,601	20	x	672	x	2,423
愛　　　媛	1,866	7	x	344	x	1,368
高　　　知	239	9	x	x	–	x
福　　　岡	2,920	49	117	374	316	2,064
佐　　　賀	283	22	29	232	–	–
長　　　崎	1,494	51	x	634	392	x
熊　　　本	1,623	17	36	285	265	1,020
大　　　分	1,118	9	x	143	295	x
宮　　　崎	2,949	22	32	572	944	1,379
鹿　児　島	8,650	21	72	1,288	2,399	4,870
沖　　　縄	1,010	x	41	547	285	x
関 東 農 政 局	42,969	324	543	2,320	3,007	36,775
東 海 農 政 局	15,943	126	280	1,532	2,411	11,594
中国四国農政局	23,369	155	213	2,112	1,633	19,256

5 ブロイラー
（令和3年2月1日現在）

(1)　飼養戸数・羽数（全国農業地域・都道府県別）

全国農業地域・都道府県	飼養戸数 (1)	飼養羽数 (2)	1戸当たり飼養羽数 (2)／(1) (3)	対前回比（令和3年／平成31年） 飼養戸数 (4)	飼養羽数 (5)
	戸	千羽	千羽	%	%
全　　　　　国	2,160	139,658	64.7	96.0	101.0
（全国農業地域）					
北　海　道	9	5,087	565.2	90.0	103.4
都　府　県	2,150	134,571	62.6	96.0	100.9
東　　北	470	33,271	70.8	97.7	103.3
北　　陸	13	946	72.8	100.0	96.8
関　東・東　山	133	6,060	45.6	95.7	100.4
東　　海	62	3,478	56.1	87.3	96.3
近　　畿	82	3,183	38.8	86.3	92.7
中　　国	69	9,544	138.3	94.5	113.5
四　　国	208	7,473	35.9	90.0	95.8
九　　州	1,100	69,980	63.6	98.2	99.8
沖　　縄	14	636	45.4	93.3	90.0
（都道府県）					
北　海　道	9	5,087	565.2	90.0	103.4
青　　森	64	7,087	110.7	100.0	102.1
岩　　手	315	22,600	71.7	101.0	104.4
宮　　城	41	1,990	48.5	78.8	91.9
秋　　田	1	x	x	100.0	x
山　　形	17	x	x	81.0	x
福　　島	32	850	26.6	103.2	108.3
茨　　城	44	1,327	30.2	102.3	116.9
栃　　木	10	x	x	83.3	x
群　　馬	25	1,507	60.3	92.6	103.2
埼　　玉	1	x	x	100.0	x
千　　葉	25	1,757	70.3	92.6	89.8
東　　京	－	－	nc	nc	nc
神　奈　川	－	－	nc	nc	nc
新　　潟	10	882	88.2	100.0	97.9
富　　山	－	－	nc	nc	nc
石　　川	－	－	nc	nc	nc
福　　井	3	64	21.3	100.0	84.2
山　　梨	10	409	40.9	90.9	94.9
長　　野	18	717	39.8	100.0	105.3
岐　　阜	14	881	62.9	82.4	88.7
静　　岡	26	1,118	43.0	89.7	96.0
愛　　知	11	850	77.3	91.7	90.9
三　　重	11	629	57.2	84.6	121.4
滋　　賀	2	x	x	100.0	x
京　　都	11	456	41.5	100.0	139.0
大　　阪	－	－	nc	nc	nc
兵　　庫	50	2,466	49.3	84.7	101.1
奈　　良	2	x	x	66.7	x
和　歌　山	17	230	13.5	85.0	38.6
鳥　　取	11	3,222	292.9	91.7	101.6
島　　根	3	396	132.0	100.0	102.1
岡　　山	18	3,768	209.3	94.7	148.1
広　　島	8	606	75.8	88.9	79.2
山　　口	29	1,552	53.5	96.7	100.5
徳　　島	144	3,908	27.1	87.3	91.4
香　　川	31	2,160	69.7	103.3	100.3
愛　　媛	25	1,020	40.8	100.0	105.4
高　　知	8	385	48.1	72.7	95.5
福　　岡	37	1,206	32.6	94.9	95.5
佐　　賀	64	3,751	58.6	94.1	95.3
長　　崎	50	3,050	61.0	102.0	101.3
熊　　本	68	4,217	62.0	97.1	130.4
大　　分	52	2,659	51.1	96.3	107.6
宮　　崎	443	28,012	63.2	95.3	99.2
鹿　児　島	381	27,085	71.1	101.1	96.8
沖　　縄	14	636	45.4	93.3	90.0
関 東 農 政 局	159	7,178	45.1	94.6	99.7
東 海 農 政 局	36	2,360	65.6	85.7	96.5
中国四国農政局	277	17,017	61.4	91.1	105.0

注：ブロイラーの飼養戸数・羽数には、ブロイラーの年間出荷羽数が3,000羽未満の飼養者を含まない。

(2)　出荷戸数・羽数（全国農業地域・都道府県別）

全国農業地域・都道府県	出 荷 戸 数	出 荷 羽 数	1 戸 当 た り 出 荷 羽 数 (2)／(1)	対前回比（令和3年／平成31年）	
				出 荷 戸 数	出 荷 羽 数
	(1)	(2)	(3)	(4)	(5)
	戸	千羽	千羽	%	%
全　　　　国	2,190	713,834	326.0	96.9	102.7
（全国農業地域）					
北　海　道	9	39,178	4,353.1	90.0	103.8
都　府　県	2,180	674,656	309.5	96.9	102.6
東　　　北	484	179,268	370.4	99.8	105.4
北　　　陸	13	5,300	407.7	100.0	104.8
関 東・東 山	133	28,199	212.0	95.7	104.7
東　　　海	64	16,754	261.8	90.1	94.7
近　　　畿	82	16,991	207.2	86.3	99.2
中　　　国	69	46,542	674.5	93.2	104.6
四　　　国	211	32,243	152.8	90.9	94.1
九　　　州	1,110	345,931	311.6	99.1	102.2
沖　　　縄	14	3,428	244.9	93.3	101.8
（都道府県）					
北　海　道	9	39,178	4,353.1	90.0	103.8
青　　　森	64	42,029	656.7	100.0	101.0
岩　　　手	321	118,393	368.8	101.9	106.9
宮　　　城	45	11,127	247.3	86.5	100.7
秋　　　田	1	x	x	100.0	x
山　　　形	21	x	x	100.0	x
福　　　島	32	3,527	110.2	100.0	109.2
茨　　　城	44	6,105	138.8	102.3	136.7
栃　　　木	10	x	x	83.3	x
群　　　馬	25	7,323	292.9	92.6	105.5
埼　　　玉	1	x	x	100.0	x
千　　　葉	25	8,615	344.6	92.6	95.4
東　　　京	－	－	nc	nc	nc
神　奈　川	－	－	nc	nc	nc
新　　　潟	10	4,982	498.2	100.0	105.2
富　　　山	－	－	nc	nc	nc
石　　　川	－	－	nc	nc	nc
福　　　井	3	318	106.0	100.0	99.4
山　　　梨	10	1,631	163.1	90.9	90.4
長　　　野	18	3,037	168.7	100.0	93.9
岐　　　阜	14	3,446	246.1	82.4	91.8
静　　　岡	28	5,705	203.8	96.6	97.5
愛　　　知	11	5,038	458.0	91.7	95.0
三　　　重	11	2,565	233.2	84.6	92.1
滋　　　賀	2	x	x	100.0	x
京　　　都	11	2,201	200.1	100.0	131.6
大　　　阪	－	－	nc	nc	nc
兵　　　庫	50	13,669	273.4	84.7	107.1
奈　　　良	2	x	x	66.7	x
和　歌　山	17	850	50.0	85.0	34.2
鳥　　　取	11	17,443	1,585.7	91.7	106.3
島　　　根	3	2,234	744.7	100.0	100.7
岡　　　山	18	15,734	874.1	94.7	107.1
広　　　島	8	3,674	459.3	80.0	92.9
山　　　口	29	7,457	257.1	96.7	103.2
徳　　　島	145	16,391	113.0	87.3	92.9
香　　　川	31	8,880	286.5	103.3	91.8
愛　　　媛	25	5,000	200.0	100.0	100.6
高　　　知	10	1,972	197.2	90.9	99.1
福　　　岡	38	5,179	136.3	95.0	93.1
佐　　　賀	66	17,292	262.0	95.7	100.2
長　　　崎	50	12,822	256.4	102.0	97.3
熊　　　本	68	18,341	269.7	97.1	119.8
大　　　分	53	11,558	218.1	98.1	105.7
宮　　　崎	451	139,663	309.7	97.0	102.2
鹿　児　島	382	141,076	369.3	101.3	100.9
沖　　　縄	14	3,428	244.9	93.3	101.8
関 東 農 政 局	161	33,904	210.6	95.8	103.4
東 海 農 政 局	36	11,049	306.9	85.7	93.3
中国四国農政局	280	78,785	281.4	91.5	100.0

注：1　ブロイラーの出荷戸数・羽数には、ブロイラーの年間出荷羽数が3,000羽未満の飼養者を含まない。
　　2　令和3年2月1日現在でブロイラーの飼養実態がない場合でも、過去1年間に3,000羽以上のブロイラーの出荷があれば出荷戸数に
　　　含めた。

(3)　出荷羽数規模別の出荷戸数（全国農業地域・都道府県別）

単位：戸

全国農業地域・都道府県	計	3,000～49,999羽	50,000～99,999	100,000～199,999	200,000～299,999	300,000～499,999	500,000羽以上
全　　　　国	2,180	221	272	665	360	368	298
（全国農業地域）							
北　海　道	9	-	-	1	-	-	8
都　府　県	2,180	221	272	664	360	368	290
東　　　北	484	35	45	120	73	107	104
北　　　陸	13	1	4	1	2	-	5
関 東 ・ 東 山	133	15	37	38	17	16	10
東　　　海	64	12	20	14	6	4	8
近　　　畿	80	35	15	10	7	3	10
中　　　国	69	12	6	8	14	8	21
四　　　国	211	62	63	39	23	15	9
九　　　州	1,110	48	79	428	217	214	121
沖　　　縄	14	1	3	6	1	1	2
（都道府県）							
北　海　道	9	-	-	1	-	-	8
青　　　森	64	-	1	13	16	13	21
岩　　　手	321	7	25	81	42	90	76
宮　　　城	45	12	8	8	9	3	5
秋　　　田	1	-	-	1	-	-	-
山　　　形	21	7	6	4	1	1	2
福　　　島	32	9	5	13	5	-	-
茨　　　城	44	10	12	13	4	4	1
栃　　　木	10	2	3	2	2	1	-
群　　　馬	25	-	10	6	3	4	2
埼　　　玉	1	-	-	1	-	-	-
千　　　葉	25	1	1	11	-	7	5
東　　　京	-	-	-	-	-	-	-
神　奈　川	-	-	-	-	-	-	-
新　　　潟	10	1	2	-	2	-	5
富　　　山	-	-	-	-	-	-	-
石　　　川	-	-	-	-	-	-	-
福　　　井	3	-	2	1	-	-	-
山　　　梨	10	1	2	6	-	-	1
長　　　野	18	1	8	-	8	-	1
岐　　　阜	14	1	3	5	2	1	2
静　　　岡	28	8	10	4	1	2	3
愛　　　知	11	1	4	3	1	1	1
三　　　重	11	2	3	2	2	-	2
滋　　　賀	2	-	1	1	-	-	-
京　　　都	11	4	1	3	-	1	2
大　　　阪	-	-	-	-	-	-	-
兵　　　庫	48	19	7	5	7	2	8
奈　　　良	2	2	-	-	-	-	-
和　歌　山	17	10	6	1	-	-	-
鳥　　　取	11	1	-	-	1	2	7
島　　　根	3	1	-	-	-	-	2
岡　　　山	18	1	3	4	4	1	5
広　　　島	8	-	-	1	2	1	4
山　　　口	29	9	3	3	7	4	3
徳　　　島	145	50	49	27	12	4	3
香　　　川	31	6	6	5	3	7	4
愛　　　媛	25	3	5	7	5	4	1
高　　　知	10	3	3	-	3	-	1
福　　　岡	38	10	9	9	5	5	-
佐　　　賀	66	5	8	20	12	14	7
長　　　崎	49	4	9	17	7	5	7
熊　　　本	68	2	8	26	17	9	6
大　　　分	53	5	10	20	9	3	6
宮　　　崎	451	3	23	165	103	93	64
鹿　児　島	382	19	12	171	64	85	31
沖　　　縄	14	1	3	6	1	1	2
関 東 農 政 局	161	23	47	42	18	18	13
東 海 農 政 局	36	4	10	10	5	2	5
中国四国農政局	280	74	69	47	37	23	30

注：この表には学校、試験場等の非営利的な飼養者は含まない（以下(4)において同じ。）。

(4)　出荷羽数規模別の出荷羽数（全国農業地域・都道府県別）

単位：千羽

全国農業地域・都道府県	計	3,000～49,999羽	50,000～99,999	100,000～199,999	200,000～299,999	300,000～499,999	500,000羽以上
全　　国	713,782	6,607	20,707	105,743	88,451	149,249	343,025
（全国農業地域）							
北　海　道	39,178	–	–	x	–	–	x
都　府　県	674,604	6,607	20,707	x	88,451	149,249	x
東　　北	179,268	1,136	3,286	17,471	17,599	41,874	97,902
北　　陸	5,300	x	341	x	x	–	4,308
関東・東山	28,199	263	2,716	x	3,965	x	10,121
東　　海	16,754	373	1,587	2,106	1,402	1,396	9,890
近　　畿	16,946	873	1,038	1,453	x	1,126	x
中　　国	46,542	432	485	1,245	3,299	3,170	37,911
四　　国	32,243	1,874	4,205	5,762	5,330	6,215	8,857
九　　州	345,924	1,604	6,829	71,621	54,574	89,147	122,149
沖　　縄	3,428	x	220	696	x	x	x
（都道府県）							
北　海　道	39,178	–	–	x	–	–	x
青　　森	42,029	–	x	x	4,142	5,207	30,580
岩　　手	118,393	258	1,761	11,974	9,980	35,155	59,265
宮　　城	11,127	466	x	1,061	x	x	x
秋　　田	x	–		x		–	–
山　　形	x	140	448	513	x	x	x
福　　島	3,527	272	355	1,818	1,082	–	–
茨　　城	6,105	x	849	1,848	840	1,479	x
栃　　木	x	x	203		x	x	
群　　馬	7,323	–	800	828	x	1,477	x
埼　　玉	x		x				
千　　葉	8,615	x	x	1,355	–	2,611	4,546
東　　京	–	–	–	–	–	–	–
神　奈　川	–	–	–	–	–	–	–
新　　潟	4,982	x	x	–	x	–	4,308
富　　山	–	–	–	–	–	–	–
石　　川	–	–	–	–	–	–	–
福　　井	318		x	x			
山　　梨	1,631	x	x	852	–	–	x
長　　野	3,037	x	583	–	1,937	–	x
岐　　阜	3,446	x	264	830	x	x	x
静　　岡	5,705	238	777	556	x	x	3,320
愛　　知	5,038	x	313	x	x	x	x
三　　重	2,565	x	233	x	x	–	x
滋　　賀	x	–	x	x		–	
京　　都	2,201	88	x	435	–	x	x
大　　阪	–	–	–	–	–	–	–
兵　　庫	13,624	506	476	673	x	x	9,626
奈　　良	x	x	–	–	–	–	–
和　歌　山	850	x	412	x	–	–	–
鳥　　取	17,443	x	–	–	x	x	16,505
島　　根	2,234	x	–	–	–	–	x
岡　　山	15,734	x	252	x	880	x	13,463
広　　島	3,674	–	–	x	x	x	2,654
山　　口	7,457	x	233	451	1,654	1,689	x
徳　　島	16,391	1,500	3,332	4,207	2,835	1,733	2,784
香　　川	8,880	224	351	601	765	3,153	3,786
愛　　媛	5,000	x	325	954	1,097	1,329	x
高　　知	1,972	x	197	–	633	–	x
福　　岡	5,179	279	571	1,164	1,320	1,845	–
佐　　賀	17,292	179	617	2,607	3,034	5,369	5,486
長　　崎	12,815	x	829	2,790	1,763	x	5,227
熊　　本	18,341	x	636	3,912	3,938	x	6,599
大　　分	11,558	167	812	2,783	2,130	1,078	4,588
宮　　崎	139,663	79	2,166	24,801	24,266	34,578	53,773
鹿　児　島	141,076	716	1,198	33,564	18,123	40,999	46,476
沖　　縄	3,428	x	220	696	x	x	x
関 東 農 政 局	33,904	501	3,493	x	x	x	13,441
東 海 農 政 局	11,049	135	810	1,550	1,201	x	x
中国四国農政局	78,785	2,306	4,690	7,007	8,629	9,385	46,768

Ⅲ　累　年　統　計　表

1　乳用牛

(1)　飼養戸数・頭数（全国）（昭和35年～令和3年）

区　　分	飼養戸数	飼養頭数 合計 (3)+(8)	成畜（2歳以上）計	経産 小計	搾乳牛	乾乳牛
	(1)	(2)	(3)	(4)	(5)	(6)
	戸	頭	頭	頭	頭	頭
昭和 35 年　(1)	410,400	823,500	519,500	455,100	382,600	72,400
36　(2)	413,000	884,900	563,800	486,100	410,300	75,900
37　(3)	415,700	1,001,700	637,300	556,500	468,200	88,300
38　(4)	417,600	1,145,400	729,200	636,200	538,300	97,900
39　(5)	402,500	1,238,300	795,300	695,000	585,200	109,800
40　(6)	381,600	1,289,000	859,400	753,400	633,800	119,700
41　(7)	360,700	1,310,000	884,800	785,600	664,700	120,900
42　(8)	346,900	1,376,000	913,600	819,800	691,600	128,300
43　(9)	336,700	1,489,000	967,500	865,600	734,900	130,700
44　(10)	324,400	1,663,000	1,098,000	967,100	815,500	151,500
45　(11)	307,600	1,804,000	1,198,000	1,060,000	884,900	174,900
46　(12)	279,300	1,856,000	1,245,000	1,105,000	912,300	192,300
47　(13)	242,900	1,819,000	1,235,000	1,111,000	918,000	193,100
48　(14)	212,300	1,780,000	1,213,000	1,097,000	909,400	187,200
49　(15)	178,600	1,752,000	1,215,000	1,094,000	899,600	194,400
50　(16)	160,100	1,787,000	1,235,000	1,111,000	910,000	200,900
51　(17)	147,100	1,811,000	1,275,000	1,132,000	927,800	203,900
52　(18)	136,500	1,888,000	1,324,000	1,176,000	967,800	207,800
53　(19)	129,400	1,979,000	1,377,000	1,228,000	1,013,000	215,300
54　(20)	123,300	2,067,000	1,447,000	1,292,000	1,072,000	220,000
55　(21)	115,400	2,091,000	1,422,000	1,291,000	1,066,000	225,000
56　(22)	106,000	2,104,000	1,457,000	1,305,000	1,075,000	230,800
57　(23)	98,900	2,103,000	1,461,000	1,312,000	1,082,000	229,800
58　(24)	92,600	2,098,000	1,469,000	1,322,000	1,096,000	226,100
59　(25)	87,400	2,110,000	1,474,000	1,324,000	1,101,000	223,800
60　(26)	82,400	2,111,000	1,464,000	1,322,000	1,101,000	221,300
61　(27)	78,500	2,103,000	1,460,000	1,315,000	1,099,000	216,000
62　(28)	74,500	2,049,000	1,417,000	1,278,000	1,051,000	226,900
63　(29)	70,600	2,017,000	1,387,000	1,253,000	1,043,000	210,200
平成 元　(30)	66,700	2,031,000	1,398,000	1,265,000	1,066,000	198,700
2　(31)	63,300	2,058,000	…	1,285,000	1,081,000	204,700
3　(32)	59,800	2,068,000	1,414,000	1,285,000	1,082,000	203,300
4　(33)	55,100	2,082,000	1,418,000	1,282,000	1,081,000	200,400
5　(34)	50,900	2,068,000	1,416,000	1,281,000	1,084,000	196,600
6　(35)	47,600	2,018,000	1,383,000	1,247,000	1,052,000	194,500
7　(36)	44,300	1,951,000	1,342,000	1,213,000	1,034,000	178,700
8　(37)	41,600	1,927,000	1,334,000	1,211,000	1,035,000	175,800
9　(38)	39,400	1,899,000	1,320,000	1,205,000	1,032,000	172,600
10　(39)	37,400	1,860,000	1,301,000	1,190,000	1,022,000	168,100
11　(40)	35,400	1,816,000	1,279,000	1,171,000	1,008,000	163,500
12　(41)	33,600	1,764,000	1,251,000	1,150,000	991,800	157,900
13　(42)	32,200	1,725,000	1,221,000	1,124,000	971,300	153,100
14　(43)	31,000	1,726,000	1,219,000	1,126,000	966,100	160,300
15　(44)	29,800	1,719,000	1,210,000	1,120,000	964,200	156,000
16　(45)	28,800	1,690,000	1,180,000	1,088,000	935,800	152,000
17　(46)	27,700	1,655,000	1,145,000	1,055,000	910,100	144,900
18　(47)	26,600	1,636,000	1,131,000	1,046,000	900,000	146,100
19　(48)	25,400	1,592,000	1,093,000	1,011,000	871,200	140,100
20　(49)	24,400	1,533,000	1,075,000	998,200	861,500	136,700
21　(50)	23,100	1,500,000	1,055,000	985,200	848,000	137,200
22　(51)	21,900	1,484,000	1,029,000	963,800	829,700	134,100
23　(52)	21,000	1,467,000	999,600	932,900	804,700	128,200
24　(53)	20,100	1,449,000	1,012,000	942,600	812,700	129,900
25　(54)	19,400	1,423,000	992,100	923,400	798,300	125,100
26　(55)	18,600	1,395,000	957,800	893,400	772,500	121,000
27　(56)	17,700	1,371,000	934,100	869,700	750,100	119,600
28　(57)	17,000	1,345,000	936,700	871,000	751,700	119,300
29　(58)	16,400	1,323,000	913,800	852,100	735,200	116,900
30　(59)	15,700	1,328,000	906,900	847,200	731,100	116,100
31 (旧)　(60)	15,000	1,332,000	900,500	839,200	729,500	109,700
31 (新)　(61)	14,900	1,339,000	903,700	840,700	717,000	123,700
令和 2　(62)	14,400	1,352,000	900,300	838,900	715,400	123,500
3　(63)	13,800	1,356,000	909,900	849,300	726,000	123,300

注：1　統計数値は、四捨五入の関係で内訳と計は必ずしも一致しない（以下同じ。）。
　　2　昭和35年は畜産基本調査、昭和36年から昭和43年までは農業調査、昭和44年から平成15年までは畜産基本調査（ただし、昭和50年、昭和55年、昭和60年、平成2年、平成7年及び平成12年は畜産予察調査、情報収集等による。）、平成16年から平成31年（旧）までは畜産統計調査である（以下同じ。）。
　　3　令和2年以降は、牛個体識別全国データベース等の行政記録情報や関係統計により集計した加工統計である（以下同じ。）。
　　4　平成31年（新）は、令和2年と同様の集計方法により作成した参考値である（以下同じ。）。
　　5　昭和47年以前は沖縄を含まない（以下2、3及び4において同じ。）。また、昭和48年から昭和53年までの乳用牛の状態別頭数に沖縄は含まない。
　　6　令和2年の対前年比は、平成31年（新）の数値を用いた（以下(2)及び2(1)から(2)までにおいて同じ。）。
　　1)は2歳未満を含む。

未 経 産 牛 (7)	子 畜 （2歳未満の未経産牛) (8)	搾 乳 牛 頭 数 割 合 (5)／(4) (9)	子 畜 頭 数 割 合 (8)／(2) (10)	1 戸 当 た り 飼 養 頭 数 (2)／(1) (11)	対 前 年 比 飼 養 戸 数 (12)	飼 養 頭 数 (13)	
頭	頭	%	%	頭	%	%	
64,400	304,000	84.1	36.9	2.0	105.7	109.6	(1)
77,700	321,100	84.4	36.3	2.1	100.6	107.5	(2)
80,800	364,400	84.1	36.4	2.4	100.7	113.2	(3)
92,900	416,200	84.6	36.3	2.7	100.5	114.3	(4)
100,200	443,100	84.2	35.8	3.1	96.4	108.1	(5)
106,000	429,600	84.1	33.3	3.4	94.8	104.1	(6)
99,200	425,200	84.6	32.5	3.6	94.5	101.6	(7)
93,800	462,500	84.4	33.6	4.0	96.2	105.0	(8)
101,900	521,200	84.9	35.0	4.4	97.1	108.2	(9)
130,600	565,700	84.3	34.0	5.1	96.3	111.7	(10)
138,000	606,600	83.5	33.6	5.9	94.8	108.5	(11)
140,400	611,200	82.6	32.9	6.6	90.8	102.9	(12)
124,200	583,800	82.6	32.1	7.5	87.0	98.0	(13)
116,700	563,900	82.9	31.7	8.4	87.4	97.6	(14)
121,400	534,000	82.2	30.5	9.8	84.1	98.4	(15)
124,100	549,700	81.9	30.8	11.2	89.6	102.0	(16)
143,600	533,300	82.0	29.4	12.3	91.9	101.3	(17)
148,600	559,800	82.3	29.7	13.8	92.8	104.3	(18)
148,900	597,700	82.5	30.2	15.3	94.8	104.8	(19)
155,200	619,500	83.0	30.0	16.8	95.3	104.4	(20)
131,000	669,000	82.6	32.0	18.1	93.6	101.2	(21)
151,200	647,800	82.4	30.8	19.8	91.9	100.6	(22)
149,400	641,500	82.5	30.5	21.3	93.3	100.0	(23)
146,700	629,700	82.9	30.0	22.7	93.6	99.8	(24)
149,400	635,900	83.2	30.1	24.1	94.4	100.6	(25)
140,800	648,600	83.3	30.7	25.6	94.3	100.0	(26)
145,100	643,100	83.6	30.6	26.8	95.3	99.6	(27)
139,500	631,600	82.2	30.8	27.5	94.9	97.4	(28)
134,000	629,400	83.2	31.2	28.6	94.8	98.4	(29)
132,700	633,200	84.3	31.2	30.4	94.5	100.7	(30)
1) 772,600	...	84.1	nc	32.5	94.9	101.3	(31)
129,000	654,100	84.2	31.6	34.6	94.5	100.5	(32)
136,300	663,500	84.3	31.9	37.8	92.1	100.7	(33)
135,000	651,600	84.6	31.5	40.6	92.4	99.3	(34)
136,600	635,300	84.4	31.5	42.4	93.5	97.6	(35)
129,200	609,700	85.2	31.3	44.0	93.1	96.7	(36)
123,200	593,300	85.5	30.8	46.3	93.9	98.8	(37)
115,300	578,400	85.6	30.5	48.2	94.7	98.5	(38)
111,000	558,600	85.9	30.0	49.7	94.9	97.9	(39)
107,200	537,400	86.1	29.6	51.3	94.7	97.6	(40)
101,400	513,200	86.2	29.1	52.5	94.9	97.1	(41)
96,200	504,700	86.4	29.3	53.6	95.8	97.8	(42)
92,700	506,700	85.8	29.4	55.7	96.3	100.1	(43)
89,400	509,200	86.1	29.6	57.7	96.1	99.6	(44)
92,100	510,500	86.0	30.2	58.7	96.6	98.3	(45)
89,800	510,200	86.3	30.8	59.7	96.2	97.9	(46)
84,600	505,300	86.0	30.9	61.5	96.0	98.9	(47)
81,200	499,600	86.2	31.4	62.7	95.5	97.3	(48)
76,500	458,000	86.3	29.9	62.8	96.1	96.3	(49)
69,600	445,100	86.1	29.7	64.9	94.7	97.8	(50)
65,600	454,900	86.1	30.7	67.8	94.8	98.9	(51)
66,700	467,800	86.3	31.9	69.9	95.9	98.9	(52)
69,700	436,700	86.2	30.1	72.1	95.7	98.8	(53)
68,700	431,300	86.5	30.3	73.4	96.5	98.2	(54)
64,400	436,800	86.5	31.3	75.0	95.9	98.0	(55)
64,400	437,200	86.2	31.9	77.5	95.2	98.3	(56)
65,800	408,300	86.3	30.4	79.1	96.0	98.1	(57)
61,700	409,300	86.3	30.9	80.7	96.5	98.4	(58)
59,700	421,100	86.3	31.7	84.6	95.7	100.4	(59)
61,300	431,100	86.9	32.4	88.8	95.5	100.3	(60)
63,000	435,700	85.3	32.5	89.9	nc	nc	(61)
61,400	452,000	85.3	33.4	93.9	96.6	101.0	(62)
60,600	**445,800**	**85.5**	**32.9**	**98.3**	**95.8**	**100.3**	(63)

1 乳用牛（続き）

(2) 飼養戸数・頭数（全国農業地域別）（平成29年〜令和3年）

区　　分		飼養戸数	飼　養　頭　数				
			合　計 (3)+(8)	成　畜（2歳以上）			
				計	経　産　牛		
					小　計	搾　乳　牛	乾　乳　牛
		(1)	(2)	(3)	(4)	(5)	(6)
		戸	頭	頭	頭	頭	頭
北　海　道							
平成 29 年	(1)	6,310	779,400	496,400	459,400	390,500	68,900
30	(2)	6,140	790,900	498,800	461,500	392,200	69,200
31（旧）	(3)	5,970	801,000	502,600	464,500	399,500	65,000
31（新）	(4)	5,990	804,500	491,900	455,100	386,800	68,300
令和 2	(5)	5,840	820,900	495,400	459,800	390,800	69,000
3	(6)	5,710	829,900	504,600	470,200	400,600	69,600
都　府　県							
平成 29 年	(7)	10,100	543,700	417,400	392,700	344,700	48,000
30	(8)	9,540	537,100	408,100	385,700	338,900	46,900
31（旧）	(9)	9,070	530,600	397,900	374,700	330,000	44,700
31（新）	(10)	8,900	534,900	411,800	385,600	330,100	55,500
令和 2	(11)	8,520	531,400	404,900	379,100	324,600	54,500
3	(12)	8,120	525,900	405,300	379,000	325,400	53,700
東　　　北							
平成 29 年	(13)	2,430	100,300	73,300	67,500	58,500	9,000
30	(14)	2,350	99,200	72,000	66,600	57,700	8,920
31（旧）	(15)	2,220	98,900	70,600	65,800	57,500	8,340
31（新）	(16)	2,170	99,700	73,400	68,600	58,700	9,900
令和 2	(17)	2,080	99,200	72,500	67,800	58,000	9,800
3	(18)	2,000	98,300	72,000	67,200	57,600	9,570
北　　　陸							
平成 29 年	(19)	347	13,600	10,800	10,400	9,230	1,190
30	(20)	320	13,100	10,400	10,100	8,930	1,180
31（旧）	(21)	305	12,600	9,590	9,300	8,200	1,100
31（新）	(22)	292	12,600	9,890	9,410	8,030	1,380
令和 2	(23)	284	12,400	9,580	9,080	7,750	1,330
3	(24)	266	12,200	9,440	8,930	7,630	1,300
関　東・東　山							
平成 29 年	(25)	3,240	178,500	138,000	130,400	114,300	16,100
30	(26)	3,050	175,900	134,300	128,100	112,300	15,800
31（旧）	(27)	2,880	173,600	132,500	124,600	109,600	15,000
31（新）	(28)	2,840	175,000	135,800	127,500	108,700	18,800
令和 2	(29)	2,710	172,400	132,700	124,200	105,900	18,300
3	(30)	2,560	170,400	132,800	124,400	106,300	18,100
東　　　海							
平成 29 年	(31)	723	51,300	41,100	39,400	34,900	4,560
30	(32)	684	50,500	40,000	38,800	34,300	4,500
31（旧）	(33)	651	49,000	37,900	37,300	33,000	4,290
31（新）	(34)	635	49,400	39,600	37,600	32,300	5,320
令和 2	(35)	607	48,500	38,700	36,800	31,600	5,200
3	(36)	582	47,600	38,300	36,400	31,500	4,970
近　　　畿							
平成 29 年	(37)	517	25,800	20,800	19,900	17,600	2,250
30	(38)	483	25,000	19,900	19,000	16,700	2,280
31（旧）	(39)	456	24,400	18,900	18,000	16,000	2,040
31（新）	(40)	454	24,700	19,700	18,500	16,000	2,540
令和 2	(41)	434	24,600	19,500	18,300	15,800	2,520
3	(42)	412	24,700	19,700	18,500	16,100	2,470

未 経 産 牛	子 畜 (2歳未満 の未経産牛)	搾 乳 牛 頭 数 割 合 (5)／(4)	子 畜 頭 数 割 合 (8)／(2)	1 戸 当 た り 飼 養 頭 数 (2)／(1)	対 前 年 比		
					飼 養 戸 数	飼 養 頭 数	
(7)	(8)	(9)	(10)	(11)	(12)	(13)	
頭	頭	%	%	頭	%	%	
37,000	283,000	85.0	36.3	123.5	97.2	99.2	(1)
37,400	292,100	85.0	36.9	128.8	97.3	101.5	(2)
38,100	298,400	86.0	37.3	134.2	97.2	101.3	(3)
36,800	312,500	85.0	38.8	134.3	nc	nc	(4)
35,600	325,500	85.0	39.7	140.6	97.5	102.0	(5)
34,400	325,300	85.2	39.2	145.3	97.8	101.1	(6)
24,700	126,300	87.8	23.2	53.8	96.2	97.2	(7)
22,400	129,000	87.9	24.0	56.3	94.5	98.8	(8)
23,200	132,700	88.1	25.0	58.5	95.1	98.8	(9)
26,200	123,100	85.6	23.0	60.1	nc	nc	(10)
25,800	126,500	85.6	23.8	62.4	95.7	99.3	(11)
26,200	120,600	85.9	22.9	64.8	95.3	99.0	(12)
5,760	27,100	86.7	27.0	41.3	95.7	97.1	(13)
5,350	27,200	86.6	27.4	42.2	96.7	98.9	(14)
4,750	28,400	87.4	28.7	44.5	94.5	99.7	(15)
4,830	26,300	85.6	26.4	45.9	nc	nc	(16)
4,700	26,800	85.5	27.0	47.7	95.9	99.5	(17)
4,820	26,200	85.7	26.7	49.2	96.2	99.1	(18)
420	2,790	88.8	20.5	39.2	95.3	95.1	(19)
270	2,720	88.4	20.8	40.9	92.2	96.3	(20)
300	2,960	88.2	23.5	41.3	95.3	96.2	(21)
480	2,700	85.3	21.4	43.2	nc	nc	(22)
500	2,780	85.4	22.4	43.7	97.3	98.4	(23)
500	2,810	85.4	23.0	45.9	93.7	98.4	(24)
7,650	40,500	87.7	22.7	55.1	95.9	97.6	(25)
6,270	41,500	87.7	23.6	57.7	94.1	98.5	(26)
7,900	41,100	88.0	23.7	60.3	94.4	98.7	(27)
8,380	39,200	85.3	22.4	61.6	nc	nc	(28)
8,440	39,700	85.3	23.0	63.6	95.4	98.5	(29)
8,450	37,600	85.5	22.1	66.6	94.5	98.8	(30)
1,610	10,200	88.6	19.9	71.0	95.3	97.5	(31)
1,250	10,400	88.4	20.6	73.8	94.6	98.4	(32)
670	11,100	88.5	22.7	75.3	95.2	97.0	(33)
1,970	9,820	85.9	19.9	77.8	nc	nc	(34)
1,930	9,750	85.9	20.1	79.9	95.6	98.2	(35)
1,900	9,300	86.5	19.5	81.8	95.9	98.1	(36)
920	4,980	88.4	19.3	49.9	94.2	95.2	(37)
890	5,090	87.9	20.4	51.8	93.4	96.9	(38)
870	5,570	88.9	22.8	53.5	94.4	97.6	(39)
1,150	5,020	86.5	20.3	54.4	nc	nc	(40)
1,180	5,130	86.3	20.9	56.7	95.6	99.6	(41)
1,200	4,950	87.0	20.0	60.0	94.9	100.4	(42)

1 乳用牛 （続き）

(2) 飼養戸数・頭数（全国農業地域別）（平成29年〜令和3年）（続き）

区　　分		飼養戸数	飼　　養　　頭　　数					
			合　　計	成　　畜　（　2　歳　以　上　）				
				計	経　　　　　産　　　　　牛			
					小　　計	搾　乳　牛	乾　乳　牛	
			(3)＋(8)					
		(1)	(2)	(3)	(4)	(5)	(6)	
		戸	頭	頭	頭	頭	頭	
中　　　国								
平成 29 年	(43)	735	44,300	33,400	31,200	27,700	3,570	
30	(44)	708	45,000	33,700	31,700	28,200	3,500	
31（旧）	(45)	678	45,400	34,500	32,800	28,900	3,880	
31（新）	(46)	666	45,600	34,700	32,700	28,100	4,580	
令和 2	(47)	629	47,600	35,900	33,700	29,000	4,730	
3	(48)	597	47,700	37,000	34,700	29,900	4,790	
四　　　国								
平成 29 年	(49)	369	18,500	15,000	14,400	12,600	1,770	
30	(50)	355	17,800	14,300	13,700	12,100	1,600	
31（旧）	(51)	341	17,100	13,600	12,900	11,400	1,470	
31（新）	(52)	330	17,400	14,200	13,400	11,500	1,840	
令和 2	(53)	305	16,900	13,500	12,800	11,000	1,760	
3	(54)	286	16,700	13,400	12,700	10,900	1,780	
九　　　州								
平成 29 年	(55)	1,620	107,000	81,500	76,100	67,000	9,120	
30	(56)	1,520	106,500	80,000	74,600	65,900	8,750	
31（旧）	(57)	1,470	105,300	77,200	71,000	63,000	8,000	
31（新）	(58)	1,450	106,200	81,000	74,900	64,200	10,700	
令和 2	(59)	1,410	105,500	79,100	73,400	62,900	10,400	
3	(60)	1,350	104,000	79,000	73,100	62,800	10,300	
沖　　　縄								
平成 29 年	(61)	73	4,310	3,490	3,320	2,900	420	
30	(62)	69	4,190	3,370	3,130	2,760	370	
31（旧）	(63)	64	4,230	3,250	3,040	2,520	520	
31（新）	(64)	64	4,330	3,400	3,130	2,680	450	
令和 2	(65)	66	4,250	3,370	3,050	2,610	440	
3	(66)	64	4,310	3,450	3,130	2,670	460	
関 東 農 政 局								
平成 29 年	(67)	3,470	191,900	148,800	140,700	123,400	17,300	
30	(68)	3,260	189,300	145,100	138,300	121,300	17,000	
31（旧）	(69)	3,090	187,100	142,900	134,900	118,600	16,300	
31（新）	(70)	3,050	188,600	146,800	137,800	117,500	20,300	
令和 2	(71)	2,900	186,000	143,600	134,500	114,700	19,800	
3	(72)	2,750	184,200	143,900	134,800	115,200	19,600	
東 海 農 政 局								
平成 29 年	(73)	496	37,900	30,300	29,200	25,800	3,410	
30	(74)	471	37,000	29,300	28,600	25,300	3,280	
31（旧）	(75)	443	35,500	27,500	27,000	23,900	3,070	
31（新）	(76)	428	35,800	28,700	27,300	23,500	3,800	
令和 2	(77)	414	34,900	27,800	26,500	22,800	3,690	
3	(78)	397	33,900	27,300	26,000	22,500	3,520	
中国四国農政局								
平成 29 年	(79)	1,100	62,800	48,400	45,600	40,300	5,330	
30	(80)	1,060	62,800	48,100	45,400	40,300	5,100	
31（旧）	(81)	1,020	62,600	48,100	45,600	40,300	5,350	
31（新）	(82)	996	63,000	48,900	46,000	39,600	6,420	
令和 2	(83)	934	64,500	49,400	46,500	40,000	6,490	
3	(84)	883	64,400	50,400	47,300	40,800	6,560	

未 経 産 牛	子　畜 （2歳未満 の未経産牛）	搾　乳　牛 頭 数 割 合	子　畜 頭 数 割 合	1 戸 当 た り 飼 養 頭 数	対 前 年 比		
					飼 養 戸 数	飼 養 頭 数	
		(5)／(4)	(8)／(2)	(2)／(1)			
(7)	(8)	(9)	(10)	(11)	(12)	(13)	
頭	頭	%	%	頭	%	%	
2,120	10,900	88.8	24.6	60.3	95.7	96.7	(43)
2,050	11,300	89.0	25.1	63.6	96.3	101.6	(44)
1,700	11,000	88.1	24.2	67.0	95.8	100.9	(45)
2,090	10,800	85.9	23.7	68.5	nc	nc	(46)
2,210	11,700	86.1	24.6	75.7	94.4	104.4	(47)
2,370	10,700	86.2	22.4	79.9	94.9	100.2	(48)
650	3,450	87.5	18.6	50.1	94.9	97.4	(49)
640	3,410	88.3	19.2	50.1	96.2	96.2	(50)
720	3,520	88.4	20.6	50.1	96.1	96.1	(51)
830	3,190	85.8	18.3	52.7	nc	nc	(52)
750	3,440	85.9	20.4	55.4	92.4	97.1	(53)
730	3,260	85.8	19.5	58.4	93.8	98.8	(54)
5,370	25,600	88.0	23.9	66.0	97.6	97.1	(55)
5,400	26,500	88.3	24.9	70.1	93.8	99.5	(56)
6,120	28,200	88.7	26.8	71.6	96.7	98.9	(57)
6,170	25,200	85.7	23.7	73.2	nc	nc	(58)
5,760	26,400	85.7	25.0	74.8	97.2	99.3	(59)
5,940	24,900	85.9	23.9	77.0	95.7	98.6	(60)
170	820	87.3	19.0	59.0	98.6	99.8	(61)
240	820	88.2	19.6	60.7	94.5	97.2	(62)
210	980	82.9	23.2	66.1	92.8	101.0	(63)
270	940	85.6	21.7	67.7	nc	nc	(64)
320	880	85.6	20.7	64.4	103.1	98.2	(65)
320	860	85.3	20.0	67.3	97.0	101.4	(66)
8,180	43,100	87.7	22.5	55.3	95.9	97.7	(67)
6,770	44,300	87.7	23.4	58.1	93.9	98.6	(68)
8,030	44,200	87.9	23.6	60.6	94.8	98.8	(69)
8,970	41,900	85.3	22.2	61.8	nc	nc	(70)
9,080	42,400	85.3	22.8	64.1	95.1	98.6	(71)
9,070	40,300	85.5	21.9	67.0	94.8	99.0	(72)
1,090	7,640	88.4	20.2	76.4	95.6	97.2	(73)
760	7,720	88.5	20.9	78.6	95.0	97.6	(74)
540	7,970	88.5	22.5	80.1	94.1	95.9	(75)
1,380	7,120	86.1	19.9	83.6	nc	nc	(76)
1,290	7,080	86.0	20.3	84.3	96.7	97.5	(77)
1,290	6,620	86.5	19.5	85.4	95.9	97.1	(78)
2,770	14,400	88.4	22.9	57.1	94.8	96.9	(79)
2,690	14,700	88.8	23.4	59.2	96.4	100.0	(80)
2,420	14,500	88.4	23.2	61.4	96.2	99.7	(81)
2,920	14,000	86.1	22.2	63.3	nc	nc	(82)
2,960	15,100	86.0	23.4	69.1	93.8	102.4	(83)
3,100	13,900	86.3	21.6	72.9	94.5	99.8	(84)

1 乳用牛（続き）

(3) 成畜飼養頭数規模別の飼養戸数（全国）（平成14年～令和3年）

区　　分	計	成畜飼養 小　　計	1　～　9頭	10　～　14	15　～　19	20　～　29	30　～　39
平成　14 年　(1)	30,700	30,100	3,200	2,340	2,360	5,160	4,940
15　(2)	29,500	29,000	2,980	2,270	2,380	4,840	4,480
16　(3)	28,600	27,900	3,090	2,080	2,190	4,460	4,490
17　(4)	27,400	26,900	2,980	1,980	2,170	4,270	4,200
18　(5)	26,300	25,700	2,900	1,860	1,990	4,110	3,920
19　(6)	25,100	24,600	2,660	1,660	1,890	3,850	3,780
20　(7)	24,100	23,500	1) 5,630	…	…	3,720	2) 6,550
21　(8)	22,800	22,300	1) 5,090	…	…	3,450	2) 5,960
22　(9)	21,700	21,200	1) 4,870	…	…	3,120	2) 5,880
23　(10)	20,800	20,300	1) 4,690	…	…	3,030	2) 5,450
24　(11)	19,900	19,400	1) 4,340	…	…	2,940	2) 5,210
25　(12)	19,100	18,800	1) 4,050	…	…	2,710	2) 5,170
26　(13)	18,300	17,900	1) 3,820	…	…	2,510	2) 4,750
27　(14)	17,400	16,900	1) 3,530	…	…	2,370	2) 4,630
28　(15)	16,700	16,300	1) 3,300	…	…	2,300	2) 4,200
29　(16)	16,100	15,700	1) 3,100	…	…	2,270	2) 3,960
30　(17)	15,400	15,100	1) 2,900	…	…	2,160	2) 3,810
31 (旧)　(18)	14,800	14,400	1) 2,910	…	…	1,910	2) 3,690
31 (新)　(19)	14,900	14,600	1) 2,960	…	…	2,000	2) 3,690
令和　2　(20)	14,400	14,000	1) 2,890	…	…	1,880	2) 3,500
3　(21)	13,800	13,500	1) 2,710	…	…	1,740	2) 3,280

注：1　この統計表の平成14年から平成31年（旧）までの数値は、学校、試験場等の非営利的な飼養者は含まない（以下(4)から(8)まで及び2(3)から(4)までにおいて同じ。）。
　　2　平成15年の（　）は、平成16年から飼養戸数の3桁以下の数値を原数表示したことに対応する数値である（以下(5)及び(7)において同じ。）。
　　3　平成20年から階層区分を変更したため、「1～9頭」、「10～14」及び「15～19」を「1～19頭」に、「30～39」及び「40～49」を「30～49」に変更した（以下(4)から(8)までにおいて同じ。）。
　　4　令和2年から階層区分を変更したため、「100頭以上」を「100～199」及び「200頭以上」に変更した（以下(4)から(8)までにおいて同じ。）。
　1)は「10～14」及び「15～19」を含む（以下(4)から(8)までにおいて同じ。）。
　2)は「40～49」を含む（以下(4)から(8)までにおいて同じ。）。
　3)は「200頭以上」を含む（以下(4)から(8)までにおいて同じ。）。

(4) 成畜飼養頭数規模別の飼養頭数（全国）（平成14年～令和3年）

区　　分	計	成畜飼養 小　　計	1　～　9頭	10　～　14	15　～　19	20　～　29	30　～　39
平成　14 年　(1)	1,697,000	1,690,000	27,400	37,400	49,300	166,700	223,100
15　(2)	1,683,000	1,674,000	26,800	34,200	51,400	161,300	207,900
16　(3)	1,665,000	1,656,000	26,500	31,900	46,800	139,600	205,400
17　(4)	1,630,000	1,623,000	28,900	31,000	48,300	137,200	182,600
18　(5)	1,611,000	1,603,000	30,000	29,300	47,000	132,600	184,300
19　(6)	1,568,000	1,561,000	27,300	25,300	45,200	123,800	176,400
20　(7)	1,507,000	1,493,000	1) 83,500	…	…	118,100	2) 330,100
21　(8)	1,477,000	1,467,000	1) 70,000	…	…	106,900	2) 304,200
22　(9)	1,460,000	1,450,000	1) 70,700	…	…	95,900	2) 300,200
23　(10)	1,442,000	1,433,000	1) 71,600	…	…	94,200	2) 280,200
24　(11)	1,423,000	1,415,000	1) 66,500	…	…	95,300	2) 273,200
25　(12)	1,392,000	1,384,000	1) 71,500	…	…	88,100	2) 281,200
26　(13)	1,360,000	1,352,000	1) 63,300	…	…	81,700	2) 259,100
27　(14)	1,335,000	1,325,000	1) 59,000	…	…	77,000	2) 249,100
28　(15)	1,309,000	1,298,000	1) 53,200	…	…	72,400	2) 224,000
29　(16)	1,287,000	1,272,000	1) 47,500	…	…	75,600	2) 215,300
30　(17)	1,293,000	1,276,000	1) 47,200	…	…	71,000	2) 196,700
31 (旧)　(18)	1,293,000	1,268,000	1) 49,600	…	…	64,900	2) 191,700
31 (新)　(19)	1,339,000	1,323,000	1) 61,600	…	…	72,700	2) 207,200
令和　2　(20)	1,352,000	1,339,000	1) 62,900	…	…	70,200	2) 206,200
3　(21)	1,356,000	1,339,000	1) 59,200	…	…	63,400	2) 190,600

単位：戸

頭　　数　　規　　模						子 畜 の み	
40 ～ 49	50 ～ 79	80 ～ 99	100 ～ 199	200 頭 以 上	300 頭 以 上		
3,980	5,710	1,090	3) 1,360	...	...	530	(1)
3,830	5,510	1,190	3) 1,510	...	...	(534) 530	(2)
3,400	5,410	1,260	3) 1,570	...	...	618	(3)
3,270	5,140	1,260	3) 1,590	...	...	520	(4)
3,210	4,940	1,200	3) 1,570	...	...	594	(5)
3,110	4,880	1,180	3) 1,560	...	...	579	(6)
...	4,630	1,200	3) 1,730	...	153	609	(7)
...	4,580	1,330	3) 1,860	...	173	531	(8)
...	4,210	1,240	3) 1,860	...	158	517	(9)
...	4,010	1,200	3) 1,880	...	211	489	(10)
...	3,910	1,010	3) 2,030	...	203	443	(11)
...	3,860	1,030	3) 1,960	...	198	347	(12)
...	3,730	1,200	3) 1,900	...	260	397	(13)
...	3,520	1,020	3) 1,880	...	255	490	(14)
...	3,460	1,020	3) 2,010	...	234	428	(15)
...	3,420	1,040	3) 1,920	...	244	410	(16)
...	3,140	1,120	3) 1,940	...	260	361	(17)
...	2,950	924	3) 2,000	...	261	410	(18)
...	3,000	1,000	1,390	534	258	322	(19)
...	2,870	952	1,400	561	288	320	(20)
...	2,820	946	1,420	610	316	296	(21)

単位：頭

頭　　数　　規　　模						子 畜 の み	
40 ～ 49	50 ～ 79	80 ～ 99	100 ～ 199	200 頭 以 上	300 頭 以 上		
249,200	503,200	138,600	3) 295,000	...	...	7,490	(1)
237,700	479,200	150,700	3) 324,400	...	...	9,630	(2)
217,100	472,000	167,800	3) 348,500	...	...	8,880	(3)
204,100	463,500	164,800	3) 362,600	...	...	7,170	(4)
200,600	427,800	151,400	3) 400,400	...	...	7,980	(5)
192,200	417,700	148,800	3) 404,500	...	...	7,070	(6)
...	392,900	145,700	3) 422,700	...	94,100	14,300	(7)
...	378,400	160,600	3) 446,600	...	106,200	10,200	(8)
...	368,100	146,400	3) 468,500	...	109,200	9,840	(9)
...	359,900	144,600	3) 482,700	...	132,500	8,800	(10)
...	345,900	129,600	3) 504,800	...	137,800	7,690	(11)
...	343,200	133,400	3) 467,000	...	123,200	7,310	(12)
...	335,100	152,500	3) 460,000	...	140,900	8,210	(13)
...	305,200	129,000	3) 505,900	...	148,100	9,280	(14)
...	287,600	128,500	3) 532,400	...	163,900	11,300	(15)
...	286,400	121,900	3) 525,600	...	176,800	14,800	(16)
...	265,900	146,100	3) 549,000	...	186,400	17,300	(17)
...	280,100	107,200	3) 574,800	...	207,100	24,400	(18)
...	276,900	131,800	275,300	297,200	202,500	16,800	(19)
...	269,600	128,500	279,000	322,300	228,400	13,700	(20)
...	264,300	127,600	280,900	353,500	254,000	16,300	(21)

1 乳用牛（続き）

(5) 成畜飼養頭数規模別の飼養戸数（北海道）（平成14年〜令和3年）

区　　分	計	成　　畜　　飼　　養					
		小　計	1 〜 9頭	10 〜 14	15 〜 19	20 〜 29	30 〜 39
平成 14年 (1)	9,360	9,120	280	190	140	660	1,100
15 (2)	9,160	8,910	(289) 290	(164) 160	(239) 240	(547) 550	(983) 980
16 (3)	8,990	8,680	336	162	152	555	992
17 (4)	8,790	8,540	320	184	220	448	1,040
18 (5)	8,550	8,290	341	137	189	463	1,000
19 (6)	8,270	8,030	313	124	167	431	965
20 (7)	8,050	7,720	1) 528	…	…	513	2) 1,940
21 (8)	7,820	7,510	1) 419	…	…	396	2) 1,730
22 (9)	7,650	7,350	1) 448	…	…	322	2) 1,900
23 (10)	7,460	7,130	1) 453	…	…	338	2) 1,700
24 (11)	7,230	6,970	1) 418	…	…	397	2) 1,680
25 (12)	7,080	6,910	1) 483	…	…	352	2) 1,680
26 (13)	6,850	6,660	1) 418	…	…	268	2) 1,550
27 (14)	6,630	6,350	1) 408	…	…	258	2) 1,590
28 (15)	6,440	6,190	1) 391	…	…	264	2) 1,310
29 (16)	6,250	6,010	1) 281	…	…	289	2) 1,290
30 (17)	6,090	5,860	1) 267	…	…	284	2) 1,290
31 (旧) (18)	5,920	5,650	1) 290	…	…	267	2) 1,370
31 (新) (19)	5,990	5,820	1) 428	…	…	321	2) 1,300
令和 2 (20)	5,840	5,670	1) 437	…	…	313	2) 1,240
3 (21)	5,710	5,550	1) 445	…	…	293	2) 1,170

(6) 成畜飼養頭数規模別の飼養頭数（北海道）（平成14年〜令和3年）

区　　分	計	成　　畜　　飼　　養					
		小　計	1 〜 9頭	10 〜 14	15 〜 19	20 〜 29	30 〜 39
平成 14年 (1)	849,000	843,100	5,800	6,670	3,930	28,500	57,700
15 (2)	845,300	837,500	7,310	3,460	6,010	27,300	52,100
16 (3)	855,100	848,200	7,050	3,830	3,690	21,200	53,900
17 (4)	849,800	843,900	8,630	4,210	7,200	20,900	45,200
18 (5)	847,300	840,900	10,500	2,950	8,930	18,400	52,300
19 (6)	827,500	821,700	10,200	2,320	8,040	18,200	51,500
20 (7)	809,800	796,900	1) 15,800	…	…	24,600	2) 117,800
21 (8)	813,700	804,500	1) 9,230	…	…	17,500	2) 111,500
22 (9)	816,600	809,000	1) 11,400	…	…	13,000	2) 113,800
23 (10)	816,200	808,500	1) 12,800	…	…	12,200	2) 101,200
24 (11)	809,900	803,100	1) 13,800	…	…	15,100	2) 100,900
25 (12)	788,400	781,800	1) 20,100	…	…	17,200	2) 110,200
26 (13)	774,100	767,500	1) 13,500	…	…	13,100	2) 101,000
27 (14)	768,700	760,900	1) 13,200	…	…	10,300	2) 98,900
28 (15)	763,300	753,100	1) 13,800	…	…	10,100	2) 81,500
29 (16)	756,800	742,700	1) 7,500	…	…	14,600	2) 85,000
30 (17)	769,400	753,200	1) 11,200	…	…	11,300	2) 73,600
31 (旧) (18)	776,200	753,300	1) 12,200	…	…	14,600	2) 78,900
31 (新) (19)	804,500	789,000	1) 22,800	…	…	18,900	2) 87,500
令和 2 (20)	820,900	808,700	1) 25,900	…	…	18,400	2) 90,400
3 (21)	829,900	815,500	1) 25,700	…	…	17,500	2) 82,000

単位：戸

| 頭　　　数　　　規　　　模 | | | | | | 子畜のみ | |
40 ～ 49	50 ～ 79	80 ～ 99	100 ～ 199	200 頭 以 上	300 頭 以 上		
1,640	3,450	750	3) 910	…	…	240	(1)
1,520	3,310	(842) 840	3) 1,010	…	…	(255) 260	(2)
1,300	3,230	908	3) 1,050	…	…	306	(3)
1,280	3,110	891	3) 1,040	…	…	255	(4)
1,300	3,030	814	3) 1,030	…	…	257	(5)
1,250	2,960	804	3) 1,010	…	…	240	(6)
…	2,820	804	3) 1,110	…	…	330	(7)
…	2,800	949	3) 1,220	…	…	313	(8)
…	2,530	882	3) 1,270	…	…	294	(9)
…	2,510	859	3) 1,280	…	…	329	(10)
…	2,420	644	3) 1,410	…	…	263	(11)
…	2,370	700	3) 1,320	…	…	176	(12)
…	2,280	841	3) 1,290	…	…	194	(13)
…	2,140	708	3) 1,250	…	…	274	(14)
…	2,140	702	3) 1,380	…	…	247	(15)
…	2,160	684	3) 1,310	…	…	244	(16)
…	1,940	773	3) 1,310	…	…	227	(17)
…	1,770	576	3) 1,380	…	…	270	(18)
…	1,790	689	948	333	158	177	(19)
…	1,720	641	961	357	177	173	(20)
…	1,660	636	956	391	194	160	(21)

単位：頭

| 頭　　　数　　　規　　　模 | | | | | | 子畜のみ | |
40 ～ 49	50 ～ 79	80 ～ 99	100 ～ 199	200 頭 以 上	300 頭 以 上		
112,500	331,300	99,300	3) 197,400	…	…	5,980	(1)
106,600	309,200	111,800	3) 213,600	…	…	7,790	(2)
100,200	302,600	127,200	3) 228,500	…	…	6,850	(3)
92,700	305,600	124,300	3) 235,200	…	…	5,880	(4)
90,100	278,300	107,400	3) 272,000	…	…	6,440	(5)
85,400	269,900	105,200	3) 270,900	…	…	5,800	(6)
…	257,200	104,600	3) 276,800	…	…	12,900	(7)
…	245,400	120,800	3) 300,000	…	…	9,230	(8)
…	240,000	109,400	3) 321,400	…	…	7,630	(9)
…	241,800	107,500	3) 333,000	…	…	7,700	(10)
…	232,600	87,700	3) 353,100	…	…	6,730	(11)
…	227,600	96,900	3) 309,700	…	…	6,620	(12)
…	222,700	111,800	3) 305,400	…	…	6,560	(13)
…	197,000	93,000	3) 348,500	…	…	7,740	(14)
…	186,800	91,600	3) 369,300	…	…	10,200	(15)
…	189,100	82,400	3) 364,100	…	…	14,100	(16)
…	169,500	107,100	3) 380,500	…	…	16,200	(17)
…	185,600	67,600	3) 394,400	…	…	22,900	(18)
…	179,100	96,000	200,300	184,300	120,600	15,500	(19)
…	176,300	92,000	202,200	203,600	138,400	12,200	(20)
…	170,300	91,400	201,500	227,000	157,000	14,400	(21)

1 乳用牛（続き）

(7) 成畜飼養頭数規模別の飼養戸数（都府県）（平成14年～令和3年）

区　　分		計	成　　畜　　飼　　養						
			小　　計	1 ～ 9頭	10 ～ 14	15 ～ 19	20 ～ 29	30 ～ 39
平成 14 年	(1)	21,300	21,000	2,920	2,150	2,220	4,500	3,850
15	(2)	20,400	20,100	2,690	2,110	2,140	4,300	3,490
16	(3)	19,600	19,300	2,750	1,920	2,030	3,910	3,500
17	(4)	18,600	18,300	2,660	1,800	1,950	3,820	3,160
18	(5)	17,700	17,400	2,560	1,730	1,800	3,650	2,920
19	(6)	16,900	16,500	2,350	1,540	1,720	3,410	2,820
20	(7)	16,000	15,700	1) 5,100	…	…	3,210	2) 4,610
21	(8)	15,000	14,800	1) 4,670	…	…	3,060	2) 4,230
22	(9)	14,000	13,800	1) 4,420	…	…	2,800	2) 3,980
23	(10)	13,300	13,100	1) 4,240	…	…	2,700	2) 3,750
24	(11)	12,600	12,500	1) 3,920	…	…	2,540	2) 3,530
25	(12)	12,000	11,900	1) 3,560	…	…	2,360	2) 3,490
26	(13)	11,500	11,300	1) 3,400	…	…	2,240	2) 3,200
27	(14)	10,800	10,600	1) 3,120	…	…	2,110	2) 3,030
28	(15)	10,300	10,100	1) 2,910	…	…	2,030	2) 2,890
29	(16)	9,860	9,690	1) 2,820	…	…	1,980	2) 2,680
30	(17)	9,350	9,220	1) 2,640	…	…	1,880	2) 2,520
31 (旧)	(18)	8,880	8,740	1) 2,620	…	…	1,650	2) 2,320
31 (新)	(19)	8,900	8,750	1) 2,530	…	…	1,670	2) 2,390
令和 2	(20)	8,520	8,380	1) 2,450	…	…	1,570	2) 2,260
3	(21)	8,120	7,980	1) 2,270	…	…	1,450	2) 2,110

(8) 成畜飼養頭数規模別の飼養頭数（都府県）（平成14年～令和3年）

区　　分		計	成　　畜　　飼　　養						
			小　　計	1 ～ 9頭	10 ～ 14	15 ～ 19	20 ～ 29	30 ～ 39
平成 14 年	(1)	848,200	846,700	21,600	30,800	45,300	138,200	165,400
15	(2)	838,100	836,300	19,500	30,800	45,400	134,000	155,800
16	(3)	809,700	807,600	19,500	28,100	43,100	118,400	151,400
17	(4)	780,600	779,300	20,300	26,800	41,100	116,300	137,400
18	(5)	764,000	762,500	19,500	26,400	38,000	114,100	131,900
19	(6)	740,700	739,500	17,100	23,000	37,100	105,600	124,900
20	(7)	697,500	696,100	1) 67,700	…	…	93,500	2) 212,300
21	(8)	663,200	662,200	1) 60,700	…	…	89,300	2) 192,700
22	(9)	643,100	640,900	1) 59,300	…	…	83,000	2) 186,400
23	(10)	625,800	624,600	1) 58,800	…	…	82,000	2) 178,900
24	(11)	613,000	612,100	1) 52,600	…	…	80,200	2) 172,300
25	(12)	603,200	602,500	1) 51,400	…	…	70,900	2) 170,900
26	(13)	585,800	584,200	1) 49,800	…	…	68,600	2) 158,100
27	(14)	565,900	564,300	1) 45,800	…	…	66,700	2) 150,300
28	(15)	546,200	545,000	1) 39,500	…	…	62,300	2) 142,500
29	(16)	530,200	529,600	1) 40,000	…	…	61,000	2) 130,300
30	(17)	523,700	522,700	1) 36,000	…	…	59,600	2) 123,100
31 (旧)	(18)	516,500	514,900	1) 37,400	…	…	50,300	2) 112,800
31 (新)	(19)	534,900	533,600	1) 38,800	…	…	53,800	2) 119,700
令和 2	(20)	531,400	529,900	1) 37,000	…	…	51,800	2) 115,800
3	(21)	525,900	524,000	1) 33,500	…	…	45,900	2) 108,500

単位：戸

頭 数 規 模						子畜のみ	
40 ～ 49	50 ～ 79	80 ～ 99	100 ～ 199	200 頭 以 上	300 頭 以 上		
2,340	2,250	340	3) 460	…	…	290	(1)
2,310	2,200	(350) 350	3) (503) 500	…	…	(279) 280	(2)
2,090	2,180	356	3) 528	…	…	312	(3)
1,990	2,030	366	3) 550	…	…	265	(4)
1,910	1,910	386	3) 543	…	…	337	(5)
1,860	1,910	379	3) 544	…	…	339	(6)
…	1,820	394	3) 621	…	…	279	(7)
…	1,790	380	3) 635	…	…	218	(8)
…	1,670	354	3) 593	…	…	223	(9)
…	1,510	336	3) 600	…	…	160	(10)
…	1,480	365	3) 622	…	…	180	(11)
…	1,490	329	3) 643	…	…	171	(12)
…	1,440	356	3) 610	…	…	203	(13)
…	1,380	308	3) 624	…	…	216	(14)
…	1,320	322	3) 632	…	…	181	(15)
…	1,260	351	3) 613	…	…	166	(16)
…	1,200	345	3) 635	…	…	134	(17)
…	1,180	348	3) 625	…	…	140	(18)
…	1,200	313	439	201	100	145	(19)
…	1,140	311	434	204	111	147	(20)
…	1,160	310	462	219	122	136	(21)

単位：頭

頭 数 規 模						子畜のみ	
40 ～ 49	50 ～ 79	80 ～ 99	100 ～ 199	200 頭 以 上	300 頭 以 上		
136,700	171,900	39,200	3) 97,600	…	…	1,510	(1)
131,100	170,000	38,900	3) 110,800	…	…	1,840	(2)
117,000	169,500	40,600	3) 120,000	…	…	2,030	(3)
111,400	157,900	40,600	3) 127,500	…	…	1,290	(4)
110,500	149,600	44,000	3) 128,400	…	…	1,550	(5)
106,800	147,800	43,600	3) 133,600	…	…	1,270	(6)
…	135,600	41,000	3) 145,900	…	…	1,420	(7)
…	133,000	39,800	3) 146,600	…	…	960	(8)
…	128,100	37,000	3) 147,100	…	…	2,210	(9)
…	118,100	37,100	3) 149,700	…	…	1,100	(10)
…	113,300	41,900	3) 151,700	…	…	960	(11)
…	115,500	36,500	3) 157,300	…	…	700	(12)
…	112,400	40,700	3) 154,600	…	…	1,650	(13)
…	108,200	35,900	3) 157,400	…	…	1,540	(14)
…	100,800	36,900	3) 163,100	…	…	1,110	(15)
…	97,300	39,500	3) 161,500	…	…	690	(16)
…	96,500	39,000	3) 168,500	…	…	1,050	(17)
…	94,500	39,600	3) 180,400	…	…	1,540	(18)
…	97,800	35,800	75,000	112,900	81,900	1,260	(19)
…	93,300	36,500	76,900	118,600	90,000	1,520	(20)
…	94,000	36,200	79,400	126,400	97,000	1,890	(21)

1　乳用牛（続き）

(9)　月別経産牛頭数（各月1日現在）（全国）

単位：千頭

年次	1月	2	3	4	5	6	7	8	9	10	11	12
平成 14 年	1,121	1,126	1,118	1,119	1,121	1,122	1,126	1,129	1,116	1,114	1,113	1,113
15	1,116	1,120	1,109	1,107	1,109	1,112	1,114	1,114	1,094	1,092	1,089	1,087
16	1,088	1,088	1,086	1,087	1,087	1,086	1,083	1,085	1,058	1,054	1,053	1,059
17	1,051	1,055	1,059	1,060	1,062	1,060	1,061	1,058	1,049	1,047	1,045	1,043
18	1,043	1,046	1,051	1,050	1,051	1,049	1,048	1,047	1,035	1,028	1,024	1,020
19	1,014	1,011	992	994	996	995	997	996	1,011	995	992	991
20	996	998	968	970	978	974	974	973	971	970	971	969
21	972	985	966	965	966	966	963	963	962	959	957	958
22	960	964	943	941	941	939	941	937	933	931	933	929
23	933	933	924	924	926	929	930	929	929	929	931	934
24	936	943	934	931	929	925	924	926	922	927	921	919
25	920	923	912	915	915	910	906	901	897	892	889	887
26	891	893	868	868	870	883	871	871	868	877	877	864
27	867	870	859	859	861	862	863	864	866	867	869	869
28	870	871	846	849	850	851	851	849	849	848	848	846
29	848	852	838	840	841	842	841	841	840	840	839	839
30	841	847	(851)837	(850)832	(851)833	(853)835	(854)834	(852)833	(849)833	(846)834	(843)835	(841)835
31	(841)838	(841)839	837	839	841	844	846	845	844	840	837	836
令和 2	837	839	838	842	845	848	851	852	851	849	848	847
3	849	849	1)‥	1)‥	1)‥	1)‥	1)‥	1)‥	1)‥	1)‥	1)‥	1)‥

注：1　この統計表の数値は表示単位未満を四捨五入した（以下(10)及び2(5)アからイまでにおいて同じ。）。
　　2　平成14年1月から平成15年8月までは乳用牛予察調査、平成15年9月から平成31年2月までは畜産統計調査、平成31年3月以降は牛個体識別全国データベース等の行政記録情報や関係統計により集計した加工統計である。
　　3　平成30年3月から平成31年2月までの（　）は、平成31年3月以降の集計方法による数値である。
　　1)は令和4年2月1日現在の統計において対象となる期間である（以下(10)において同じ。）。

(10)　月別出生頭数（月間）（全国）

単位：千頭

年次	1月	2	3	4	5	6	7	8	9	10	11	12
乳用種めす												
平成 28 年	19	18	19	18	17	19	22	22	20	19	19	20
29	18	18	20	20	17	19	23	23	22	22	22	21
30	20	(19)19	(22)22	(20)20	(21)21	(23)23	(25)25	(25)25	(24)24	(24)23	(23)22	(23)22
31	(24)21	20	22	20	21	22	26	27	24	24	23	23
令和 2	24	20	22	21	19	21	25	26	24	23	23	23
3	24	1)‥	1)‥	1)‥	1)‥	1)‥	1)‥	1)‥	1)‥	1)‥	1)‥	1)‥
乳用種おす												
平成 28 年	16	16	17	16	15	17	20	20	18	17	17	17
29	13	15	16	16	13	15	18	19	18	17	16	16
30	14	(13)13	(16)16	(14)14	(15)15	(16)16	(18)18	(18)18	(17)17	(16)16	(16)15	(16)16
31	(15)14	13	15	13	13	14	17	18	16	15	15	15
令和 2	15	13	13	12	11	13	15	16	15	14	14	14
3	14	1)‥	1)‥	1)‥	1)‥	1)‥	1)‥	1)‥	1)‥	1)‥	1)‥	1)‥
交　雑　種												
平成 28 年	18	21	22	21	18	21	24	24	23	23	23	21
29	14	19	21	20	18	19	22	23	23	22	22	22
30	16	(19)19	(20)20	(18)18	(18)18	(19)19	(22)22	(22)22	(21)21	(22)21	(21)21	(22)21
31	(22)18	18	19	17	17	18	23	24	22	23	23	24
令和 2	23	20	21	20	17	20	24	27	25	26	25	27
3	26	1)‥	1)‥	1)‥	1)‥	1)‥	1)‥	1)‥	1)‥	1)‥	1)‥	1)‥

注：1　この統計表の乳用種めすの平成30年1月までの数値は乳用向けめす出生頭数である。
　　2　平成28年から平成31年1月までは畜産統計調査、平成31年2月以降は牛個体識別全国データベース等の行政記録情報や関係統計により集計した加工統計である。
　　3　平成30年2月から平成31年1月までの（　）は、平成31年2月以降の集計方法による数値である。

184　肉　用　牛（累年）

2　肉用牛

(1)　飼養戸数・頭数（全国）（昭和35年～令和3年）

年　　　次	飼養戸数	乳用種の いる戸数	飼 養 合計 (4)＋(24)	肉 計	め 肥育用牛	小計	1歳未満
	(1)	(2)	(3)	(4)	(5)	(6)	(7)
	戸	戸	頭	頭	頭	頭	頭
昭和 35 年 (1)	2,031,000	…	2,340,000	…	…	1,685,000	…
36 (2)	1,963,000	…	2,313,000	…	…	1,660,000	…
37 (3)	1,879,000	…	2,332,000	…	…	1,686,000	…
38 (4)	1,803,000	…	2,337,000	…	…	1,668,000	…
39 (5)	1,673,000	…	2,208,000	…	…	1,550,000	…
40 (6)	1,435,000	…	1,886,000	…	…	1,314,000	…
41 (7)	1,163,000	…	1,577,000	…	…	1,111,000	…
42 (8)	1,066,000	…	1,551,000	…	…	1,062,000	…
43 (9)	1,027,000	…	1,666,000	…	…	1,080,000	…
44 (10)	988,500	…	1,795,000	…	…	1,138,000	…
45 (11)	901,600	…	1,789,000	…	…	1,165,000	…
46 (12)	797,300	…	1,759,000	1,573,000	…	1,089,000	…
47 (13)	673,200	…	1,749,000	1,454,000	…	974,400	…
48 (14)	595,400	…	1,818,000	1,373,000	…	936,400	…
49 (15)	532,200	75,700	1,898,000	1,373,000	…	932,200	…
50 (16)	473,600	55,800	1,857,000	1,382,000	…	949,400	…
51 (17)	449,600	51,700	1,912,000	1,427,000	500,200	989,000	…
52 (18)	424,200	50,100	1,987,000	1,455,000	…	993,700	…
53 (19)	401,600	44,400	2,030,000	1,464,000	…	977,300	…
54 (20)	380,800	42,900	2,083,000	1,454,000	…	963,800	…
55 (21)	364,000	41,900	2,157,000	1,465,000	…	992,000	219,000
56 (22)	352,800	45,900	2,281,000	1,478,000	582,600	985,900	…
57 (23)	340,200	42,100	2,382,000	1,529,000	…	1,018,000	…
58 (24)	328,400	38,600	2,492,000	1,606,000	604,200	1,063,000	…
59 (25)	314,800	34,700	2,572,000	1,658,000	643,500	1,086,000	…
60 (26)	298,000	31,600	2,587,000	1,646,000	…	1,079,000	…
61 (27)	287,100	30,100	2,639,000	1,662,000	691,700	1,077,000	…
62 (28)	272,400	29,000	2,645,000	1,627,000	701,600	1,047,000	…
63 (29)	260,100	27,500	2,650,000	1,615,000	695,900	1,041,000	…
平成 元 (30)	246,100	25,300	2,651,000	1,627,000	696,500	1,046,000	…
2 (31)	232,200	22,800	2,702,000	1,664,000	701,000	1,066,000	…
3 (32)	221,100	19,900	2,805,000	1,732,000	721,700	1,115,000	238,200
4 (33)	210,100	16,600	2,898,000	1,815,000	736,100	1,163,000	246,700
5 (34)	199,000	14,800	2,956,000	1,868,000	759,500	1,191,000	252,900
6 (35)	184,400	13,500	2,971,000	1,879,000	793,300	1,194,000	254,500
7 (36)	169,700	12,100	2,965,000	1,872,000	822,800	1,168,000	…
8 (37)	154,900	11,000	2,901,000	1,824,000	803,600	1,147,000	235,900
9 (38)	142,800	10,200	2,851,000	1,780,000	784,500	1,119,000	229,300
10 (39)	133,400	10,000	2,848,000	1,740,000	745,800	1,102,000	225,400
11 (40)	124,600	9,620	2,842,000	1,711,000	729,700	1,084,000	223,000
12 (41)	116,500	9,060	2,823,000	1,700,000	732,500	1,069,000	…
13 (42)	110,100	9,170	2,806,000	1,679,000	704,400	1,066,000	208,500
14 (43)	104,200	8,790	2,838,000	1,711,000	725,900	1,078,000	212,200
15 (44)	98,100	7,980	2,805,000	1,705,000	729,800	1,069,000	218,700
16 (45)	93,900	8,220	2,788,000	1,709,000	719,200	1,073,000	222,200
17 (46)	89,600	8,060	2,747,000	1,697,000	716,400	1,078,000	217,600
18 (47)	85,600	7,980	2,755,000	1,703,000	716,200	1,090,000	205,800
19 (48)	82,300	7,720	2,806,000	1,742,000	737,100	1,113,000	214,600
20 (49)	80,400	7,470	2,890,000	1,823,000	770,100	1,169,000	225,600
21 (50)	77,300	7,630	2,923,000	1,889,000	809,100	1,215,000	242,000
22 (51)	74,400	7,170	2,892,000	1,924,000	844,100	1,234,000	244,500
23 (52)	69,600	6,730	2,763,000	1,868,000	822,700	1,205,000	233,000
24 (53)	65,200	6,360	2,723,000	1,831,000	810,500	1,181,000	223,900
25 (54)	61,300	6,100	2,642,000	1,769,000	789,800	1,141,000	211,300
26 (55)	57,500	5,950	2,567,000	1,716,000	772,000	1,104,000	208,600
27 (56)	54,400	5,480	2,489,000	1,661,000	740,700	1,069,000	204,200
28 (57)	51,900	5,170	2,479,000	1,642,000	720,000	1,054,000	199,100
29 (58)	50,100	5,130	2,499,000	1,664,000	722,300	1,070,000	198,000
30 (59)	48,300	4,850	2,514,000	1,701,000	736,600	1,091,000	205,000
31(旧) (60)	46,300	4,670	2,503,000	1,734,000	753,400	1,114,000	217,000
31(新) (61)	45,600	4,730	2,527,000	1,751,000	765,200	1,115,000	238,200
令和 2 (62)	43,900	4,560	2,555,000	1,792,000	784,600	1,138,000	244,600
3 (63)	42,100	4,390	2,605,000	1,829,000	799,400	1,162,000	255,600

注：1)は2歳未満である。
　　2)は2歳以上である。

		頭　　　　　　　数				
		用　　　　　　　種				
		す				
		子　取　り　用　め　す　牛				
1	2歳以上	小計	1歳未満	1	2	3歳以上	
(8)	(9)	(10)	(11)	(12)	(13)	(14)	
頭	頭	頭	頭	頭	頭	頭	
1) 400,500	1,284,000	...	...	...	...	...	(1)
1) 310,700	1,350,000	...	...	...	...	...	(2)
1) 331,700	1,354,000	...	...	...	...	...	(3)
1) 359,100	1,309,000	...	...	...	...	...	(4)
1) 349,900	1,200,000	...	...	...	...	...	(5)
1) 394,800	919,100	...	...	...	...	...	(6)
1) 377,300	733,400	...	...	...	...	...	(7)
1) 362,200	700,200	...	...	...	...	...	(8)
1) 365,100	715,200	...	...	...	...	...	(9)
1) 389,700	748,700	...	...	...	...	...	(10)
1) 370,200	794,400	...	...	...	...	...	(11)
1) 374,800	714,200	...	...	...	...	...	(12)
1) 361,000	613,400	...	...	...	...	...	(13)
1) 348,500	587,900	...	...	...	...	...	(14)
1) 337,600	594,600	...	...	...	...	...	(15)
1) 340,100	609,300	...	...	...	...	...	(16)
1) 344,300	644,700	681,300	...	...	...	...	(17)
1) 351,400	642,300	...	...	...	...	...	(18)
1) 345,600	631,700	...	...	...	...	...	(19)
1) 341,400	623,300	...	...	...	...	...	(20)
154,000	619,000	...	...	...	...	...	(21)
1) 353,300	632,600	679,800	...	...	...	...	(22)
1) 375,100	642,700	...	...	...	...	...	(23)
1) 391,800	671,100	742,800	...	...	...	...	(24)
1) 408,300	678,000	741,700	...	...	...	...	(25)
1) 414,400	664,600	...	...	...	...	...	(26)
1) 397,800	678,900	695,400	...	...	...	...	(27)
1) 390,900	655,800	671,800	...	105,700	2) 566,100	...	(28)
1) 389,800	651,000	666,200	...	101,500	2) 564,700	...	(29)
1) 387,900	658,600	672,900	...	99,400	2) 573,400	...	(30)
...	...	686,500	...	...	...	...	(31)
174,700	701,900	713,700	34,500	66,900	2) 612,300	...	(32)
183,000	733,500	739,000	35,500	67,800	2) 635,600	...	(33)
186,200	752,400	744,700	34,500	65,400	2) 644,800	...	(34)
192,500	747,400	724,600	31,100	60,700	2) 632,800	...	(35)
...	...	700,500	...	...	...	...	(36)
186,900	724,100	672,600	26,100	55,800	2) 590,600	...	(37)
182,500	706,800	653,900	24,200	55,900	2) 573,700	...	(38)
182,800	693,600	649,100	23,000	55,400	2) 570,700	...	(39)
178,400	682,500	644,200	23,200	52,800	2) 568,200	...	(40)
...	...	635,500	...	...	...	...	(41)
198,500	659,400	634,600	23,000	56,400	2) 555,100	...	(42)
194,900	671,400	636,900	26,500	55,700	2) 554,800	...	(43)
194,100	656,000	642,900	28,300	57,700	2) 556,800	...	(44)
207,800	642,700	628,000	26,600	55,100	2) 546,200	...	(45)
215,100	645,800	623,200	25,900	54,300	60,800	482,300	(46)
225,500	658,400	621,500	27,900	57,300	58,200	478,000	(47)
230,000	668,700	635,900	27,900	59,500	61,000	487,500	(48)
242,100	701,300	667,300	33,100	63,200	64,700	506,300	(49)
253,800	719,300	682,100	31,400	67,900	66,900	515,900	(50)
262,700	727,200	683,900	33,200	62,400	69,700	518,700	(51)
258,100	714,200	667,900	31,500	61,800	61,700	512,900	(52)
251,800	705,300	642,200	28,400	54,100	59,900	499,800	(53)
247,000	682,400	618,400	25,900	51,400	57,100	484,000	(54)
234,600	660,900	595,200	27,400	48,300	49,800	469,700	(55)
231,200	634,000	579,500	26,800	47,900	48,600	456,200	(56)
232,400	622,000	589,100	28,100	50,000	52,500	458,500	(57)
232,000	640,100	597,300	35,500	50,800	49,500	461,400	(58)
235,400	651,000	610,400	36,400	56,800	52,100	465,100	(59)
242,100	655,000	625,900	38,300	59,500	55,600	472,400	(60)
235,800	641,400	605,300	...	...	...	...	(61)
238,500	654,600	622,000	...	...	...	...	(62)
243,900	662,100	632,800	...	...	...	...	(63)

2 肉用牛（続き）

(1) 飼養戸数・頭数（全国）（昭和35年〜令和3年）（続き）

年次	飼養頭数（続き）							
	肉用種（続き）							
	めす（続き）めす牛（続き）					おす		
	子取り用めす牛（続き）					小計	1歳未満	1
	子取り用めす牛のうち、出産経験のある牛							
	小計	2歳以下	3	4	5歳以上			
	(15)	(16)	(17)	(18)	(19)	(20)	(21)	(22)
	頭	頭	頭	頭	頭	頭	頭	頭
昭和 35年 (1)	…	…	…	…	…	654,900	…	…
36 (2)	…	…	…	…	…	652,800	…	1) 246,300
37 (3)	…	…	…	…	…	646,500	…	1) 275,100
38 (4)	…	…	…	…	…	668,400	…	1) 301,700
39 (5)	…	…	…	…	…	657,600	…	1) 317,500
40 (6)	…	…	…	…	…	572,000	…	1) 343,300
41 (7)	…	…	…	…	…	466,200	…	1) 326,700
42 (8)	…	…	…	…	…	489,100	…	1) 364,800
43 (9)	…	…	…	…	…	585,300	…	1) 453,100
44 (10)	…	…	…	…	…	656,300	…	1) 511,600
45 (11)	…	…	…	…	…	624,300	…	1) 448,900
46 (12)	…	…	…	…	…	483,800	…	1) 367,500
47 (13)	…	…	…	…	…	479,400	…	1) 364,000
48 (14)	…	…	…	…	…	436,600	…	1) 340,800
49 (15)	…	…	…	…	…	441,300	…	1) 337,600
50 (16)	…	…	…	…	…	432,200	…	1) 331,500
51 (17)	…	…	…	…	…	438,000	…	1) 353,500
52 (18)	…	…	…	…	…	461,700	…	1) 366,500
53 (19)	…	…	…	…	…	486,900	…	1) 369,000
54 (20)	…	…	…	…	…	489,000	…	1) 373,800
55 (21)	…	…	…	…	…	473,000	222,000	158,000
56 (22)	…	…	…	…	…	491,800	…	1) 378,500
57 (23)	…	…	…	…	…	511,600	…	1) 393,500
58 (24)	…	…	…	…	…	543,400	…	1) 418,500
59 (25)	…	…	…	…	…	571,500	…	1) 444,700
60 (26)	…	…	…	…	…	567,500	…	1) 449,900
61 (27)	…	…	…	…	…	585,500	…	1) 444,600
62 (28)	…	…	…	…	…	580,200	…	1) 438,600
63 (29)	…	…	…	…	…	574,000	…	1) 432,800
平成 元 (30)	…	…	…	…	…	580,400	…	1) 440,700
2 (31)	…	…	…	…	…	598,000	…	…
3 (32)	…	…	…	…	…	616,900	249,300	216,900
4 (33)	…	…	…	…	…	651,600	260,600	228,500
5 (34)	…	…	…	…	…	676,700	271,200	239,200
6 (35)	…	…	…	…	…	684,300	274,100	243,000
7 (36)	…	…	…	…	…	704,300	…	…
8 (37)	…	…	…	…	…	677,200	265,500	242,000
9 (38)	…	…	…	…	…	661,000	260,500	231,700
10 (39)	…	…	…	…	…	638,000	253,400	223,400
11 (40)	…	…	…	…	…	627,200	242,300	223,800
12 (41)	…	…	…	…	…	630,600	…	…
13 (42)	…	…	…	…	…	613,100	227,800	237,000
14 (43)	…	…	…	…	…	632,800	229,900	250,800
15 (44)	…	…	…	…	…	636,100	240,300	227,600
16 (45)	…	…	…	…	…	636,600	253,500	245,100
17 (46)	…	…	…	…	…	618,900	246,300	248,800
18 (47)	…	…	…	…	…	613,000	238,900	258,200
19 (48)	…	…	…	…	…	628,600	236,200	273,100
20 (49)	…	…	…	…	…	653,800	246,700	279,500
21 (50)	…	…	…	…	…	674,200	260,200	290,900
22 (51)	…	…	…	…	…	689,600	264,300	299,300
23 (52)	…	…	…	…	…	662,600	253,900	289,900
24 (53)	…	…	…	…	…	650,500	245,200	283,000
25 (54)	…	…	…	…	…	628,100	232,300	280,800
26 (55)	…	…	…	…	…	611,700	230,400	267,100
27 (56)	…	…	…	…	…	591,400	223,500	262,000
28 (57)	…	…	…	…	…	588,600	217,300	267,700
29 (58)	…	…	…	…	…	593,800	219,900	263,900
30 (59)	…	…	…	…	…	610,100	231,100	272,700
31(旧) (60)	…	…	…	…	…	620,300	240,000	276,900
31(新) (61)	551,100	56,000	64,400	57,300	373,400	635,400	265,200	272,300
令和 2 (62)	558,700	56,900	68,000	63,700	370,100	654,200	270,000	278,700
3 (63)	567,000	58,800	69,700	67,100	371,400	667,200	278,300	281,400

2歳以上	計	交雑種	めす	交雑種	乳用種頭数割合 (24)／(3)	1戸当たり飼養頭数 (3)／(1)	飼養戸数	飼養頭数	
(23)	(24)	(25)	(26)	(27)	(28)	(29)	(30)	(31)	
頭	頭	頭	頭	頭	%	頭	%	%	
…	…	…	…	…	…	1.2	97.4	98.9	(1)
406,500		…	…	…	…	1.2	96.7	98.9	(2)
371,400		…	…	…	…	1.2	96.6	100.8	(3)
366,800		…	…	…	…	1.2	96.0	100.2	(4)
340,100		…	…	…	…	1.3	92.8	94.5	(5)
228,700		…	…	…	…	1.3	85.8	85.4	(6)
139,500		…	…	…	…	1.4	81.1	83.6	(7)
124,300		…	…	…	…	1.5	91.7	98.4	(8)
132,200		…	…	…	…	1.6	96.3	107.4	(9)
144,700		…	…	…	…	1.8	96.3	107.7	(10)
175,400	…	…	…	…	…	2.0	91.2	99.7	(11)
116,300	186,300	…	…	…	10.6	2.2	88.4	98.3	(12)
115,400	294,900	…	…	…	16.9	2.6	84.4	99.4	(13)
95,800	444,600	…	…	…	24.5	3.1	88.4	104.0	(14)
103,600	524,100	…	91,000	…	27.6	3.6	89.4	104.4	(15)
100,700	475,500	…	…	…	25.6	3.9	89.0	97.8	(16)
84,400	485,200	…	…	…	25.4	4.3	94.9	103.0	(17)
95,800	531,400	…	…	…	26.7	4.7	94.4	103.9	(18)
117,900	565,600	…	…	…	27.9	5.1	94.7	102.2	(19)
116,000	629,200	…	…	…	30.2	5.5	94.8	102.6	(20)
93,000	692,000	…	…	…	32.1	5.9	95.6	103.6	(21)
113,300	803,300	…	…	…	35.2	6.5	96.9	105.8	(22)
118,100	852,600	…	…	…	35.8	7.0	96.4	104.4	(23)
125,000	885,800	…	…	…	35.5	7.6	96.5	104.6	(24)
126,800	913,900	…	…	…	35.5	8.2	95.9	103.2	(25)
117,600	941,000	…	…	…	36.4	8.7	94.7	100.6	(26)
140,900	977,200	…	…	…	37.0	9.2	96.3	102.0	(27)
141,700	1,018,000	…	…	…	38.5	9.7	94.9	100.2	(28)
141,200	1,036,000	…	…	…	39.1	10.2	95.5	100.2	(29)
139,800	1,024,000	…	…	…	38.6	10.8	94.6	100.0	(30)
…	1,038,000	…	…	…	38.4	11.6	94.4	101.9	(31)
150,900	1,073,000	186,100	230,000	73,100	38.3	12.7	95.2	103.8	(32)
162,500	1,083,000	211,100	221,800	80,000	37.4	13.8	95.0	103.3	(33)
166,300	1,088,000	276,300	231,600	109,700	36.8	14.9	94.7	102.0	(34)
167,200	1,093,000	304,800	249,400	117,400	36.8	16.1	92.7	100.5	(35)
…	1,093,000	…	…	…	36.9	17.5	92.0	99.8	(36)
169,700	1,077,000	355,900	229,200	140,600	37.1	18.7	91.3	97.8	(37)
168,800	1,072,000	444,500	256,800	180,000	37.6	20.0	92.2	98.3	(38)
161,100	1,108,000	565,900	285,400	227,400	38.9	21.3	93.4	99.9	(39)
161,200	1,131,000	651,200	311,500	261,600	39.8	22.8	93.4	99.8	(40)
…	1,124,000	663,300	305,600	…	39.8	24.2	93.5	99.3	(41)
148,200	1,126,000	681,900	295,100	268,500	40.1	25.5	94.5	99.4	(42)
152,000	1,127,000	643,500	300,900	275,400	39.7	27.2	94.6	101.1	(43)
168,200	1,101,000	629,800	288,800	268,400	39.3	28.6	94.1	98.8	(44)
138,000	1,079,000	608,700	298,200	277,700	38.7	29.7	95.7	99.4	(45)
123,800	1,049,000	578,500	291,200	267,500	38.2	30.7	95.4	98.5	(46)
115,900	1,052,000	583,800	295,900	272,600	38.2	32.2	95.5	100.3	(47)
119,200	1,064,000	604,000	301,400	283,500	37.9	34.1	96.1	101.9	(48)
127,600	1,067,000	635,700	318,100	301,700	36.9	35.9	97.7	103.0	(49)
123,100	1,033,000	622,100	308,500	298,800	35.3	37.8	96.1	101.1	(50)
126,000	968,300	547,300	274,600	264,800	33.5	38.9	96.2	98.9	(51)
118,700	894,800	483,000	243,800	235,100	32.4	39.7	93.5	95.5	(52)
122,300	891,700	499,100	248,700	240,700	32.7	41.8	93.7	98.6	(53)
115,000	873,400	497,900	247,600	240,200	33.1	43.1	94.0	97.0	(54)
114,200	851,400	483,900	241,600	233,400	33.2	44.6	93.8	97.2	(55)
105,900	827,700	482,400	239,500	232,200	33.3	45.8	94.6	97.0	(56)
103,500	837,100	505,300	249,700	242,700	33.8	47.8	95.4	99.6	(57)
110,000	834,700	521,600	258,700	251,500	33.4	49.9	96.5	100.8	(58)
106,300	813,000	517,900	259,500	252,700	32.3	52.0	96.4	100.6	(59)
103,400	768,600	494,200	247,700	240,700	30.7	54.1	95.9	99.6	(60)
97,900	776,600	498,800	250,600	242,600	30.7	55.4	nc	nc	(61)
105,400	763,400	495,400	248,600	240,900	29.9	58.2	96.3	101.1	(62)
107,500	775,800	525,700	263,300	255,700	29.8	61.9	95.9	102.0	(63)

2 肉用牛（続き）

(2) 飼養戸数・頭数（全国農業地域別）（平成29年～令和3年）

年　　次	飼養戸数	乳用種の いる戸数	合計 (4)＋(24)	飼　　　　養				
				肉			め	
				計	肥育用牛	小計	1歳未満	
	(1)	(2)	(3)	(4)	(5)	(6)	(7)	
	戸	戸	頭	頭	頭	頭	頭	
北　海　道								
平成 29 年　(1)	2,610	954	516,500	177,300	48,500	123,000	28,900	
30　(2)	2,570	940	524,500	186,600	52,400	128,700	30,700	
31（旧）(3)	2,560	935	512,800	188,700	53,600	130,000	31,000	
31（新）(4)	2,360	867	518,600	190,200	56,400	130,900	31,500	
令和 2　(5)	2,350	892	524,700	196,000	57,100	134,800	33,000	
3　(6)	2,270	871	536,200	199,500	58,300	137,700	34,200	
都　府　県								
平成 29 年　(7)	47,500	4,180	1,982,000	1,487,000	673,800	947,200	169,100	
30　(8)	45,800	3,910	1,990,000	1,515,000	684,300	962,700	174,300	
31（旧）(9)	43,800	3,740	1,990,000	1,546,000	699,800	984,100	186,000	
31（新）(10)	43,200	3,860	2,009,000	1,561,000	708,800	984,500	206,700	
令和 2　(11)	41,600	3,670	2,031,000	1,596,000	727,500	1,003,000	211,600	
3　(12)	39,800	3,520	2,068,000	1,629,000	741,100	1,024,000	221,400	
東　　　北								
平成 29 年　(13)	13,100	698	336,700	258,900	109,700	174,500	31,900	
30　(14)	12,500	670	333,200	261,300	112,500	177,000	32,100	
31（旧）(15)	11,800	671	326,900	260,700	109,500	177,100	32,600	
31（新）(16)	11,600	655	336,400	269,900	111,900	181,500	37,100	
令和 2　(17)	11,100	642	334,500	270,300	113,100	181,200	37,000	
3　(18)	10,500	606	335,100	270,700	114,100	181,400	36,600	
北　　　陸								
平成 29 年　(19)	411	157	21,300	10,900	7,010	5,120	1,230	
30　(20)	403	140	21,000	11,200	6,910	5,370	1,250	
31（旧）(21)	377	131	21,400	11,200	6,590	5,620	1,380	
31（新）(22)	362	120	21,600	11,400	6,980	5,680	1,440	
令和 2　(23)	343	121	21,700	11,900	7,230	6,030	1,430	
3　(24)	339	113	21,100	12,500	7,590	6,240	1,500	
関 東 ・ 東 山								
平成 29 年　(25)	3,200	1,100	279,600	135,500	86,400	64,800	13,300	
30　(26)	3,010	1,010	276,700	138,400	87,000	66,600	14,000	
31（旧）(27)	2,890	961	270,400	140,900	87,500	68,300	14,900	
31（新）(28)	2,900	1,010	273,400	142,400	88,800	69,000	15,700	
令和 2　(29)	2,790	952	272,400	146,200	91,100	70,900	16,000	
3　(30)	2,660	903	277,200	149,500	93,100	72,200	17,100	
東　　　海								
平成 29 年　(31)	1,170	406	122,900	71,600	52,900	48,400	8,480	
30　(32)	1,140	377	122,200	72,600	54,100	49,200	8,460	
31（旧）(33)	1,100	367	119,900	73,900	54,200	50,100	9,230	
31（新）(34)	1,130	426	120,800	74,400	54,300	50,300	9,500	
令和 2　(35)	1,100	402	121,800	75,900	55,100	51,800	9,390	
3　(36)	1,060	387	122,200	76,000	55,000	51,600	9,960	
近　　　畿								
平成 29 年　(37)	1,610	182	83,100	68,600	41,400	43,000	6,570	
30　(38)	1,570	171	84,300	70,800	42,700	44,000	7,290	
31（旧）(39)	1,520	154	85,700	72,500	45,000	44,900	7,410	
31（新）(40)	1,530	151	87,400	74,100	44,800	45,700	8,230	
令和 2　(41)	1,500	148	89,100	76,200	46,400	47,400	8,720	
3　(42)	1,450	148	90,400	77,700	46,900	48,900	9,540	

頭			数				
		用			種		
			す				
			子 取 り 用 め す 牛				
1	2歳以上	小計	1歳未満	1	2	3歳以上	
(8)	(9)	(10)	(11)	(12)	(13)	(14)	
頭	頭	頭	頭	頭	頭	頭	
20,700	73,400	73,700	7,220	5,680	7,500	53,300	(1)
21,300	76,700	75,100	5,940	7,960	8,260	52,900	(2)
22,800	76,200	75,600	6,060	8,360	8,220	52,900	(3)
22,900	76,500	73,100	…	…	…	…	(4)
23,200	78,700	75,600	…	…	…	…	(5)
24,400	79,100	76,000	…	…	…	…	(6)
211,300	566,700	523,600	28,300	45,200	42,000	408,100	(7)
214,100	574,300	535,300	30,500	48,800	43,900	412,200	(8)
219,300	578,700	550,300	32,200	51,200	47,400	419,500	(9)
212,900	564,900	532,200	…	…	…	…	(10)
215,300	575,900	546,400	…	…	…	…	(11)
219,600	583,000	556,800	…	…	…	…	(12)
38,600	104,100	97,200	4,820	8,250	8,840	75,300	(13)
39,300	105,600	97,300	5,720	8,510	7,850	75,200	(14)
38,500	105,900	99,400	6,000	10,100	10,500	72,700	(15)
38,500	105,900	98,700	…	…	…	…	(16)
38,100	106,100	99,100	…	…	…	…	(17)
38,600	106,200	99,100	…	…	…	…	(18)
1,150	2,740	2,550	190	310	190	1,850	(19)
1,350	2,780	2,640	190	310	260	1,880	(20)
1,260	2,980	2,960	260	360	360	1,970	(21)
1,260	2,980	2,760	…	…	…	…	(22)
1,530	3,080	2,920	…	…	…	…	(23)
1,380	3,370	3,010	…	…	…	…	(24)
15,800	35,800	30,600	2,230	2,980	2,880	22,600	(25)
16,100	36,500	32,700	2,090	3,500	3,350	23,700	(26)
16,800	36,600	33,200	2,340	3,380	3,340	24,200	(27)
16,800	36,600	32,600	…	…	…	…	(28)
17,100	37,700	33,600	…	…	…	…	(29)
17,100	38,000	34,000	…	…	…	…	(30)
19,700	20,200	12,200	620	1,040	770	9,740	(31)
19,700	21,100	12,200	660	1,070	890	9,550	(32)
20,000	20,900	13,100	860	1,660	960	9,590	(33)
20,000	20,900	13,000	…	…	…	…	(34)
20,600	21,900	13,500	…	…	…	…	(35)
19,600	22,100	13,700	…	…	…	…	(36)
14,900	21,500	19,500	1,680	1,970	2,320	13,500	(37)
14,800	21,900	19,700	1,880	2,060	2,130	13,600	(38)
15,100	22,400	19,800	1,960	1,960	1,740	14,100	(39)
15,100	22,400	20,400	…	…	…	…	(40)
15,300	23,400	20,800	…	…	…	…	(41)
15,600	23,700	21,500	…	…	…	…	(42)

2　肉用牛（続き）

(2)　飼養戸数・頭数（全国農業地域別）（平成29年～令和3年）（続き）

年　　次	飼　養　頭　数（続き） 肉　用　種（続き） めす（続き） 子取り用めす牛（続き） 子取り用めす牛のうち、出産経験のある牛 小計 (15) 頭	2歳以下 (16) 頭	3 (17) 頭	4 (18) 頭	5歳以上 (19) 頭	おす 小計 (20) 頭	1歳未満 (21) 頭	1 (22) 頭
北　海　道								
平成 29 年 (1)	…	…	…	…	…	54,400	30,300	17,400
30 (2)	…	…	…	…	…	57,800	32,700	18,200
31（旧）(3)	…	…	…	…	…	58,700	32,900	19,300
31（新）(4)	69,500	7,970	9,030	7,560	45,000	59,300	33,500	19,400
令和 2 (5)	70,500	8,290	9,110	8,850	44,300	61,200	34,900	19,200
3 (6)	70,800	8,170	9,450	8,870	44,300	61,800	35,300	19,600
都　府　県								
平成 29 年 (7)	…	…	…	…	…	539,500	189,600	246,500
30 (8)	…	…	…	…	…	552,200	198,500	254,500
31（旧）(9)	…	…	…	…	…	561,600	207,100	257,500
31（新）(10)	481,600	48,100	55,300	49,800	328,400	576,100	231,800	252,900
令和 2 (11)	488,200	48,600	58,900	54,800	325,900	593,000	235,200	259,500
3 (12)	496,200	50,600	60,200	58,200	327,100	605,400	243,000	261,800
東　　　北								
平成 29 年 (13)	…	…	…	…	…	84,300	33,700	34,400
30 (14)	…	…	…	…	…	84,300	33,600	35,500
31（旧）(15)	…	…	…	…	…	83,700	34,800	34,400
31（新）(16)	88,700	9,330	11,400	10,200	57,900	88,400	39,700	34,300
令和 2 (17)	88,900	8,810	11,100	11,100	57,900	89,100	39,700	35,200
3 (18)	88,900	8,830	10,700	11,000	58,400	89,200	39,500	35,300
北　　　陸								
平成 29 年 (19)	…	…	…	…	…	5,730	1,710	3,030
30 (20)	…	…	…	…	…	5,800	1,760	2,860
31（旧）(21)	…	…	…	…	…	5,620	1,810	2,980
31（新）(22)	2,600	360	310	230	1,710	5,690	1,890	2,980
令和 2 (23)	2,700	300	420	300	1,680	5,900	2,040	2,950
3 (24)	2,790	310	370	420	1,690	6,220	2,090	3,150
関　東・東　山								
平成 29 年 (25)	…	…	…	…	…	70,700	18,900	36,100
30 (26)	…	…	…	…	…	71,800	19,600	36,100
31（旧）(27)	…	…	…	…	…	72,600	20,900	36,700
31（新）(28)	30,700	3,390	3,610	3,240	20,500	73,400	21,600	36,700
令和 2 (29)	31,300	3,290	4,020	3,580	20,400	75,300	22,100	37,800
3 (30)	31,800	3,650	4,020	3,940	20,200	77,300	22,900	38,900
東　　　海								
平成 29 年 (31)	…	…	…	…	…	23,200	7,340	11,600
30 (32)	…	…	…	…	…	23,400	7,450	11,800
31（旧）(33)	…	…	…	…	…	23,800	7,730	12,000
31（新）(34)	11,900	1,450	1,430	1,300	7,710	24,100	8,020	12,000
令和 2 (35)	12,300	1,470	1,660	1,440	7,770	24,100	8,360	11,700
3 (36)	12,500	1,640	1,620	1,630	7,620	24,300	8,220	12,100
近　　　畿								
平成 29 年 (37)	…	…	…	…	…	25,600	7,310	12,400
30 (38)	…	…	…	…	…	26,800	7,410	13,800
31（旧）(39)	…	…	…	…	…	27,600	8,380	13,700
31（新）(40)	15,500	1,690	1,730	1,280	10,800	28,400	9,170	13,700
令和 2 (41)	15,900	1,630	1,960	1,690	10,600	28,800	8,530	14,400
3 (42)	16,300	1,760	1,970	1,880	10,700	28,800	9,250	13,300

	続き 乳 用 種				乳用種頭数割合	1戸当たり飼養頭数	対前年比		
2歳以上	計	交雑種	めす	交雑種			飼養戸数	飼養頭数	
					(24)／(3)	(3)／(1)			
(23)	(24)	(25)	(26)	(27)	(28)	(29)	(30)	(31)	
頭	頭	頭	頭	頭	%	頭	%	%	
6,640	339,200	139,400	70,000	65,900	65.7	197.9	100.4	100.8	(1)
7,030	337,900	144,800	73,300	69,100	64.4	204.1	98.5	101.5	(2)
6,440	324,100	139,600	70,500	66,300	63.2	200.3	99.6	97.8	(3)
6,440	328,400	141,700	72,200	67,000	63.3	219.7	nc	nc	(4)
7,100	328,700	146,700	74,100	69,200	62.6	223.3	99.6	101.2	(5)
6,870	336,700	165,100	82,800	78,000	62.8	236.2	96.6	102.2	(6)
103,300	495,500	382,200	188,600	185,500	25.0	41.7	96.3	100.8	(7)
99,200	475,100	373,100	186,200	183,600	23.9	43.4	96.4	100.4	(8)
97,000	444,500	354,600	177,200	174,400	22.3	45.4	95.6	100.0	(9)
91,500	448,200	357,100	178,500	175,600	22.3	46.5	nc	nc	(10)
98,300	434,700	348,800	174,500	171,700	21.4	48.8	96.3	101.1	(11)
100,600	439,100	360,700	180,400	177,600	21.2	52.0	95.7	101.8	(12)
16,200	77,900	53,100	27,000	26,600	23.1	25.7	95.6	100.7	(13)
15,200	71,900	49,300	25,500	25,200	21.6	26.7	95.4	99.0	(14)
14,400	66,200	46,700	24,400	24,100	20.3	27.7	94.4	98.1	(15)
14,400	66,500	46,900	24,600	24,200	19.8	29.0	nc	nc	(16)
14,300	64,200	46,000	24,200	23,800	19.2	30.1	95.7	99.4	(17)
14,400	64,400	47,700	25,300	24,800	19.2	31.9	94.6	100.2	(18)
1,000	10,400	6,880	4,030	3,930	48.8	51.8	97.2	101.4	(19)
1,180	9,830	6,560	3,500	3,470	46.8	52.1	98.1	98.6	(20)
830	10,100	7,040	3,490	3,450	47.2	56.8	93.5	101.9	(21)
830	10,200	7,090	3,560	3,480	47.2	59.7	nc	nc	(22)
910	9,740	7,160	3,450	3,380	44.9	63.3	94.8	100.5	(23)
980	8,620	7,240	3,270	3,210	40.9	62.2	98.8	97.2	(24)
15,800	144,000	112,500	56,200	55,600	51.5	87.4	96.7	100.7	(25)
16,000	138,300	110,300	55,400	55,000	50.0	91.9	94.1	99.0	(26)
15,000	129,500	102,800	51,900	51,300	47.9	93.6	96.0	97.7	(27)
15,000	131,000	103,600	52,800	51,800	47.9	94.3	nc	nc	(28)
15,500	126,200	100,700	51,600	50,600	46.3	97.6	96.2	99.6	(29)
15,500	127,700	102,500	52,300	51,300	46.1	104.2	95.3	101.8	(30)
4,300	51,300	44,300	22,500	22,400	41.7	105.0	97.5	100.7	(31)
4,220	49,500	43,300	21,900	21,700	40.5	107.2	97.4	99.4	(32)
4,100	46,000	40,500	20,300	20,100	38.4	109.0	96.5	98.1	(33)
4,100	46,400	40,900	20,400	20,200	38.4	106.9	nc	nc	(34)
4,070	45,900	40,900	20,500	20,400	37.7	110.7	97.3	100.8	(35)
4,070	46,300	41,800	20,700	20,500	37.9	115.3	96.4	100.3	(36)
5,920	14,500	13,000	7,340	7,280	17.4	51.6	96.4	102.3	(37)
5,640	13,500	12,200	6,890	6,850	16.0	53.7	97.5	101.4	(38)
5,520	13,200	12,000	6,730	6,650	15.4	56.4	96.8	101.7	(39)
5,520	13,300	12,100	6,790	6,750	15.2	57.1	nc	nc	(40)
5,820	13,000	11,900	6,760	6,700	14.6	59.4	98.0	101.9	(41)
6,330	12,700	11,700	6,790	6,770	14.0	62.3	96.7	101.5	(42)

2 肉用牛（続き）

(2) 飼養戸数・頭数（全国農業地域別）（平成29年～令和３年）（続き）

年　　次		飼養戸数	乳用種のいる戸数	合計 (4)＋(24)	飼　　　　養				
					肉				
					計	肥育用牛	め		
							小計	1歳未満	
		(1)	(2)	(3)	(4)	(5)	(6)	(7)	
		戸	戸	頭	頭	頭	頭	頭	
中　　国									
平成 29 年	(43)	2,820	372	118,600	69,100	33,400	45,700	8,230	
30	(44)	2,740	336	119,400	71,700	34,400	47,400	8,900	
31（旧）	(45)	2,620	304	119,500	73,600	35,400	49,000	9,470	
31（新）	(46)	2,560	321	121,600	75,600	36,100	49,900	10,400	
令和 2	(47)	2,430	289	124,300	78,100	37,500	51,600	10,900	
3	(48)	2,310	277	128,300	80,000	38,400	52,900	11,300	
四　　国									
平成 29 年	(49)	741	272	58,300	25,100	16,300	15,100	2,650	
30	(50)	724	267	58,600	26,200	16,700	15,700	2,860	
31（旧）	(51)	695	251	58,100	27,100	16,800	16,200	3,040	
31（新）	(52)	684	240	58,600	27,500	17,800	16,400	3,220	
令和 2	(53)	667	221	59,900	28,500	18,100	17,000	3,350	
3	(54)	644	206	59,600	28,500	17,800	17,300	3,420	
九　　州									
平成 29 年	(55)	22,000	962	889,700	775,900	320,200	495,500	87,400	
30	(56)	21,200	914	901,100	789,700	323,100	501,100	89,800	
31（旧）	(57)	20,400	873	913,600	811,400	337,500	515,400	98,000	
31（新）	(58)	20,100	889	910,000	807,100	341,600	506,500	109,200	
令和 2	(59)	19,300	840	927,100	829,600	352,200	516,600	112,700	
3	(60)	18,500	830	952,500	853,000	361,700	531,700	118,900	
沖　　縄									
平成 29 年	(61)	2,530	27	72,000	71,200	6,530	55,100	9,460	
30	(62)	2,470	22	73,600	72,900	6,850	56,300	9,640	
31（旧）	(63)	2,380	23	74,700	74,200	7,370	57,500	9,990	
31（新）	(64)	2,360	53	78,900	78,200	6,570	59,500	12,000	
令和 2	(65)	2,350	51	79,700	79,100	6,800	60,300	12,000	
3	(66)	2,250	46	81,900	81,500	6,540	61,600	13,100	
関 東 農 政 局									
平成 29 年	(67)	3,330	1,170	300,300	142,800	92,400	70,400	14,200	
30	(68)	3,140	1,070	297,000	145,700	93,000	72,100	14,900	
31（旧）	(69)	3,000	1,030	289,700	148,200	93,300	73,800	15,800	
31（新）	(70)	3,020	1,070	293,000	149,700	94,800	74,500	16,500	
令和 2	(71)	2,910	1,020	291,600	153,600	97,100	76,200	16,900	
3	(72)	2,770	964	296,300	157,000	99,200	77,700	18,100	
東 海 農 政 局									
平成 29 年	(73)	1,040	338	102,200	64,300	46,900	42,700	7,620	
30	(74)	1,020	319	101,800	65,300	48,100	43,700	7,580	
31（旧）	(75)	981	298	100,600	66,500	48,400	44,600	8,350	
31（新）	(76)	1,010	360	101,300	67,100	48,300	44,900	8,610	
令和 2	(77)	985	335	102,700	68,500	49,100	46,400	8,530	
3	(78)	952	326	103,100	68,500	48,900	46,200	8,880	
中 国 四 国 農 政 局									
平成 29 年	(79)	3,560	644	177,000	94,200	49,700	60,800	10,900	
30	(80)	3,470	603	177,900	97,900	51,100	63,100	11,800	
31（旧）	(81)	3,320	555	177,600	100,800	52,200	65,100	12,500	
31（新）	(82)	3,240	561	180,300	103,100	53,800	66,300	13,700	
令和 2	(83)	3,100	510	184,200	106,600	55,600	68,600	14,200	
3	(84)	2,950	483	187,900	108,500	56,200	70,200	14,700	

			頭　　　　　　　　　　　数　　種					
			用					
				す				
				子　取　り　用　め　す　牛				
1	2歳以上	小計	1歳未満	1	2	3歳以上	
(8)	(9)	(10)	(11)	(12)	(13)	(14)	
頭	頭	頭	頭	頭	頭	頭	
10,800	26,700	24,700	1,380	2,030	2,070	19,200	(43)
10,700	27,900	26,100	1,430	2,280	2,410	20,000	(44)
11,100	28,400	26,000	1,920	2,540	2,480	19,100	(45)
11,100	28,400	27,000	…	…	…	…	(46)
11,100	29,600	27,700	…	…	…	…	(47)
11,600	30,100	28,400	…	…	…	…	(48)
5,050	7,380	6,050	430	520	490	4,610	(49)
5,030	7,820	6,800	550	750	560	4,950	(50)
5,270	7,880	7,250	580	910	850	4,920	(51)
5,270	7,880	7,050	…	…	…	…	(52)
5,190	8,460	7,490	…	…	…	…	(53)
5,290	8,570	7,720	…	…	…	…	(54)
100,600	307,500	288,300	14,600	24,300	20,500	228,900	(55)
102,700	308,600	295,000	16,100	27,100	23,100	228,800	(56)
106,300	311,100	304,900	16,400	27,300	23,800	237,400	(57)
99,900	297,400	287,900	…	…	…	…	(58)
101,500	302,400	297,200	…	…	…	…	(59)
105,600	307,200	304,300	…	…	…	…	(60)
4,850	40,800	42,600	2,370	3,760	3,940	32,500	(61)
4,490	42,200	43,000	1,870	3,290	3,330	34,500	(62)
5,040	42,500	43,700	1,880	2,950	3,350	35,600	(63)
5,030	42,400	42,900	…	…	…	…	(64)
4,900	43,300	44,100	…	…	…	…	(65)
4,820	43,700	45,100	…	…	…	…	(66)
18,800	37,500	31,600	2,300	3,100	2,990	23,200	(67)
19,000	38,200	33,600	2,140	3,600	3,510	24,300	(68)
19,700	38,300	34,200	2,420	3,510	3,460	24,900	(69)
19,700	38,300	33,500	…	…	…	…	(70)
20,000	39,300	34,500	…	…	…	…	(71)
19,900	39,700	35,000	…	…	…	…	(72)
16,600	18,500	11,200	560	920	660	9,100	(73)
16,800	19,300	11,300	610	970	740	8,990	(74)
17,100	19,200	12,000	780	1,520	840	8,890	(75)
17,100	19,200	12,100	…	…	…	…	(76)
17,700	20,200	12,500	…	…	…	…	(77)
16,900	20,400	12,700	…	…	…	…	(78)
15,800	34,100	30,700	1,820	2,550	2,550	23,800	(79)
15,700	35,700	32,900	1,970	3,030	2,970	25,000	(80)
16,300	36,300	33,300	2,490	3,450	3,330	24,000	(81)
16,300	36,300	34,000	…	…	…	…	(82)
16,300	38,100	35,200	…	…	…	…	(83)
16,900	38,600	36,100	…	…	…	…	(84)

2 肉用牛(続き)

(2) 飼養戸数・頭数（全国農業地域別）（平成29年〜令和3年）（続き）

年 次		飼　　　養　　　頭　　　数　（続　き）							
		肉　　用　　種　（続　き）							
		め　　す（続　き）					お　　　す		
		子 取 り 用 め す 牛（続　き）					小計	1歳未満	1
		子取り用めす牛のうち、出産経験のある牛							
		小計	2歳以下	3	4	5歳以上			
		(15)	(16)	(17)	(18)	(19)	(20)	(21)	(22)
		頭	頭	頭	頭	頭	頭	頭	頭
中　　　国									
平成 29 年	(43)	…	…	…	…	…	23,400	9,380	10,500
30	(44)	…	…	…	…	…	24,300	9,760	11,200
31（旧）	(45)	…	…	…	…	…	24,700	10,600	11,000
31（新）	(46)	24,100	2,550	2,960	2,290	16,300	25,700	11,600	11,000
令和 2	(47)	24,900	2,550	3,060	2,980	16,300	26,500	11,900	11,300
3	(48)	25,400	2,550	3,080	3,060	16,700	27,100	12,300	11,600
四　　　国									
平成 29 年	(49)	…	…	…	…	…	9,990	3,060	5,040
30	(50)	…	…	…	…	…	10,500	3,250	5,500
31（旧）	(51)	…	…	…	…	…	11,000	3,520	5,680
31（新）	(52)	6,210	720	800	570	4,120	11,200	3,720	5,680
令和 2	(53)	6,570	800	850	790	4,130	11,500	3,790	5,670
3	(54)	6,800	670	920	830	4,380	11,200	3,760	5,510
九　　　州									
平成 29 年	(55)	…	…	…	…	…	280,400	98,700	130,700
30	(56)	…	…	…	…	…	288,600	105,700	134,700
31（旧）	(57)	…	…	…	…	…	296,000	109,400	138,200
31（新）	(58)	264,000	25,800	29,100	26,800	182,400	300,600	123,900	133,700
令和 2	(59)	267,200	26,700	32,000	28,800	179,700	313,000	126,700	137,600
3	(60)	272,700	28,300	33,500	31,600	179,300	321,300	131,600	139,500
沖　　　縄									
平成 29 年	(61)	…	…	…	…	…	16,100	9,600	2,780
30	(62)	…	…	…	…	…	16,600	9,840	3,050
31（旧）	(63)	…	…	…	…	…	16,700	9,980	2,900
31（新）	(64)	37,800	2,800	4,060	3,900	27,000	18,800	12,200	2,890
令和 2	(65)	38,300	3,050	3,760	4,140	27,400	18,800	12,100	2,930
3	(66)	39,000	2,940	4,100	3,870	28,100	19,800	13,400	2,480
関 東 農 政 局									
平成 29 年	(67)	…	…	…	…	…	72,400	19,300	37,000
30	(68)	…	…	…	…	…	73,600	20,200	37,100
31（旧）	(69)	…	…	…	…	…	74,500	21,500	37,700
31（新）	(70)	31,500	3,480	3,720	3,330	21,000	75,300	22,300	37,700
令和 2	(71)	32,100	3,400	4,130	3,690	20,900	77,300	22,900	38,800
3	(72)	32,600	3,730	4,130	4,050	20,700	79,400	23,600	40,000
東 海 農 政 局									
平成 29 年	(73)	…	…	…	…	…	21,600	6,870	10,600
30	(74)	…	…	…	…	…	21,700	6,890	10,800
31（旧）	(75)	…	…	…	…	…	21,900	7,130	11,000
31（新）	(76)	11,100	1,370	1,320	1,200	7,220	22,200	7,390	11,000
令和 2	(77)	11,500	1,370	1,550	1,330	7,280	22,100	7,590	10,700
3	(78)	11,700	1,560	1,510	1,520	7,110	22,300	7,550	10,900
中国四国農政局									
平成 29 年	(79)	…	…	…	…	…	33,400	12,400	15,600
30	(80)	…	…	…	…	…	34,800	13,000	16,700
31（旧）	(81)	…	…	…	…	…	35,600	14,100	16,600
31（新）	(82)	30,300	3,270	3,770	2,860	20,400	36,800	15,300	16,600
令和 2	(83)	31,400	3,350	3,910	3,770	20,400	38,000	15,600	17,000
3	(84)	32,200	3,220	4,000	3,890	21,100	38,300	16,100	17,100

2歳以上	（続 き） 乳 用 種		めす		乳用種頭数割合	1戸当たり飼養頭数	対 前 年 比		
	計	交雑種		交雑種	(24)／(3)	(3)／(1)	飼養戸数	飼養頭数	
(23) 頭	(24) 頭	(25) 頭	(26) 頭	(27) 頭	(28) %	(29) 頭	(30) %	(31) %	
3,470	49,500	36,500	22,100	21,500	41.7	42.1	96.6	100.6	(43)
3,350	47,700	36,200	21,600	21,000	39.9	43.6	97.2	100.7	(44)
3,120	45,900	35,400	20,900	20,600	38.4	45.6	95.6	100.1	(45)
3,120	46,100	35,500	21,100	20,700	37.9	47.5	nc	nc	(46)
3,300	46,200	36,200	21,200	20,900	37.2	51.2	94.9	102.2	(47)
3,230	48,300	38,700	22,500	22,200	37.6	55.5	95.1	103.2	(48)
1,890	33,300	28,600	9,280	9,100	57.1	78.7	95.1	100.0	(49)
1,750	32,300	27,900	8,960	8,880	55.1	80.9	97.7	100.5	(50)
1,760	30,900	26,800	8,770	8,650	53.2	83.6	96.0	99.1	(51)
1,760	31,100	27,000	8,790	8,730	53.1	85.7	nc	nc	(52)
2,010	31,400	27,100	8,450	8,340	52.4	89.8	97.5	102.2	(53)
1,900	31,100	27,400	8,080	7,980	52.2	92.5	96.6	99.5	(54)
51,000	113,800	86,600	39,900	38,700	12.8	40.4	96.9	100.7	(55)
48,100	111,300	86,800	42,200	41,300	12.4	42.5	96.4	101.3	(56)
48,400	102,200	83,000	40,400	39,300	11.2	44.8	96.2	101.4	(57)
43,000	102,900	83,500	40,200	39,500	11.3	45.3	nc	nc	(58)
48,700	97,500	78,300	38,100	37,400	10.5	48.0	96.0	101.9	(59)
50,200	99,500	83,300	41,300	40,700	10.4	51.5	95.9	102.7	(60)
3,720	790	690	350	350	1.1	28.5	96.9	102.1	(61)
3,750	650	530	280	280	0.9	29.8	97.6	102.2	(62)
3,820	510	450	250	250	0.7	31.4	96.4	101.5	(63)
3,670	620	540	310	310	0.8	33.4	nc	nc	(64)
3,810	590	510	280	270	0.7	33.9	99.6	101.0	(65)
4,000	470	420	210	210	0.6	36.4	95.7	102.8	(66)
16,000	157,500	124,100	61,400	60,800	52.4	90.2	96.5	100.5	(67)
16,300	151,300	121,600	60,300	59,900	50.9	94.6	94.3	98.9	(68)
15,300	141,500	113,300	56,600	55,900	48.8	96.6	95.5	97.5	(69)
15,300	143,200	114,300	57,600	56,500	48.9	97.0	nc	nc	(70)
15,700	138,000	111,300	56,400	55,400	47.3	100.2	96.4	99.5	(71)
15,700	139,300	113,300	57,000	55,900	47.0	107.0	95.2	101.6	(72)
4,050	37,900	32,700	17,300	17,200	37.1	98.3	98.1	101.2	(73)
3,990	36,500	32,000	16,900	16,800	35.9	99.8	98.1	99.6	(74)
3,810	34,000	30,000	15,600	15,500	33.8	102.5	96.2	98.8	(75)
3,810	34,200	30,100	15,600	15,500	33.8	100.3	nc	nc	(76)
3,810	34,200	30,400	15,700	15,600	33.3	104.3	97.5	101.4	(77)
3,820	34,600	31,000	16,000	15,900	33.6	108.3	96.6	100.4	(78)
5,350	82,800	65,100	31,400	30,600	46.8	49.7	96.2	100.5	(79)
5,100	80,000	64,100	30,500	29,900	45.0	51.3	97.5	100.5	(80)
4,880	76,800	62,200	29,700	29,200	43.2	53.5	95.7	99.8	(81)
4,880	77,200	62,500	29,800	29,400	42.8	55.6	nc	nc	(82)
5,310	77,600	63,300	29,600	29,200	42.1	59.4	95.7	102.2	(83)
5,130	79,400	66,000	30,600	30,200	42.3	63.7	95.2	102.0	(84)

2 肉用牛(続き)

(3) 総飼養頭数規模別の飼養戸数（全国）（平成14年〜令和3年）

区　　　分			計	1 〜 2 頭	3 〜 4	5 〜 9	10 〜 19
平成	14 年	(1)	103,700	21,000	20,900	24,200	17,000
	15	(2)	97,700	19,100	18,700	23,200	16,500
	16	(3)	93,300	17,500	17,400	22,400	16,200
	17	(4)	89,100	17,200	16,100	21,800	14,900
	18	(5)	85,100	16,500	14,500	21,000	14,100
	19	(6)	82,000	15,000	13,600	20,300	13,800
	20	(7)	80,000	1) 26,300	…	19,200	14,600
	21	(8)	76,900	1) 26,100	…	17,800	13,300
	22	(9)	74,000	1) 24,300	…	18,000	12,400
	23	(10)	69,200	1) 22,400	…	16,000	12,100
	24	(11)	64,800	1) 21,200	…	14,300	11,500
	25	(12)	60,900	1) 19,300	…	13,500	10,600
	26	(13)	57,200	1) 18,100	…	12,900	9,680
	27	(14)	54,000	1) 16,700	…	11,500	9,610
	28	(15)	51,500	1) 13,800	…	11,600	9,510
	29	(16)	49,800	1) 13,200	…	10,300	9,970
	30	(17)	48,000	1) 12,400	…	9,620	9,480
	31 (旧)	(18)	46,000	1) 11,000	…	9,520	9,120
	31 (新)	(19)	45,600	1) 11,500	…	9,470	8,290
令和	2	(20)	43,900	1) 10,700	…	8,890	8,070
	3	(21)	**42,100**	1) **9,700**	…	**8,260**	**7,760**

注： 1　平成20年から階層区分を変更したため、「1〜2頭」及び「3〜4」を「1〜4頭」に、「20〜29」及び「30〜49」
　　　を「20〜49」に変更した（以下(4)において同じ。）。
　　 2　令和2年から階層区分を変更したため、「20〜49」を「20〜29」及び「30〜49」に、「200頭以上うち500頭以上」を
　　　「200〜499」及び「500頭以上」に変更した（以下(4)において同じ。）。
　　1)は「3〜4」を含む（以下(4)において同じ。）。
　　2)は「30〜49」を含む（以下(4)において同じ。）。
　　3)は「500頭以上」を含む（以下(4)において同じ。）。

(4) 総飼養頭数規模別の飼養頭数（全国）（平成14年〜令和3年）

区　　　分			計	1 〜 2 頭	3 〜 4	5 〜 9	10 〜 19
平成	14 年	(1)	2,794,000	33,600	73,900	163,500	227,000
	15	(2)	2,765,000	30,100	65,500	157,300	215,700
	16	(3)	2,755,000	28,600	61,300	153,500	219,700
	17	(4)	2,710,000	29,000	59,300	158,800	218,400
	18	(5)	2,701,000	26,900	52,700	147,300	201,200
	19	(6)	2,775,000	24,500	49,200	136,900	194,800
	20	(7)	2,857,000	1) 68,600	…	124,100	198,300
	21	(8)	2,891,000	1) 82,400	…	127,800	188,200
	22	(9)	2,858,000	1) 72,000	…	127,100	173,600
	23	(10)	2,736,000	1) 71,000	…	112,600	162,700
	24	(11)	2,698,000	1) 65,000	…	103,600	162,200
	25	(12)	2,618,000	1) 58,400	…	100,100	152,200
	26	(13)	2,543,000	1) 52,700	…	92,800	141,000
	27	(14)	2,465,000	1) 46,300	…	82,000	138,900
	28	(15)	2,457,000	1) 36,600	…	79,600	138,000
	29	(16)	2,475,000	1) 35,700	…	71,100	136,700
	30	(17)	2,490,000	1) 31,200	…	66,400	135,000
	31 (旧)	(18)	2,478,000	1) 29,100	…	65,200	133,300
	31 (新)	(19)	2,527,000	1) 30,800	…	67,200	120,300
令和	2	(20)	2,555,000	1) 28,700	…	63,400	117,300
	3	(21)	**2,605,000**	1) **26,100**	…	**59,200**	**113,700**

単位：戸

20 ～ 29	30 ～ 49	50 ～ 99	100 ～ 199	200 ～ 499	500 頭 以 上	
5,960	5,220	4,150	2,780	3) 2,600	…	(1)
5,710	5,090	4,220	2,750	3) 2,580	…	(2)
5,780	4,740	4,350	2,560	3) 2,400	…	(3)
5,440	4,670	4,100	2,520	3) 2,310	…	(4)
5,420	4,480	4,300	2,520	3) 2,260	…	(5)
5,230	4,680	4,250	2,640	3) 2,420	…	(6)
2) 10,600	…	4,400	2,570	3) 2,430	706	(7)
2) 10,500	…	4,200	2,570	3) 2,390	774	(8)
2) 10,300	…	4,050	2,480	3) 2,510	760	(9)
2) 9,880	…	4,170	2,540	3) 2,190	780	(10)
2) 9,050	…	4,240	2,340	3) 2,190	733	(11)
2) 9,190	…	3,820	2,300	3) 2,190	718	(12)
2) 8,280	…	3,870	2,270	3) 2,140	715	(13)
2) 8,260	…	3,730	2,130	3) 2,110	720	(14)
2) 8,310	…	3,780	2,310	3) 2,280	714	(15)
2) 7,880	…	4,200	2,100	3) 2,220	741	(16)
2) 8,070	…	4,150	2,090	3) 2,210	769	(17)
2) 8,020	…	3,910	2,180	3) 2,250	759	(18)
4,050	4,100	3,890	2,180	1,380	732	(19)
4,010	4,020	3,920	2,180	1,400	743	(20)
3,880	4,130	3,950	2,210	1,420	763	(21)

単位：頭

20 ～ 29	30 ～ 49	50 ～ 99	100 ～ 199	200 ～ 499	500 頭 以 上	
140,300	192,000	288,000	378,200	3) 1,298,000	…	(1)
135,900	189,300	284,600	375,600	3) 1,311,000	…	(2)
140,000	183,900	313,900	372,800	3) 1,281,000	…	(3)
138,300	185,400	299,800	357,400	3) 1,263,000	…	(4)
138,300	178,000	301,300	368,300	3) 1,287,000	…	(5)
130,500	185,700	299,400	378,700	3) 1,375,000	…	(6)
2) 318,000	…	301,400	377,900	3) 1,469,000	918,900	(7)
2) 350,000	…	302,400	367,800	3) 1,472,000	972,500	(8)
2) 335,500	…	301,400	355,100	3) 1,494,000	961,800	(9)
2) 321,900	…	303,700	364,800	3) 1,399,000	947,500	(10)
2) 299,500	…	310,300	342,600	3) 1,415,000	934,700	(11)
2) 307,700	…	284,300	333,300	3) 1,382,000	921,700	(12)
2) 275,600	…	283,500	326,400	3) 1,371,000	915,800	(13)
2) 269,700	…	274,900	308,100	3) 1,346,000	907,100	(14)
2) 257,100	…	272,000	334,300	3) 1,339,000	884,400	(15)
2) 251,800	…	301,000	292,400	3) 1,386,000	948,600	(16)
2) 255,000	…	294,100	293,600	3) 1,414,000	977,200	(17)
2) 260,600	…	275,800	310,000	3) 1,404,000	968,500	(18)
102,000	164,400	282,600	319,400	429,400	1,011,000	(19)
101,500	161,500	286,800	317,600	436,900	1,042,000	(20)
98,600	166,300	290,400	322,600	445,100	1,083,000	(21)

2 肉用牛(続き)

(5) 肉用種の出生頭数
　　ア　月別出生頭数

単位：千頭

年　　　次	1月	2	3	4	5	6	7	8	9	10	11	12
平成 27 年	42	38	44	43	43	41	44	43	41	38	40	40
28	42	40	45	44	44	43	44	45	41	41	39	43
29	43	39	46	45	46	44	46	(46)46	(43)43	(41)41	(42)42	(45)45
30	(44)44	(40)40	(47)47	(46)46	(46)46	(45)45	(47)47	46	43	41	41	44
31	46	42	48	45	47	45	47	49	45	43	43	45
令和 2	47	44	48	46	47	46	47	1) ‥	1) ‥	1) ‥	1) ‥	1) ‥

注：1　平成27年1月から平成30年7月までは畜産統計調査、平成30年8月以降は牛個体識別全国データベース等の
　　　行政記録情報や関係統計により集計した加工統計である。
　　2　平成29年8月から平成30年7月までの（　）は、平成30年8月以降の集計方法による数値である。
　　1)は令和4年2月1日現在の統計において対象となる期間である（以下イにおいて同じ。）。

イ　期間別出生頭数

単位：千頭

年　　　次	計	出　　生　　頭　　数					
		前　半　期　（2月〜7月）			後　半　期　（8月〜翌年1月）		
		小　計	め　す	お　す	小　計	め　す	お　す
平成 27 年	497	254	122	132	243	116	127
28	511	260	124	136	251	119	132
29	527	266	127	139	(261)261	(123)123	(138)138
30	534	(272)272	(129)129	(143)143	262	124	138
31	546	273	130	143	272	129	143
令和 2	1) ‥	278	133	145	1) ‥	1) ‥	1) ‥

注：1　平成27年前半期から平成30年前半期までは畜産統計調査、平成30年後半期以降は個体識別全国データベース等の
　　　行政記録情報や関係統計により集計した加工統計である。
　　2　平成29年の後半期及び平成30年の前半期の（　）は、平成30年後半期以降の集計方法による数値である。

3 豚

(1) 飼養戸数・頭数（全国）（昭和35年～令和3年）

年次	飼養戸数 (1)	子取り用めす豚のいる戸数 (2)	飼養 計 (3)	子取り用めす豚 (4)	種おす豚 (5)	肥育豚 (6)	その他 (7)
	戸	戸	頭	頭	頭	頭	頭
昭和 35 年 (1)	799,100	…	1,918,000	…	…	…	…
36 (2)	907,800	…	2,604,000	…	…	…	…
37 (3)	1,025,000	…	4,033,000	…	…	…	…
38 (4)	802,600	…	3,296,000	…	…	…	…
39 (5)	711,200	…	3,461,000	…	…	…	…
40 (6)	701,600	…	3,976,000	…	…	…	…
41 (7)	714,300	306,000	5,158,000	…	…	…	…
42 (8)	649,500	298,000	5,975,000	…	…	…	…
43 (9)	530,600	255,900	5,535,000	…	…	…	…
44 (10)	461,000	233,200	5,429,000	…	…	…	…
45 (11)	444,500	255,700	6,335,000	…	…	…	…
46 (12)	398,300	238,700	6,904,000	…	…	…	…
47 (13)	339,700	215,300	6,985,000	…	…	…	…
48 (14)	321,100	223,700	7,490,000	…	…	…	…
49 (15)	277,400	195,800	8,018,000	…	…	…	…
50 (16)	223,400	156,700	7,684,000	…	…	…	…
51 (17)	195,600	147,500	7,459,000	…	…	…	…
52 (18)	178,900	140,600	8,132,000	…	…	…	…
53 (19)	165,200	136,000	8,780,000	…	…	…	…
54 (20)	156,300	130,100	9,491,000	…	…	…	…
55 (21)	141,300	117,800	9,998,000	…	…	…	…
56 (22)	126,700	107,200	10,065,000	…	…	…	…
57 (23)	111,800	95,200	10,040,000	…	…	…	…
58 (24)	100,500	87,400	10,273,000	…	…	…	…
59 (25)	91,500	79,400	10,423,000	…	…	…	…
60 (26)	83,100	73,700	10,718,000	…	…	…	…
61 (27)	74,200	64,800	11,061,000	…	…	…	…
62 (28)	65,100	57,200	11,354,000	…	…	…	…
63 (29)	57,500	50,200	11,725,000	…	…	…	…
平成 元 (30)	50,200	44,100	11,866,000	…	…	…	…
2 (31)	43,400	38,000	11,817,000	…	…	…	…
3 (32)	36,000	31,500	11,335,000	1,111,000	90,100	9,246,000	888,400
4 (33)	29,900	26,500	10,966,000	1,061,000	88,200	8,993,000	823,800
5 (34)	25,300	22,400	10,783,000	1,043,000	86,200	8,867,000	786,900
6 (35)	22,100	19,500	10,621,000	1,008,000	82,000	8,756,000	774,300
7 (36)	18,800	16,600	10,250,000	969,900	80,100	8,473,000	727,100
8 (37)	16,000	14,100	9,900,000	941,300	75,200	8,194,000	689,000
9 (38)	14,400	12,700	9,823,000	933,800	73,600	8,172,000	644,400
10 (39)	13,400	11,900	9,904,000	939,400	72,900	8,268,000	623,400
11 (40)	12,500	11,000	9,879,000	931,400	70,900	8,258,000	618,800
12 (41)	11,700	10,300	9,806,000	929,300	70,600	8,209,000	597,600
13 (42)	10,800	9,450	9,788,000	921,500	67,900	8,214,000	584,900
14 (43)	10,000	8,790	9,612,000	916,400	67,900	8,028,000	599,000
15 (44)	9,430	8,290	9,725,000	929,300	66,000	8,057,000	673,000
16 (45)	8,880	7,770	9,724,000	917,500	63,000	8,052,000	690,900
17 (46)	…	…	…	…	…	…	…
18 (47)	7,800	6,780	9,620,000	907,100	60,000	7,943,000	710,700
19 (48)	7,550	6,560	9,759,000	915,000	58,000	8,119,000	667,100
20 (49)	7,230	6,250	9,745,000	910,100	57,400	8,117,000	660,900
21 (50)	6,890	5,930	9,899,000	936,700	57,100	8,220,000	685,700
22 (51)	…	…	…	…	…	…	…
23 (52)	6,010	5,110	9,768,000	901,800	51,800	8,186,000	628,700
24 (53)	5,840	4,900	9,735,000	900,000	51,900	8,145,000	638,700
25 (54)	5,570	4,620	9,685,000	899,700	49,100	8,106,000	629,500
26 (55)	5,270	4,290	9,537,000	885,300	47,500	8,020,000	583,300
27 (56)	…	…	…	…	…	…	…
28 (57)	4,830	3,940	9,313,000	844,700	42,600	7,743,000	682,500
29 (58)	4,670	3,800	9,346,000	839,300	43,500	7,797,000	666,100
30 (59)	4,470	3,640	9,189,000	823,700	39,400	7,677,000	649,600
31 (60)	4,320	3,460	9,156,000	853,100	36,300	7,594,000	673,200
令和 2 (61)	…	…	…	…	…	…	…
3 (62)	3,850	3,040	9,290,000	823,200	32,000	7,676,000	758,800

注：昭和35年から平成2年までの「子取り用めす豚頭数割合」は、6か月以上の子取り用めす豚頭数の割合である。

1)は平成17年、平成22年、平成27年及び令和2年は調査を休止したため、平成18年の対前年比は平成16年と、平成23年の対前年比は平成21年と、平成28年の対前年比は平成26年と、令和3年の対前年比は平成31年と対比して表章した。

6か月未満	6か月以上 小計	6か月以上 子取り用めす豚	6か月以上 その他	子取り用めす豚 頭数割合 (4)／(3)	1戸当たり飼養頭数 (3)／(1)	対前年比 飼養戸数	対前年比 飼養頭数	
(8)	(9)	(10)	(11)	(12)	(13)	(14)	(15)	
頭	頭	頭	頭	％	頭	％	％	
1,140,000	777,700	246,200	531,500	12.8	2.4	84.9	85.5	(1)
1,662,000	941,700	419,600	522,100	16.1	2.9	113.6	135.8	(2)
2,395,000	1,638,000	529,100	1,108,000	13.1	3.9	112.9	154.9	(3)
1,925,000	1,371,000	418,000	952,900	12.7	4.1	78.3	81.7	(4)
2,189,000	1,272,000	465,300	806,700	13.4	4.9	88.6	105.0	(5)
2,619,000	1,357,000	535,000	822,300	13.5	5.7	98.7	114.9	(6)
3,456,000	1,702,000	697,600	1,005,000	13.5	7.2	101.8	129.7	(7)
3,995,000	1,979,000	728,800	1,251,000	12.2	9.2	90.9	115.8	(8)
3,793,000	1,742,000	651,000	1,090,000	11.8	10.4	81.7	92.6	(9)
3,776,000	1,653,000	658,900	994,600	12.1	11.8	86.9	98.1	(10)
4,422,000	1,912,000	816,300	1,096,000	12.9	14.3	96.4	116.7	(11)
4,959,000	1,945,000	841,200	1,104,000	12.2	17.3	89.6	109.0	(12)
5,087,000	1,878,000	852,700	1,045,000	12.2	20.6	85.3	101.2	(13)
5,411,000	2,079,000	1,004,000	1,075,000	13.4	23.3	94.5	107.2	(14)
5,878,000	2,140,000	1,009,000	1,130,000	12.6	28.9	86.4	107.1	(15)
5,602,000	2,082,000	911,000	1,171,000	11.9	34.4	80.5	95.8	(16)
5,469,000	1,990,000	958,800	1,031,000	12.9	38.1	87.6	97.1	(17)
5,979,000	2,153,000	1,028,000	1,125,000	12.6	45.5	91.5	109.0	(18)
6,474,000	2,306,000	1,093,000	1,213,000	12.5	53.1	92.3	108.0	(19)
7,009,000	2,482,000	1,168,000	1,314,000	12.3	60.7	94.6	108.1	(20)
7,153,000	2,845,000	1,152,000	1,693,000	11.5	70.8	90.4	105.3	(21)
7,570,000	2,495,000	1,171,000	1,324,000	11.6	79.4	89.7	105.3	(22)
7,564,000	2,480,000	1,164,000	1,316,000	11.6	89.8	88.2	99.8	(23)
7,780,000	2,493,000	1,187,000	1,306,000	11.6	102.2	89.9	102.3	(24)
7,945,000	2,478,000	1,204,000	1,274,000	11.6	113.9	91.0	101.5	(25)
8,261,000	2,457,000	1,226,000	…	11.4	129.0	90.8	102.8	(26)
8,625,000	2,436,000	1,202,000	1,233,000	10.9	149.1	89.3	103.2	(27)
8,966,000	2,388,000	1,218,000	1,170,000	10.7	174.4	87.7	102.6	(28)
9,237,000	2,488,000	1,229,000	1,259,000	10.5	203.9	88.3	103.3	(29)
9,363,000	2,503,000	1,214,000	1,289,000	10.2	236.4	87.3	101.2	(30)
9,337,000	2,479,000	1,182,000	1,298,000	10.0	272.3	86.5	99.6	(31)
…	…	…	…	9.8	314.9	82.9	95.9	(32)
…	…	…	…	9.7	366.8	83.1	96.7	(33)
…	…	…	…	9.7	426.2	84.6	98.3	(34)
…	…	…	…	9.5	480.6	87.4	98.5	(35)
…	…	…	…	9.5	545.2	85.1	96.5	(36)
…	…	…	…	9.5	618.8	85.1	96.6	(37)
…	…	…	…	9.5	682.2	90.0	99.2	(38)
…	…	…	…	9.5	739.1	93.1	100.8	(39)
…	…	…	…	9.4	790.3	93.3	99.7	(40)
…	…	…	…	9.5	838.1	93.6	99.3	(41)
…	…	…	…	9.4	906.3	92.3	99.8	(42)
…	…	…	…	9.5	961.2	92.6	98.2	(43)
…	…	…	…	9.6	1,031.3	94.3	101.2	(44)
…	…	…	…	9.4	1,095.0	94.2	100.0	(45)
…	…	…	…	nc	nc	nc	nc	(46)
…	…	…	…	9.4	1,233.3	1) 87.8	1) 98.9	(47)
…	…	…	…	9.4	1,292.6	96.8	101.4	(48)
…	…	…	…	9.3	1,347.9	95.8	99.9	(49)
…	…	…	…	9.5	1,436.7	95.3	101.6	(50)
…	…	…	…	nc	nc	nc	nc	(51)
…	…	…	…	9.2	1,625.3	1) 87.2	1) 98.7	(52)
…	…	…	…	9.2	1,667.0	97.2	99.7	(53)
…	…	…	…	9.3	1,738.8	95.4	99.5	(54)
…	…	…	…	9.3	1,809.7	94.6	98.5	(55)
…	…	…	…	nc	nc	nc	nc	(56)
…	…	…	…	9.1	1,928.2	1) 91.7	1) 97.7	(57)
…	…	…	…	9.0	2,001.3	96.7	100.4	(58)
…	…	…	…	9.0	2,055.7	95.7	98.3	(59)
…	…	…	…	9.3	2,119.4	96.6	99.6	(60)
…	…	…	…	nc	nc	nc	nc	(61)
…	…	…	…	8.9	2,413.0	1) 89.1	1) 101.5	(62)

3 豚（続き）

(2) 飼養戸数・頭数（全国農業地域別）（平成29年～令和3年）

年　　次	飼養戸数	子取り用めす豚のいる戸数	飼			養	
			計	子取り用めす豚	種おす豚	肥育豚	その他
	(1)	(2)	(3)	(4)	(5)	(6)	(7)
	戸	戸	頭	頭	頭	頭	頭
北　海　道							
平成 29 年　(1)	211	176	630,900	54,500	2,340	547,100	27,100
30　(2)	210	173	625,700	53,500	2,320	544,800	25,000
31　(3)	201	161	691,600	59,600	2,340	598,800	30,900
令和 2　(4)	…	…	…	…	…	…	…
3　(5)	199	148	724,900	60,500	2,380	598,000	64,000
都　府　県							
平成 29 年　(6)	4,460	3,620	8,715,000	784,800	41,200	7,250,000	639,000
30　(7)	4,260	3,470	8,564,000	770,200	37,100	7,132,000	624,600
31　(8)	4,120	3,300	8,465,000	793,600	34,000	6,995,000	642,300
令和 2　(9)	…	…	…	…	…	…	…
3　(10)	3,650	2,890	8,565,000	762,600	29,700	7,078,000	694,800
東　　北							
平成 29 年　(11)	569	462	1,528,000	140,100	4,990	1,289,000	93,200
30　(12)	546	443	1,519,000	142,200	4,640	1,274,000	97,700
31　(13)	522	421	1,492,000	145,800	4,630	1,256,000	84,900
令和 2　(14)	…	…	…	…	…	…	…
3　(15)	469	375	1,608,000	146,800	4,400	1,315,000	141,300
北　　陸							
平成 29 年　(16)	166	146	255,400	20,900	1,470	216,100	16,900
30　(17)	163	136	252,700	20,500	1,400	212,800	18,000
31　(18)	155	125	235,600	20,100	1,150	199,100	15,200
令和 2　(19)	…	…	…	…	…	…	…
3　(20)	127	110	226,800	19,200	920	194,200	12,500
関 東 ・ 東 山							
平成 29 年　(21)	1,270	1,080	2,503,000	230,000	12,600	2,152,000	108,200
30　(22)	1,180	996	2,425,000	214,700	10,400	2,098,000	102,200
31　(23)	1,160	940	2,352,000	218,300	9,130	1,993,000	132,300
令和 2　(24)	…	…	…	…	…	…	…
3　(25)	1,020	823	2,429,000	211,600	8,110	2,025,000	183,900
東　　海							
平成 29 年　(26)	401	355	648,200	60,500	3,360	552,600	31,700
30　(27)	386	338	649,300	60,700	3,100	558,300	27,300
31　(28)	375	334	672,600	62,900	3,200	587,100	19,400
令和 2　(29)	…	…	…	…	…	…	…
3　(30)	297	262	563,400	49,600	2,600	493,900	17,300
近　　畿							
平成 29 年　(31)	74	50	55,800	4,040	300	45,500	5,930
30　(32)	68	48	50,200	3,710	290	41,400	4,800
31　(33)	71	45	47,700	3,190	200	41,100	3,190
令和 2　(34)	…	…	…	…	…	…	…
3　(35)	60	42	46,700	3,520	200	37,100	5,910

注：1)は令和2年は調査を休止したため、令和3年の対前年比は平成31年と対比して表章した（以下(2)において同じ。）。

頭　　　数				子取り用めす豚 頭 数 割 合 (4)／(3)	1戸当たり 飼 養 頭 数 (3)／(1)	対　前　年　比		
6か月未満	6　か　月　以　上					飼 養 戸 数	飼 養 頭 数	
	小　　計	子取り用 め す 豚	そ の 他					
(8)	(9)	(10)	(11)	(12)	(13)	(14)	(15)	
頭	頭	頭	頭	%	頭	%	%	
…	…	…	…	8.6	2,990.0	95.0	103.7	(1)
…	…	…	…	8.6	2,979.5	99.5	99.2	(2)
…	…	…	…	8.6	3,440.8	95.7	110.5	(3)
…	…	…	…	nc	nc	nc	nc	(4)
…	…	…	…	8.3	3,642.7	1) 99.0	1) 104.8	(5)
…	…	…	…	9.0	1,954.0	96.7	100.1	(6)
…	…	…	…	9.0	2,010.3	95.5	98.3	(7)
…	…	…	…	9.4	2,054.6	96.7	98.8	(8)
…	…	…	…	nc	nc	nc	nc	(9)
…	…	…	…	8.9	2,346.6	1) 88.6	1) 101.2	(10)
…	…	…	…	9.2	2,685.4	93.4	98.1	(11)
…	…	…	…	9.4	2,782.1	96.0	99.4	(12)
…	…	…	…	9.8	2,858.2	95.6	98.2	(13)
…	…	…	…	nc	nc	nc	nc	(14)
…	…	…	…	9.1	3,428.6	1) 89.8	1) 107.8	(15)
…	…	…	…	8.2	1,538.6	99.4	103.4	(16)
…	…	…	…	8.1	1,550.3	98.2	98.9	(17)
…	…	…	…	8.5	1,520.0	95.1	93.2	(18)
…	…	…	…	nc	nc	nc	nc	(19)
…	…	…	…	8.5	1,785.8	1) 81.9	1) 96.3	(20)
…	…	…	…	9.2	1,970.9	97.7	98.7	(21)
…	…	…	…	8.9	2,055.1	92.9	96.9	(22)
…	…	…	…	9.3	2,027.6	98.3	97.0	(23)
…	…	…	…	nc	nc	nc	nc	(24)
…	…	…	…	8.7	2,381.4	1) 87.9	1) 103.3	(25)
…	…	…	…	9.3	1,616.5	98.0	99.6	(26)
…	…	…	…	9.3	1,682.1	96.3	100.2	(27)
…	…	…	…	9.4	1,793.6	97.2	103.6	(28)
…	…	…	…	nc	nc	nc	nc	(29)
…	…	…	…	8.8	1,897.0	1) 79.2	1) 83.8	(30)
…	…	…	…	7.2	754.1	93.7	93.3	(31)
…	…	…	…	7.4	738.2	91.9	90.0	(32)
…	…	…	…	6.7	671.8	104.4	95.0	(33)
…	…	…	…	nc	nc	nc	nc	(34)
…	…	…	…	7.5	778.3	1) 84.5	1) 97.9	(35)

3　豚（続き）

(2)　飼養戸数・頭数（全国農業地域別）（平成29年～令和３年）（続き）

年　　　次	飼養戸数	子取り用めす豚のいる戸数	飼　　　　　養				
			計	子取り用めす豚	種おす豚	肥育豚	その他
	(1)	(2)	(3)	(4)	(5)	(6)	(7)
	戸	戸	頭	頭	頭	頭	頭
中　　　国							
平成 29 年　(36)	97	80	266,400	19,400	700	234,800	11,500
30　(37)	94	77	280,600	23,800	670	233,700	22,500
31　(38)	87	71	280,300	27,400	830	223,600	28,400
令和 2　(39)	…	…	…	…	…	…	…
3　(40)	76	61	290,700	26,800	790	250,500	12,600
四　　　国							
平成 29 年　(41)	146	124	293,800	26,000	1,340	247,000	19,500
30　(42)	144	121	293,600	26,300	1,350	250,400	15,500
31　(43)	136	119	295,900	26,800	1,150	253,000	15,000
令和 2　(44)	…	…	…	…	…	…	…
3　(45)	128	108	304,600	25,600	1,040	269,800	8,150
九　　　州							
平成 29 年　(46)	1,470	1,140	2,948,000	262,800	14,600	2,368,000	302,100
30　(47)	1,420	1,110	2,867,000	256,200	13,300	2,314,000	283,700
31　(48)	1,370	1,060	2,879,000	269,400	12,000	2,298,000	299,100
令和 2　(49)	…	…	…	…	…	…	…
3　(50)	1,250	941	2,892,000	261,000	10,200	2,352,000	269,500
沖　　　縄							
平成 29 年　(51)	268	188	217,200	21,100	1,830	144,200	50,000
30　(52)	257	201	225,800	22,200	1,930	148,700	52,900
31　(53)	237	177	209,800	19,600	1,700	143,700	44,800
令和 2　(54)	…	…	…	…	…	…	…
3　(55)	225	168	203,400	18,400	1,440	139,900	43,600
関東農政局							
平成 29 年　(56)	1,380	1,180	2,614,000	241,200	13,600	2,237,000	122,000
30　(57)	1,280	1,080	2,533,000	225,800	11,100	2,182,000	113,700
31　(58)	1,260	1,030	2,462,000	228,900	10,100	2,081,000	141,100
令和 2　(59)	…	…	…	…	…	…	…
3　(60)	1,110	900	2,521,000	221,100	8,670	2,098,000	193,400
東海農政局							
平成 29 年　(61)	293	256	537,400	49,300	2,400	467,800	17,900
30　(62)	287	252	541,300	49,500	2,320	473,800	15,700
31　(63)	279	243	563,500	52,300	2,200	498,400	10,600
令和 2　(64)	…	…	…	…	…	…	…
3　(65)	213	185	471,600	40,200	2,050	421,500	7,800
中国四国農政局							
平成 29 年　(66)	243	204	560,100	45,400	2,040	481,800	30,900
30　(67)	238	198	574,200	50,100	2,020	484,100	38,000
31　(68)	223	190	576,300	54,200	1,980	476,700	43,400
令和 2　(69)	…	…	…	…	…	…	…
3　(70)	204	169	595,300	52,500	1,830	520,300	20,800

頭　　数				子取り用めす豚 頭数割合	1戸当たり 飼養頭数	対前年比		
	6　か　月　以　上							
6か月未満	小　計	子取り用 めす豚	その他	(4)／(3)	(3)／(1)	飼養戸数	飼養頭数	
(8)	(9)	(10)	(11)	(12)	(13)	(14)	(15)	
頭	頭	頭	頭	%	頭	%	%	
…	…	…	…	7.3	2,746.4	96.0	102.5	(36)
…	…	…	…	8.5	2,985.1	96.9	105.3	(37)
…	…	…	…	9.8	3,221.8	92.6	99.9	(38)
…	…	…	…	nc	nc	nc	nc	(39)
…	…	…	…	9.2	3,825.0	1) 87.4	1) 103.7	(40)
…	…	…	…	8.8	2,012.3	96.1	98.1	(41)
…	…	…	…	9.0	2,038.9	98.6	99.9	(42)
…	…	…	…	9.1	2,175.7	94.4	100.8	(43)
…	…	…	…	nc	nc	nc	nc	(44)
…	…	…	…	8.4	2,379.7	1) 94.1	1) 102.9	(45)
…	…	…	…	8.9	2,005.4	96.7	102.6	(46)
…	…	…	…	8.9	2,019.0	96.6	97.3	(47)
…	…	…	…	9.4	2,101.5	96.5	100.4	(48)
…	…	…	…	nc	nc	nc	nc	(49)
…	…	…	…	9.0	2,313.6	1) 91.2	1) 100.5	(50)
…	…	…	…	9.7	810.4	98.9	98.0	(51)
…	…	…	…	9.8	878.6	95.9	104.0	(52)
…	…	…	…	9.3	885.2	92.2	92.9	(53)
…	…	…	…	nc	nc	nc	nc	(54)
…	…	…	…	9.0	904.0	1) 94.9	1) 96.9	(55)
…	…	…	…	9.2	1,894.2	97.2	98.8	(56)
…	…	…	…	8.9	1,978.9	92.8	96.9	(57)
…	…	…	…	9.3	1,954.0	98.4	97.2	(58)
…	…	…	…	nc	nc	nc	nc	(59)
…	…	…	…	8.8	2,271.2	1) 88.1	1) 102.4	(60)
…	…	…	…	9.2	1,834.1	98.3	99.6	(61)
…	…	…	…	9.1	1,886.1	98.0	100.7	(62)
…	…	…	…	9.3	2,019.7	97.2	104.1	(63)
…	…	…	…	nc	nc	nc	nc	(64)
…	…	…	…	8.5	2,214.1	1) 76.3	1) 83.7	(65)
…	…	…	…	8.1	2,304.9	96.0	100.1	(66)
…	…	…	…	8.7	2,412.6	97.9	102.5	(67)
…	…	…	…	9.4	2,584.3	93.7	100.4	(68)
…	…	…	…	nc	nc	nc	nc	(69)
…	…	…	…	8.8	2,918.1	1) 91.5	1) 103.3	(70)

3　豚（続き）

(3)　肥育豚飼養頭数規模別の飼養戸数（全国）（平成14年〜令和３年）

区　　分		計	肥　　育　　豚　　飼　　養					
			小　　　計	１ 〜 ９ 頭	10 〜 29	30 〜 49	50 〜 99
平成 14 年	(1)	9,870	8,190	270	350	300	500
15	(2)	9,190	7,790	(219) 220	(293) 290	(259) 260	(543) 540
16	(3)	8,650	7,420	184	311	233	553
17	(4)	…	…	…	…	…	…
18	(5)	7,600	6,620	157	261	223	473
19	(6)	7,360	6,450	135	256	197	472
20	(7)	7,040	6,210	1) 922	…	…	…
21	(8)	6,710	6,000	1) 927	…	…	…
22	(9)	…	…	…	…	…	…
23	(10)	5,840	5,280	1) 808	…	…	…
24	(11)	5,670	5,180	1) 738	…	…	…
25	(12)	5,400	5,010	1) 734	…	…	…
26	(13)	5,110	4,750	1) 654	…	…	…
27	(14)	…	…	…	…	…	…
28	(15)	4,670	4,400	1) 600	…	…	…
29	(16)	4,510	4,270	1) 560	…	…	…
30	(17)	4,310	4,080	1) 533	…	…	…
31	(18)	4,170	3,950	1) 479	…	…	…
令和 2	(19)	…	…	…	…	…	…
3	(20)	3,710	3,490	1) 350	…	…	…

注：1　この統計表には学校、試験場等の非営利的な飼養者は含まない（以下(4)において同じ。）。
　　2　平成17年、平成22年、平成27年及び令和２年は畜産統計調査を休止した（以下(4)において同じ。）。
　　3　平成15年の（　）は、平成16年から飼養戸数の３桁以下の数値を原数表示したことに対応する数値である。
　　4　平成20年から階層区分を変更したため、「１〜９頭」、「10〜29」、「30〜49」及び「50〜99」を「１〜99頭」に
　　　変更した（以下(4)において同じ。）。
　　1)は「10〜29」、「30〜49」及び「50〜99」を含む（以下(4)において同じ。）。

(4)　肥育豚飼養頭数規模別の飼養頭数（全国）（平成14年〜令和３年）

区　　分		計	肥　　育　　豚　　飼　　養					
			小　　　計	１ 〜 ９ 頭	10 〜 29	30 〜 49	50 〜 99
平成 14 年	(1)	9,549,000	9,174,000	8,370	18,300	19,800	57,300
15	(2)	9,658,000	9,228,000	9,160	12,800	17,800	53,100
16	(3)	9,639,000	9,197,000	5,100	23,600	17,000	63,800
17	(4)	…	…	…	…	…	…
18	(5)	9,570,000	9,149,000	6,690	19,900	19,000	52,000
19	(6)	9,709,000	9,258,000	9,320	7,440	14,600	48,300
20	(7)	9,695,000	9,278,000	1) 73,300	…	…	…
21	(8)	9,856,000	9,516,000	1) 88,700	…	…	…
22	(9)	…	…	…	…	…	…
23	(10)	9,726,000	9,457,000	1) 86,500	…	…	…
24	(11)	9,692,000	9,397,000	1) 70,300	…	…	…
25	(12)	9,643,000	9,360,000	1) 47,700	…	…	…
26	(13)	9,499,000	9,231,000	1) 51,200	…	…	…
27	(14)	…	…	…	…	…	…
28	(15)	9,273,000	9,015,000	1) 47,000	…	…	…
29	(16)	9,306,000	9,012,000	1) 35,400	…	…	…
30	(17)	9,151,000	8,872,000	1) 43,700	…	…	…
31	(18)	9,118,000	8,819,000	1) 34,300	…	…	…
令和 2	(19)	…	…	…	…	…	…
3	(20)	9,255,000	8,841,000	1) 44,300	…	…	…

単位：戸

| 頭　　　数　　　規　　　模 | | | | | | 肥　育　豚 | |
100 ～ 299	300 ～ 499	500 ～ 999	1,000 ～ 1,999	2,000頭以上	3,000 頭以上	な　　し	
1,700	1,210	1,800	1,240	840	…	1,590	(1)
1,510	1,170	1,740	1,170	(887) 890	…	1,410	(2)
1,430	1,050	1,640	1,120	897	…	1,230	(3)
…	…	…	…	…	…	…	(4)
1,200	864	1,410	1,130	904	…	981	(5)
1,130	860	1,390	1,080	920	…	910	(6)
969	844	1,390	1,130	962	562	829	(7)
1,060	731	1,230	1,050	1,000	590	712	(8)
…	…	…	…	…	…	…	(9)
841	631	1,050	983	973	600	558	(10)
745	635	1,050	1,020	987	619	490	(11)
724	538	1,090	896	1,030	630	387	(12)
604	521	1,040	915	1,020	640	354	(13)
…	…	…	…	…	…	…	(14)
566	494	909	866	961	630	276	(15)
544	473	897	801	990	663	246	(16)
530	405	798	789	1,030	667	232	(17)
448	428	813	756	1,030	701	213	(18)
…	…	…	…	…	…	…	(19)
386	358	679	718	997	695	224	(20)

単位：頭

| 頭　　　数　　　規　　　模 | | | | | | 肥　育　豚 | |
100 ～ 299	300 ～ 499	500 ～ 999	1,000 ～ 1,999	2,000頭以上	3,000 頭以上	な　　し	
410,300	576,200	1,468,000	1,885,000	4,730,000	…	375,300	(1)
368,200	515,100	1,440,000	1,758,000	5,054,000	…	430,500	(2)
373,900	476,200	1,363,000	1,722,000	5,152,000	…	442,100	(3)
…	…	…	…	…	…	…	(4)
277,100	391,000	1,151,000	1,720,000	5,512,000	…	421,500	(5)
268,200	385,000	1,145,000	1,668,000	5,711,000	…	451,600	(6)
233,700	365,200	1,106,000	1,712,000	5,788,000	4,633,000	416,500	(7)
270,400	334,200	989,500	1,614,000	6,219,000	4,998,000	340,000	(8)
…	…	…	…	…	…	…	(9)
215,800	288,200	844,600	1,530,000	6,492,000	5,355,000	269,300	(10)
186,200	291,200	876,200	1,580,000	6,394,000	5,294,000	294,700	(11)
188,400	234,600	883,200	1,424,000	6,583,000	5,393,000	283,000	(12)
150,800	224,900	823,900	1,452,000	6,528,000	5,463,000	268,300	(13)
…	…	…	…	…	…	…	(14)
150,800	220,700	790,900	1,497,000	6,309,000	5,447,000	257,900	(15)
147,000	219,600	748,600	1,382,000	6,479,000	5,613,000	294,000	(16)
126,900	179,200	626,400	1,290,000	6,606,000	5,684,000	278,700	(17)
102,900	190,400	646,800	1,180,000	6,664,000	5,821,000	298,700	(18)
…	…	…	…	…	…	…	(19)
92,400	179,000	570,400	1,075,000	6,880,000	6,095,000	414,200	(20)

4 採卵鶏

(1) 飼養戸数・羽数（全国）（昭和40年～令和3年）

年 次	飼 養 戸 数 (1) 戸	採 卵 鶏 （種鶏のみの飼養者を除く。） (2) 戸	計 (4)＋(7) (3) 千羽	飼 養 羽 数 採 卵 鶏 小 計 (4) 千羽	ひ な （6か月未満） (5) 千羽
昭和 40 年 (1)	3,243,000	3,227,000	120,197	114,222	26,129
41 (2)	2,767,000	2,753,000	114,500	109,100	27,850
42 (3)	2,508,000	2,493,000	126,043	119,251	30,221
43 (4)	2,192,000	2,179,000	140,069	132,625	35,123
44 (5)	1,941,000	1,931,000	157,292	149,185	39,275
45 (6)	1,703,000	1,696,000	169,789	160,760	42,559
46 (7)	1,373,000	1,368,000	172,226	162,711	38,805
47 (8)	1,058,000	1,054,000	164,034	154,519	33,193
48 (9)	846,400	842,900	163,512	153,604	32,600
49 (10)	660,700	657,800	160,501	155,549	30,684
50 (11)	509,800	507,300	154,504	145,743	29,323
51 (12)	386,100	384,100	156,534	147,735	29,997
52 (13)	328,700	327,200	160,550	151,929	31,117
53 (14)	278,600	277,100	165,675	156,864	33,046
54 (15)	248,300	247,100	166,222	156,865	33,145
55 (16)	…	…	…	…	…
56 (17)	187,600	186,500	164,716	155,032	33,210
57 (18)	160,600	159,500	168,543	159,340	35,911
58 (19)	145,300	144,200	172,571	162,821	37,442
59 (20)	134,300	133,300	176,581	166,181	39,220
60 (21)	124,100	123,100	177,477	166,710	39,114
61 (22)	117,100	116,100	180,947	170,202	40,553
62 (23)	109,900	109,000	187,911	176,915	41,713
63 (24)	103,000	102,100	190,402	179,372	40,933
平成 元 年 (25)	95,200	94,400	190,616	179,925	40,937
2 (26)	87,200	86,500	187,412	176,980	40,019
3 (27)	10,700	10,100	188,786	177,452	39,154
4 (28)	9,770	9,160	197,639	187,411	42,182
5 (29)	9,070	8,450	198,443	188,704	40,638
6 (30)	8,420	7,860	196,371	186,617	38,965
7 (31)	7,860	7,310	193,854	184,364	37,734
8 (32)	7,310	6,800	190,634	181,221	35,685
9 (旧) (33)	7,020	6,530	193,037	183,765	37,613
9 (新) (34)	…	5,660			
10 (35)	5,840	5,390	191,363	182,644	37,345
11 (36)	5,520	5,070	188,892	179,781	36,633
12 (37)	5,330	4,890	187,382	178,466	38,102
13 (38)	5,150	4,720	186,202	177,396	38,148
14 (39)	4,760	4,530	181,746	177,447	39,729
15 (40)	4,530	4,340	180,213	176,049	38,750
16 (41)	4,280	4,090	178,755	174,550	37,334
17 (42)	…	…	…	…	…
18 (43)	3,740	3,600	180,697	176,955	40,061
19 (44)	3,610	3,460	186,583	183,244	40,479
20 (45)	3,430	3,300	184,773	181,664	39,141
21 (46)	3,220	3,110	180,994	178,208	38,298
22 (47)	…	…	…	…	…
23 (48)	3,010	2,930	178,546	175,917	38,565
24 (49)	2,890	2,810	177,607	174,949	39,472
25 (50)	2,730	2,650	174,784	172,238	39,153
26 (51)	2,640	2,560	174,806	172,349	38,843
27 (52)	…	…	…	…	…
28 (53)	2,530	2,440	175,733	173,349	38,780
29 (54)	2,440	2,350	178,900	176,366	40,265
30 (55)	2,280	2,200	184,350	181,950	42,914
31 (56)	2,190	2,120	184,917	182,368	40,576
令和 2 (57)	…	…	…	…	…
3 (58)	1,960	1,880	183,373	180,918	40,221

注： 1 平成3年から平成9年までの数値は成鶏めす300羽未満の飼養者は含まない。
　　 2 平成10年以降の数値は成鶏めす1,000羽未満の飼養者は含まない（以下同じ。）。
　　 3 平成10年以降は、成鶏めす1,000羽以上の飼養者を調査対象としたことから、平成9年の数値は統計の連続性を図るため、平成10年の基準を用いて組替集計し「9（新）」として表記した。なお、従来の方法で調査した平成9年の結果は「9（旧）」として表記した。
　1)は昭和55年、平成17年、平成22年、平成27年及び令和2年は調査を休止したため、昭和56年の対前年比は昭和54年と、平成18年の対前年比は平成16年と、平成23年の対前年比は平成21年と、平成28年の対前年比は平成26年と、令和3年の対前年比は平成31年と対比して表章した。

数 (種鶏を除く。)		1戸当たり成鶏 めす飼養羽数 (採卵鶏) (6)／(2)	対 前 年 比		
成 鶏 め す (6か月以上)	種 鶏		飼 養 戸 数 (採卵鶏)	成鶏めす羽数 (6か月以上)	
(6)	(7)	(8)	(9)	(10)	
千羽	千羽	羽	％	％	
88,093	5,975	27	92.5	110.3	(1)
81,240	5,443	30	85.3	92.2	(2)
89,030	6,792	36	90.6	109.6	(3)
97,502	7,444	45	87.4	109.5	(4)
109,910	8,107	57	88.6	112.7	(5)
118,201	9,029	70	87.8	107.5	(6)
123,906	9,515	91	80.7	104.8	(7)
121,327	9,515	115	77.0	97.9	(8)
121,004	9,908	144	80.0	99.7	(9)
120,865	8,952	184	78.0	99.9	(10)
116,420	8,761	229	77.1	96.3	(11)
117,738	8,799	307	75.7	101.1	(12)
120,812	8,621	369	85.2	102.6	(13)
123,818	8,811	447	84.7	102.5	(14)
123,720	9,357	501	89.2	99.9	(15)
…	…	nc	nc	nc	(16)
121,822	9,684	653	75.5	98.5	(17)
123,429	9,203	774	85.5	101.3	(18)
125,379	9,750	869	90.4	101.6	(19)
126,961	10,400	952	92.4	101.3	(20)
127,596	10,767	1,037	92.3	100.5	(21)
129,649	10,745	1,117	94.4	101.6	(22)
135,202	10,996	1,240	93.9	104.3	(23)
138,439	11,030	1,356	93.7	102.4	(24)
138,988	10,691	1,472	92.5	100.4	(25)
136,961	10,432	1,583	91.6	98.5	(26)
139,298	10,334	13,792	nc	nc	(27)
145,229	10,228	15,855	90.7	104.3	(28)
148,066	9,739	17,523	92.2	102.0	(29)
147,652	9,754	18,785	93.0	99.7	(30)
146,630	9,490	20,059	93.0	99.3	(31)
145,536	9,413	21,402	93.0	99.3	(32)
146,152	9,272	22,382	96.0	100.4	(33)
145,370	…	25,684	nc	nc	(34)
145,299	8,719	26,957	95.2	100.0	(35)
143,148	9,111	28,234	94.1	98.5	(36)
140,365	8,916	28,704	96.4	98.1	(37)
139,248	8,806	29,502	96.5	99.2	(38)
137,718	4,299	30,401	96.0	98.9	(39)
137,299	4,164	31,636	95.8	99.7	(40)
137,216	4,205	33,549	94.2	99.9	(41)
…	…	nc	nc	nc	(42)
136,894	3,742	38,026	1) 88.0	1) 99.8	(43)
142,765	3,339	41,262	96.1	104.3	(44)
142,523	3,109	43,189	95.4	99.8	(45)
139,910	2,786	44,987	94.2	98.2	(46)
…	…	nc	nc	nc	(47)
137,352	2,629	46,878	1) 94.2	1) 98.2	(48)
135,477	2,658	48,212	95.9	98.6	(49)
133,085	2,546	50,221	94.3	98.2	(50)
133,506	2,457	52,151	96.6	100.3	(51)
…	…	nc	nc	nc	(52)
134,569	2,384	55,151	1) 95.3	1) 100.8	(53)
136,101	2,534	57,915	96.3	101.1	(54)
139,036	2,400	63,198	93.6	102.2	(55)
141,792	2,549	66,883	96.4	102.0	(56)
…	…	nc	nc	nc	(57)
140,697	2,455	74,839	1) 88.7	1) 99.2	(58)

4 採卵鶏（続き）

(2) 飼養戸数・羽数（全国農業地域別）（平成29年～令和3年）

区　　　分	飼養戸数	採 卵 鶏 (種鶏のみの飼養者を除く。)	計 (4)＋(7)	採 卵 鶏（種鶏を除く。）			種 鶏	1戸当たり成鶏めす飼養羽数 (採卵鶏) (6)／(2)
				小　計	ひ　な (6か月未満)	成鶏めす (6か月以上)		
	(1)	(2)	(3)	(4)	(5)	(6)	(7)	(8)
	戸	戸	千羽	千羽	千羽	千羽	千羽	羽
北　海　道								
平成 29 年	64	64	7,021	6,955	1,726	5,229	66	81,703
30	62	62	6,929	6,892	1,649	5,243	37	84,565
31	60	60	6,691	6,657	1,425	5,232	34	87,200
令和 2	…	…	…	…	…	…	…	nc
3	56	56	6,679	6,652	1,403	5,249	27	93,732
都　府　県								
平成 29 年	2,370	2,280	171,879	169,411	38,539	130,872	2,468	57,400
30	2,220	2,140	177,421	175,058	41,265	133,793	2,363	62,520
31	2,130	2,060	178,226	175,711	39,151	136,560	2,515	66,291
令和 2	…	…	…	…	…	…	…	nc
3	1,900	1,820	176,694	174,266	38,818	135,448	2,428	74,422
東　　　北								
平成 29 年	196	191	25,632	25,392	6,220	19,172	240	100,377
30	192	185	26,222	25,883	6,230	19,653	339	106,232
31	181	174	25,585	25,324	6,766	18,558	261	106,655
令和 2	…	…	…	…	…	…	…	nc
3	161	153	24,795	24,628	6,323	18,305	167	119,641
北　　　陸								
平成 29 年	103	94	10,219	9,887	1,973	7,914	332	84,191
30	99	91	10,141	9,805	1,926	7,879	336	86,582
31	92	84	10,085	9,527	2,015	7,512	558	89,429
令和 2	…	…	…	…	…	…	…	nc
3	85	77	10,261	9,691	1,878	7,813	570	101,468
関 東・東 山								
平成 29 年	636	613	45,100	44,678	10,544	34,134	422	55,684
30	553	539	48,611	48,171	13,430	34,741	440	64,455
31	532	522	48,689	48,077	10,629	37,448	612	71,739
令和 2	…	…	…	…	…	…	…	nc
3	474	464	50,458	49,905	11,348	38,557	553	83,097
東　　　海								
平成 29 年	394	362	25,014	24,255	5,100	19,155	759	52,914
30	379	348	25,734	25,069	4,996	20,073	665	57,681
31	371	343	26,091	25,570	5,021	20,549	521	59,910
令和 2	…	…	…	…	…	…	…	nc
3	313	284	25,659	25,040	4,665	20,375	619	71,743
近　　　畿								
平成 29 年	179	177	8,526	8,492	1,235	7,257	34	41,000
30	172	171	8,392	8,362	1,219	7,143	30	41,772
31	171	169	8,682	8,637	1,086	7,551	45	44,680
令和 2	…	…	…	…	…	…	…	nc
3	146	145	8,659	8,635	1,664	6,971	24	48,076

注：令和2年は畜産統計調査を休止した。

区　　分	飼養戸数 (1) 戸	採卵鶏（種鶏のみの飼養者を除く。）(2) 戸	計 (4)+(7) (3) 千羽	採卵鶏（種鶏を除く。）小　計 (4) 千羽	ひな（6か月未満）(5) 千羽	成鶏めす（6か月以上）(6) 千羽	種鶏 (7) 千羽	1戸当たり成鶏めす飼養羽数（採卵鶏）(6)／(2) (8) 羽
中　国								
平成 29 年	190	189	22,700	22,636	6,082	16,554	64	87,587
30	182	181	23,615	23,554	6,642	16,912	61	93,436
31	173	172	23,340	23,284	6,512	16,772	56	97,512
令和 2	…	…	…	…	…	…	…	nc
3	160	159	23,105	23,049	6,000	17,049	56	107,226
四　国								
平成 29 年	148	147	9,224	9,061	2,202	6,859	163	46,660
30	139	138	9,141	9,117	1,825	7,292	24	52,841
31	134	133	9,140	9,115	1,799	7,316	25	55,008
令和 2	…	…	…	…	…	…	…	nc
3	122	121	7,700	7,688	1,359	6,329	12	52,306
九　州								
平成 29 年	481	465	24,122	23,678	4,919	18,759	444	40,342
30	458	443	24,155	23,696	4,760	18,936	459	42,745
31	432	415	25,251	24,821	5,072	19,749	430	47,588
令和 2	…	…	…	…	…	…	…	nc
3	397	381	24,799	24,379	5,340	19,039	420	49,971
沖　縄								
平成 29 年	46	45	1,342	1,332	264	1,068	10	23,733
30	45	44	1,410	1,401	237	1,164	9	26,455
31	47	46	1,363	1,356	251	1,105	7	24,022
令和 2	…	…	…	…	…	…	…	nc
3	41	40	1,258	1,251	241	1,010	7	25,250
関 東 農 政 局								
平成 29 年	700	672	49,593	48,921	11,229	37,692	672	56,089
30	614	596	53,216	52,635	14,116	38,519	581	64,629
31	592	579	53,407	52,723	11,243	41,480	684	71,641
令和 2	…	…	…	…	…	…	…	nc
3	519	503	55,995	55,250	12,266	42,984	745	85,455
東 海 農 政 局								
平成 29 年	330	303	20,521	20,012	4,415	15,597	509	51,475
30	318	291	21,129	20,605	4,310	16,295	524	55,997
31	311	286	21,373	20,924	4,407	16,517	449	57,752
令和 2	…	…	…	…	…	…	…	nc
3	268	245	20,122	19,695	3,747	15,948	427	65,094
中国四国農政局								
平成 29 年	338	336	31,924	31,697	8,284	23,413	227	69,682
30	321	319	32,756	32,671	8,467	24,204	85	75,875
31	307	305	32,480	32,399	8,311	24,088	81	78,977
令和 2	…	…	…	…	…	…	…	nc
3	282	280	30,805	30,737	7,359	23,378	68	83,493

4 採卵鶏（続き）

(3) 成鶏めす飼養羽数規模別の飼養戸数（全国）（平成14年～令和3年）

単位：戸

| 区 分 | 計 | 成 鶏 め す 飼 養 羽 数 規 模 | | | | | | ひなのみ |
		小 計	1,000～ 4,999羽	5,000～ 9,999	10,000～ 49,999	50,000～ 99,999	100,000羽 以 上	
平成 14 年	4,450	4,120	1,140	710	1,580	340	350	330
15	4,270	3,590	1,060	(691) 690	1,510	(330) 330	(362) 360	(320) 320
16	4,020	3,740	1,010	646	1,400	333	348	287
17	…	…	…	…	…	…	…	…
18	3,530	3,280	886	526	1,200	308	352	250
19	3,420	3,160	825	503	1,170	299	365	255
20	3,240	2,990	769	481	1,090	288	356	249
21	3,060	2,830	716	473	1,010	277	350	233
22	…	…	…	…	…	…	…	…
23	2,880	2,680	712	442	922	263	336	209
24	2,770	2,560	648	410	900	274	327	213
25	2,630	2,430	648	381	817	255	328	196
26	2,540	2,320	622	348	767	260	324	214
27	…	…	…	…	…	…	…	…
28	2,410	2,210	609	324	692	233	347	207
29	2,320	2,110	579	295	670	229	340	203
30	2,180	1,990	536	287	613	226	332	184
31	2,100	1,920	508	259	598	230	329	173
令和 2	…	…	…	…	…	…	…	…
3	1,850	1,700	429	250	499	192	334	150

注：1 この統計表には学校、試験場等の非営利的な飼養者は含まない（以下(4)において同じ。）。
2 種鶏のみ飼養者は除く（以下(4)において同じ。）。
3 平成17年、平成22年、平成27年及び令和2年は畜産統計調査を休止した（以下(4)において同じ。）。
4 平成15年の（ ）は、平成16年から飼養戸数の3桁以下の数値を原数表示したことに対応する数値である。

(4) 成鶏めす飼養羽数規模別の成鶏めす飼養羽数（全国）（平成14年～令和3年）

単位：千羽

区 分	計	1,000～ 4,999羽	5,000～ 9,999	10,000～ 49,999	50,000～ 99,999	100,000羽 以 上
平成 14 年	137,087	2,929	5,100	35,460	23,635	69,963
15	136,603	2,601	4,784	33,944	22,190	73,084
16	136,538	2,424	4,424	32,378	22,953	74,359
17	…	…	…	…	…	…
18	136,772	2,132	3,674	27,453	21,253	82,260
19	142,646	2,099	3,563	27,460	21,071	88,453
20	142,300	1,899	3,296	25,517	20,045	91,543
21	139,588	1,685	3,246	24,140	19,516	91,001
22	…	…	…	…	…	…
23	137,187	1,826	3,110	22,655	19,513	90,083
24	135,282	1,600	2,764	20,980	19,624	90,314
25	133,032	1,568	2,595	19,276	18,037	91,556
26	133,453	1,489	2,363	17,735	18,390	93,476
27	…	…	…	…	…	…
28	134,519	1,365	2,186	15,528	16,045	99,395
29	135,979	1,428	2,060	15,368	16,075	101,048
30	138,981	1,322	2,048	15,264	15,832	104,515
31	141,743	1,259	1,771	14,628	16,351	107,734
令和 2	…	…	…	…	…	…
3	140,648	1,067	1,769	12,036	13,241	112,535

5　ブロイラー

(1)　飼養戸数・羽数（全国）（平成25年～令和3年）

年　　次	飼 養 戸 数	飼 養 羽 数	1戸当たりの飼養羽数 (2)／(1)	対　前　年　比	
				飼 養 戸 数	飼 養 羽 数
	(1)	(2)	(3)	(4)	(5)
	戸	千羽	千羽	％	％
平成　25　年	2,420	131,624	54.4	…	…
26	2,380	135,747	57.0	98.3	103.1
27	…	…	nc	nc	nc
28	2,360	134,395	56.9	1) 99.2	1) 99.0
29	2,310	134,923	58.4	97.9	100.4
30	2,260	138,776	61.4	97.8	102.9
31	2,250	138,228	61.4	99.6	99.6
令和　2	…	…	nc	nc	nc
3	2,160	139,658	64.7	1) 96.0	1) 101.0

注：1　ブロイラーの飼養戸数・羽数には、ブロイラーの年間出荷羽数が3,000羽未満の飼養者を含まない（以下同じ。）。
　　2　平成27年及び令和2年は畜産統計調査を休止した（以下同じ。）。
　　1)は平成28年の対前年比は平成26年と、令和3年の対前年比は平成31年と対比して表章した（以下同じ。）。

(2)　出荷戸数・羽数（全国）（平成25年～令和3年）

年　　次	出 荷 戸 数	出 荷 羽 数	1戸当たりの出荷羽数 (2)／(1)	対　前　年　比	
				出 荷 戸 数	出 荷 羽 数
	(1)	(2)	(3)	(4)	(5)
	戸	千羽	千羽	％	％
平成　25　年	2,440	649,778	266.3	…	…
26	2,410	652,441	270.7	98.8	100.4
27	…	…	nc	nc	nc
28	2,360	667,438	282.8	1) 97.9	1) 102.3
29	2,320	677,713	292.1	98.3	101.5
30	2,270	689,280	303.6	97.8	101.7
31	2,260	695,335	307.7	99.6	100.9
令和　2	…	…	nc	nc	nc
3	2,190	713,834	326.0	1) 96.9	1) 102.7

注：1　ブロイラーの出荷戸数・羽数には、ブロイラーの年間出荷羽数が3,000羽未満の飼養者を含まない（以下同じ。）。
　　2　各年次の2月1日現在で飼養のない場合でも、過去1年間に3,000羽以上の出荷があれば出荷戸数に含めた（以下同じ。）。

(3)　出荷羽数規模別の出荷戸数（全国）（平成25年〜令和3年）

単位：戸

区　　分	計	3,000〜 49,999羽	50,000〜 99,999	100,000〜 199,999	200,000〜 299,999	300,000〜 499,999	500,000羽 以　上
平成　25　年	2,440	316	401	795	401	298	225
26	2,410	331	345	776	415	310	230
27	…	…	…	…	…	…	…
28	2,360	276	374	706	396	339	266
29	2,310	270	323	698	422	333	268
30	2,270	240	313	673	431	338	272
31	2,250	236	319	692	363	362	282
令和　2	…	…	…	…	…	…	…
3	2,180	221	272	665	360	368	298

注：この統計表には学校、試験場等の非営利的な飼養者は含まない（以下同じ。）。

(4)　出荷羽数規模別の出荷羽数（全国）（平成25年〜令和3年）

単位：千羽

区　　分	計	3,000〜 49,999羽	50,000〜 99,999	100,000〜 199,999	200,000〜 299,999	300,000〜 499,999	500,000羽 以　上
平成　25　年	649,765	8,167	29,880	121,803	102,059	117,078	270,778
26	652,429	9,234	26,577	119,596	103,977	122,074	270,971
27	…	…	…	…	…	…	…
28	667,422	8,483	28,710	109,947	97,404	128,740	294,138
29	677,697	7,580	24,637	109,596	105,645	133,662	296,577
30	689,263	6,506	23,188	104,604	103,702	139,034	312,229
31	695,294	6,516	23,431	106,534	90,821	146,439	321,553
令和　2	…	…	…	…	…	…	…
3	713,782	6,607	20,707	105,743	88,451	149,249	343,025

5　ブロイラー（続き）

(5)　飼養・出荷の戸数・羽数（全国農業地域別）（平成29年～令和3年）

区　分	飼養戸数	飼養羽数	1戸当たりの飼養羽数 (2)/(1)	対前年比 飼養戸数	対前年比 飼養羽数	出荷戸数	出荷羽数	1戸当たりの出荷羽数 (7)/(6)	対前年比 出荷戸数	対前年比 出荷羽数
	(1) 戸	(2) 千羽	(3) 千羽	(4) %	(5) %	(6) 戸	(7) 千羽	(8) 千羽	(9) %	(10) %
北　海　道										
平成 29 年	10	4,693	469.3	125.0	101.2	10	36,645	3,664.5	125.0	105.0
30	10	4,993	499.3	100.0	106.4	10	38,280	3,828.0	100.0	104.5
31	10	4,920	492.0	100.0	98.5	10	37,750	3,775.0	100.0	98.6
令和 2	…	…	nc	nc	nc	…	…	nc	nc	nc
3	9	5,087	565.2	1) 90.0	1) 103.4	9	39,178	4,353.1	1) 90.0	1) 103.8
都　府　県										
平成 29 年	2,300	130,230	56.6	97.9	100.4	2,310	641,068	277.5	98.3	101.3
30	2,250	133,783	59.5	97.8	102.7	2,260	651,000	288.1	97.8	101.5
31	2,240	133,308	59.5	99.6	99.6	2,250	657,585	292.3	99.6	101.0
令和 2	…	…	nc	nc	nc	…	…	nc	nc	nc
3	2,150	134,571	62.6	1) 96.0	1) 100.9	2,180	674,656	309.5	1) 96.9	1) 102.6
東　　　北										
平成 29 年	489	32,854	67.2	97.8	102.3	489	169,937	347.5	97.8	103.3
30	487	33,267	68.3	99.6	101.3	487	170,875	350.9	99.6	100.6
31	481	32,210	67.0	98.8	96.8	485	170,029	350.6	99.6	99.5
令和 2	…	…	nc	nc	nc	…	…	nc	nc	nc
3	470	33,271	70.8	1) 97.7	1) 103.3	484	179,268	370.4	1) 99.8	1) 105.4
北　　　陸										
平成 29 年	14	714	51.0	87.5	90.2	16	4,137	258.6	100.0	104.9
30	13	957	73.6	92.9	134.0	14	5,387	384.8	87.5	130.2
31	13	977	75.2	100.0	102.1	13	5,056	388.9	92.9	93.9
令和 2	…	…	nc	nc	nc	…	…	nc	nc	nc
3	13	946	72.8	1) 100.0	1) 96.8	13	5,300	407.7	1) 100.0	1) 104.8
関 東 ・ 東 山										
平成 29 年	160	6,047	37.8	96.4	94.5	161	27,103	168.3	97.0	100.9
30	142	6,765	47.6	88.8	111.9	142	29,104	205.0	88.2	107.4
31	139	6,037	43.4	97.9	89.2	139	26,926	193.7	97.9	92.5
令和 2	…	…	nc	nc	nc	…	…	nc	nc	nc
3	133	6,060	45.6	1) 95.7	1) 100.4	133	28,199	212.0	1) 95.7	1) 104.7
東　　　海										
平成 29 年	71	3,469	48.9	93.4	92.3	71	17,376	244.7	93.4	93.0
30	75	3,914	52.2	105.6	112.8	75	17,513	233.5	105.6	100.8
31	71	3,610	50.8	94.7	92.2	71	17,698	249.3	94.7	101.1
令和 2	…	…	nc	nc	nc	…	…	nc	nc	nc
3	62	3,478	56.1	1) 87.3	1) 96.3	64	16,754	261.8	1) 90.1	1) 94.7
近　　　畿										
平成 29 年	103	3,532	34.3	95.4	101.1	103	16,852	163.6	95.4	100.4
30	97	3,511	36.2	94.2	99.4	98	16,753	170.9	95.1	99.4
31	95	3,434	36.1	97.9	97.8	95	17,123	180.2	96.9	102.2
令和 2	…	…	nc	nc	nc	…	…	nc	nc	nc
3	82	3,183	38.8	1) 86.3	1) 92.7	82	16,991	207.2	1) 86.3	1) 99.2

区　　　分	飼養戸数	飼養羽数	1戸当たりの飼養羽数 (2)/(1)	対前年比		出荷戸数	出荷羽数	1戸当たりの出荷羽数 (7)/(6)	対前年比	
				飼養戸数	飼養羽数				出荷戸数	出荷羽数
	(1)	(2)	(3)	(4)	(5)	(6)	(7)	(8)	(9)	(10)
	戸	千羽	千羽	%	%	戸	千羽	千羽	%	%
中　　　国										
平成 29 年	77	7,750	100.6	100.0	104.3	78	42,190	540.9	101.3	101.8
30	77	8,114	105.4	100.0	104.7	78	43,654	559.7	100.0	103.5
31	73	8,412	115.2	94.8	103.7	74	44,495	601.3	94.9	101.9
令和 2	…	…	nc	nc	nc	…	…	nc	nc	nc
3	69	9,544	138.3	1) 94.5	1) 113.5	69	46,542	674.5	1) 93.2	1) 104.6
四　　　国										
平成 29 年	239	7,808	32.7	99.2	100.3	239	34,434	144.1	99.2	97.1
30	235	7,821	33.3	98.3	100.2	235	33,631	143.1	98.3	97.7
31	231	7,800	33.8	98.3	99.7	232	34,274	147.7	98.7	101.9
令和 2	…	…	nc	nc	nc	…	…	nc	nc	nc
3	208	7,473	35.9	1) 90.0	1) 95.8	211	32,243	152.8	1) 90.9	1) 94.1
九　　　州										
平成 29 年	1,130	67,408	59.7	98.3	100.1	1,130	325,800	288.3	98.3	101.3
30	1,110	68,750	61.9	98.2	102.0	1,110	330,734	298.0	98.2	101.5
31	1,120	70,121	62.6	100.9	102.0	1,120	338,615	302.3	100.9	102.4
令和 2	…	…	nc	nc	nc	…	…	nc	nc	nc
3	1,100	69,980	63.6	1) 98.2	1) 99.8	1,110	345,931	311.6	1) 99.1	1) 102.2
沖　　　縄										
平成 29 年	16	648	40.5	100.0	100.9	16	3,239	202.4	100.0	101.0
30	16	684	42.8	100.0	105.6	16	3,349	209.3	100.0	103.4
31	15	707	47.1	93.8	103.4	15	3,369	224.6	93.8	100.6
令和 2	…	…	nc	nc	nc	…	…	nc	nc	nc
3	14	636	45.4	1) 93.3	1) 90.0	14	3,428	244.9	1) 93.3	1) 101.8
関 東 農 政 局										
平成 29 年	187	7,074	37.8	94.9	92.1	188	32,681	173.8	95.4	98.0
30	173	8,128	47.0	92.5	114.9	173	34,982	202.2	92.0	107.0
31	168	7,201	42.9	97.1	88.6	168	32,779	195.1	97.1	93.7
令和 2	…	…	nc	nc	nc	…	…	nc	nc	nc
3	159	7,178	45.1	1) 94.6	1) 99.7	161	33,904	210.6	1) 95.8	1) 103.4
東 海 農 政 局										
平成 29 年	44	2,442	55.5	97.8	98.7	44	11,798	268.1	97.8	96.8
30	44	2,551	58.0	100.0	104.5	44	11,635	264.4	100.0	98.6
31	42	2,446	58.2	95.5	95.9	42	11,845	282.0	95.5	101.8
令和 2	…	…	nc	nc	nc	…	…	nc	nc	nc
3	36	2,360	65.6	1) 85.7	1) 96.5	36	11,049	306.9	1) 85.7	1) 93.3
中国四国農政局										
平成 29 年	316	15,558	49.2	99.4	102.3	317	76,624	241.7	99.7	99.6
30	312	15,935	51.1	98.7	102.4	313	77,285	246.9	98.7	100.9
31	304	16,212	53.3	97.4	101.7	306	78,769	257.4	97.8	101.9
令和 2	…	…	nc	nc	nc	…	…	nc	nc	nc
3	277	17,017	61.4	1) 91.1	1) 105.0	280	78,785	281.4	1) 91.5	1) 100.0

［付］　調　査　票

← ← ← 入力方向

秘 農林水産省	畜 産 統 計 調 査 **豚 調 査 票** （令和 3 年 2 月 1 日現在）	政府統計	統計法に基づく国の統計調査です。調査票情報の秘密の保護に万全を期します。

右上: 4 6 3 1

【職員記入欄】（この項目は農林水産省の職員が記入します。）

基本指標番号	調 査 年	都道府県	管理番号	市区町村	整 理 番 号	抽出階層
	： ：	：	： ：	：	： ： ：	：

<< 記入に当たっては、以下のことに注意してください >>

○ 記入は、黒の鉛筆又はシャープペンシルを使用してください。

○ □ で囲まれた記入欄は集計項目ですので、必ず記入してください。

　ご記入に当たっては記入見本を参考に、数字は枠からはみ出さないように、また、〇印は点線に沿うように記入してください。

記入見本	0 1 2 3 4 5 6 7 8 9	① ② ③

○ □ で囲まれた記入欄は補助欄ですので、必ずしも記入の必要はありませんが、飼養実態を調査票に正しく御記入いただくために活用してください。

○ 調査票の記入及び提出は、オンラインでも可能です。

〜 調査や調査票の記入の仕方などに関するお問い合わせは、裏面の「連絡先」までお問い合わせください。 〜

法人番号 [法人番号を確認いただき、記入してください。なお、会社等法人経営以外は記入不要です。]

：	：	：	：	：	：	：	：	：	：	：	：	：

以降の「2 経営タイプ」及び「3 経営組織」の項目については、学校、畜産試験場等の非営利飼養者の方は記入不要です。

1 飼養頭数

　2月1日現在で飼っている頭数を記入してください。

		十万 万 千 百 十 頭
子取り用めす豚	(1)	： ： ： ： ：
種 お す 豚	(2)	： ： ： ： ：
肥 育 豚	(3)	： ： ： ： ：
もと豚として出荷予定の子豚・その他	(4)	： ： ： ： ：
合 計 ((1)+(2)+(3)+(4))	(5)	

2 経営タイプ

　該当する経営タイプの番号を一つ選択し、点線に沿って〇で囲んでください。

経 営 タ イ プ		
子取り経営	肥育経営	一貫経営
(6)	(7)	(8)

番号	①	②	③

3 経営組織

　該当する経営組織の番号を一つ選択し、点線に沿って〇で囲んでください。

経 営 組 織		
農 家	会 社	その他
(9)	(10)	(11)

番号	①	②	③

💡 記入のポイント 💡

子取り用めす豚 (1)
　6か月齢以上の繁殖用のめす豚（予定のものを含む。）をいいます。

種おす豚 (2)
　6か月齢以上の種付け用のおす豚（予定のものを含む。）をいいます。

肥育豚 (3)
　肉用に出荷する目的で肥育中の豚をいいます。
　一貫経営などにおいて、自家で肥育する予定の子豚も肥育豚に含みます。

もと豚として出荷予定の子豚・その他 (4)
　上記(1)〜(3)以外の豚で、肥育用や繁殖用などのもと豚として出荷する予定の子豚、肉用に出荷する目的で肥育中の繁殖めす豚や種おす豚の廃豚などをいいます。

◎ 調査に御協力いただき、大変ありがとうございました。調査事項はここまでですが、お手数でなければ裏面の【記事欄】にも御記入願います。 ↩

【記事欄】
　差支えなければ、飼養頭数の増減理由等について御記入願います。

【連　絡　先】

← ← ← 入力方向

| 秘
農林水産省 | 畜 産 統 計 調 査
採 卵 鶏 調 査 票
（令和 3 年 2 月 1 日現在） | 統計法に基づく国の
政府統計　統計調査です。調査
票情報の秘密の保護
に万全を期します。 |

【職員記入欄】（この項目は農林水産省の職員が記入します。）

4 6 4 1

	調 査 年	都道府県	管理番号	市区町村	整 理 番 号	抽出階層
基本指標番号	：　：　：	：　：　：	：　：　：	：　：　：	：　：　：　：	：　：

＜＜ 記入に当たっては、以下のことに注意してください ＞＞

○ 記入は、黒の鉛筆又はシャープペンシルを使用してください。

○ ▢ で囲まれた記入欄は集計項目ですので、必ず記入してください。
ご記入に当たっては記入見本を参考に、数字は枠からはみ出さないように記入してください。

| 記入見本 | 0 1 2 3 4 5 6 7 8 9 |

○ ▢ で囲まれた記入欄は補助欄ですので、必ずしも記入の必要はありませんが、
飼養実態を調査票に正しく御記入いただくために活用してください。

○ 調査票の記入及び提出は、オンラインでも可能です。

～ 調査や調査票の記入の仕方などに関するお問い合わせは、
裏面の「連絡先」までお問い合わせください。 ～

法人番号（法人番号を確認いただき、記入してください。なお、会社等法人経営以外は記入不要です。）

| ：：：：：：：：：：：：：：： |

1 飼養羽数

2月1日現在で飼っている羽数を〇〇羽単位で記入してください。

			千万	十万万	百	十	羽
採卵鶏	成鶏めす （6か月以上）	(1)	：　：　：	：　：　：		0	0
	ひな （6か月未満）	(2)	：　：　：	：　：　：		0	0
	採 卵 鶏 計 （(1)＋(2)）	(3)	：　：　：	：　：　：		0	0
採卵鶏の種鶏 （おす、ひなを含む）		(4)	：　：　：	：　：　：		0	0
合　計 （(3)＋(4)）		(5)				0	0

💡 記入のポイント 💡

○ **採卵鶏(3)＝成鶏めす(1)＋ひな(2)**
鶏卵を生産するために飼養している鶏
成鶏めす(1)
ふ化後6か月以上の鶏
ひな(2)
ふ化後6か月未満の鶏

○ **採卵鶏の種鶏(4)**
鶏卵鶏の種卵採取を目的とした鶏
・めすの種鶏
・おすの種鶏
・種鶏とする予定のひな（おす、めす）

2月1日現在で「オールアウト」中の場合は、今後飼養する予定の羽数（「オールイン」する
予定の羽数を含めて）を記入してください。

◎ 調査に御協力いただき、大変ありがとうございました。
調査事項はここまでですが、お手数でなければ裏面の【記事欄】にも御記入願います。

【記事欄】
　差支えなければ、飼養羽数の増減理由等について御記入願います。

【連　絡　先】

← ← ← 入力方向

秘 農林水産省			

畜産統計調査
ブロイラー調査票
（令和３年２月１日現在）

政府統計　統計法に基づく国の統計調査です。調査票情報の秘密の保護に万全を期します。

4 6 5 1

【職員記入欄】（この項目は農林水産省の職員が記入します。）

	調　査　年	都道府県	管理番号	市区町村	整理番号	抽出階層
基本指標番号	: : : :	: :	: :	: : :	: : : :	: :

<< 記入に当たっては、以下のことに注意してください >>

○ 記入は、黒の鉛筆又はシャープペンシルを使用してください。
○ ☐で囲まれた記入欄は集計項目ですので、必ず記入してください。
記入見本を参考に、数字は枠からはみ出さないように記入してください。

記入見本	0 1 2 3 4 5 6 7 8 9

○ ☐で囲まれた記入欄は補助欄ですので、必ずしも記入の必要はありませんが、飼養実態などを調査票に正しく御記入いただくために活用してください。
○ 調査票の記入及び提出は、オンラインでも可能です。
～ 調査や調査票の記入の仕方に関する問合せは、　　　　　　裏面の「連絡先」までお願いします。　～

法人番号 [法人番号を確認いただき、記入してください。なお、会社等法人経営以外は記入不要です。]

: : : : : : : : : : : : :

調査票に御記入いただく鶏の範囲
ふ化後3か月未満の間に肉用として出荷する鶏であれば、地鶏や銘柄鶏も含まれます（下図参照）。

一般ブロイラー →
銘柄鶏でもこの間に出荷した鶏は本調査に含まれます。

銘柄鶏 →

地鶏でもこの間に出荷した鶏は本調査に含まれます。 地鶏 →

ふ化後0日（飼養日数）　　60日　75日　90日（3か月）

銘柄鶏： 一般社団法人日本食鳥協会の定義により、出荷時に「銘柄鶏」の表示がされる鶏
地　鶏： 特定JAS規格の認定を受けた鶏（ふ化後75日以後に出荷）

1　出荷羽数

令和３年２月１日現在で、過去1年間に出荷した羽数を百羽単位で記入してください。

	千万 百万 十万　万　千　百　十　羽
出荷羽数 (1)	: : : : : : 0 0

出荷羽数のうち、地鶏及び銘柄鶏の羽数を百羽単位で記入してください。

地鶏・銘柄鶏	(2)								0 0

2　飼養羽数

令和３年２月１日現在で飼っている羽数を百羽単位で記入してください。

	千万 百万 十万　万　千　百　十　羽
飼養羽数 (3)	: : : : : : 0 0

飼養羽数のうち、地鶏及び銘柄鶏の羽数を百羽単位で記入してください。

地鶏・銘柄鶏	(4)								0 0

☐ 2月1日現在で「オールアウト」中の場合は、今後飼養する予定の羽数（「オールイン」する予定の羽数を含めて）を記入してください。

💡 記入のポイント 💡

出荷羽数(1)、飼養羽数(3)
最初から肉用目的で飼養している鶏（採卵鶏の廃鶏は含まない）であれば、「肉用種」「卵用種」の種類を問いません。

出荷羽数(1)
令和２年２月２日～令和３年２月１日までの1年間に出荷した羽数をいいます。

◎ 調査に御協力いただき、大変ありがとうございました。
調査事項はここまでですが、お手数でなければ裏面の【記事欄】にも御記入願います。 ↩

【記事欄】
　差支えなければ、出荷羽数及び飼養羽数の増減理由等について御記入願います。

【連 絡 先】

令和3年　畜産統計

令和5年2月　発行　　　　　　　　定価は表紙に表示してあります。

　　　　　　　〒100-8950　東京都千代田区霞が関1－2－1
　編　集
　　　　　　　農林水産省大臣官房統計部

　　　　　　　〒141-0031　東京都品川区西五反田7-22-17　TOCビル
　発　行
　　　　　　　一般財団法人　農林統計協会
　　　　　　　振替　00190-5-70255　TEL 03(3492)2987

ISBN978-4-541-04426-6　C3061